SUPER SIMPLE
생물

Original title: Super Simple Biology: The Ultimate Bitesize Study Guide
Copyright © 2020 Dorling Kindersley Limited
A Penguin Random House Company
www.dk.com

SUPER SIMPLE 04 생물

초판 1쇄 인쇄 | 2024년 9월 1일
초판 1쇄 발행 | 2024년 9월 5일

지은이 | DK 슈퍼 심플 편집위원회
옮긴이 | 전상학
펴낸이 | 조승식
펴낸곳 | 도서출판 북스힐
등록 | 1998년 7월 28일 제22-457호
주소 | 서울시 강북구 한천로 153길 17
전화 | 02-994-0071
팩스 | 02-994-0073
인스타그램 | @bookshill_official
블로그 | blog.naver.com/booksgogo
이메일 | bookshill@bookshill.com

ISBN 979-11-5971-605-8
정가 18,000원

• 잘못된 책은 구입하신 서점에서 교환해 드립니다.

SUPER SIMPLE 04
생물

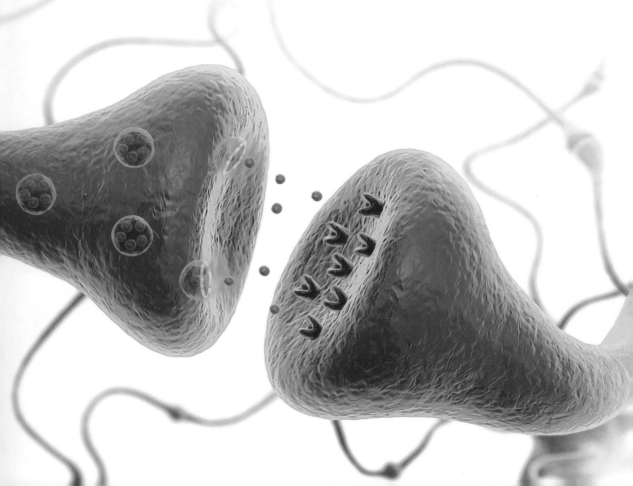

차례

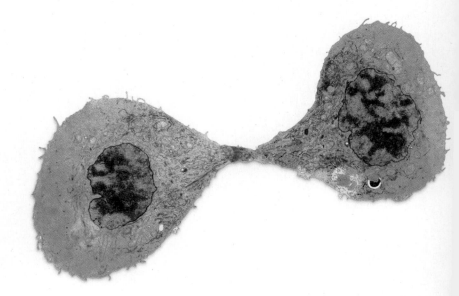

신경계

호르몬

생식

유전학 및 생명공학

진화

생태학

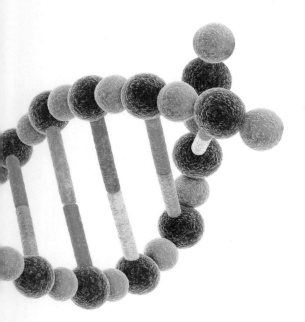

인간과 환경

건강

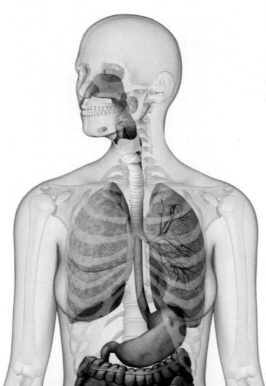

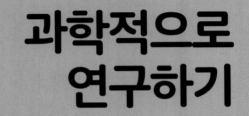

과학적으로
연구하기

어떻게 과학적으로 연구할 것인가?

과학은 단순히 사실을 모으는 것이 아니라 아이디어를 가지고 실험을 통해 새로운 사실을 발견하는 방법이다. 과학자들은 아이디어(가설)를 이용하여 실험을 통해 검증할 수 있는 예측을 하게 된다. 실험을 통해 아이디어를 검증하는 이러한 과정은 과학적인 방법으로 알려져 있다.

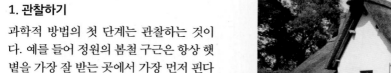

핵심 요약

✓ 과학적 방법은 탐구를 통해 가설을 검증하는 것이다.

✓ 한 번의 실험으로 가설이 사실이라는 것을 증명할 수는 없다. 그것은 단지 가설을 뒷받침할 뿐이다.

1. 관찰하기

과학적 방법의 첫 단계는 관찰하는 것이다. 예를 들어 정원의 봄철 구근은 항상 햇볕을 가장 잘 받는 곳에서 가장 먼저 핀다는 것을 알 수 있다.

2. 가설 세우기

다음 단계는 관찰을 설명해 줄 과학적인 생각, 즉 가설을 세우는 것이다. 예를 들어 위 관찰에 대한 하나의 가설은 그곳의 흙이 더 따뜻하기 때문에 햇볕이 먼저 드는 지점에서 꽃이 핀다는 것이다.

3. 실험 설계하기

다음으로는 따뜻한 온도에서 봄철 구근이 더 빠르게 성장하는지를 알기 위해 동일한 흙이 들어 있는 3개의 다른 온도의 용기에 같은 종의 구근을 심어 키우는 실험을 설계하여 실험을 수행하고 증거를 수집하여 가설을 검증한다. 믿을 만한 증거를 모으기 위해서는 각각의 온도에서 많은 구근을 키워야 하며, 이를 통해 식물이 정상적으로 성장하지 않는 등의 문제를 파악할 수 있다.

10℃에서 자란 히아신스 구근

15℃에서 자란 히아신스 구근

20℃에서 자란 히아신스 구근

4. 데이터 수집하기

과학자들은 측정을 통해 매우 신중하게 실험 결과(데이터)를 수집한다. 데이터가 정확한지 확신하기 위해서는 실험을 반복한다. 결과는 표에 기록한다.

	10℃	15℃	20℃
5일 후의 높이	0 cm	0 cm	0 cm
10일 후의 높이	0 cm	1 cm	2 cm
15일 후의 높이	2 cm	5 cm	8 cm
20일 후의 높이	5 cm	9 cm	16 cm
25일 후의 높이	8 cm	14 cm	20 cm

5. 결과 분석하기

결과를 좀 더 쉽게 분석하기 위해 그래프를 이용한다. 오른쪽 그래프는 25일 이상 된 식물의 평균 높이를 보여준다. 이 경우 따뜻한 온도는 식물을 더 빠르게 자라게 하여 꽃을 더 일찍 피게 한다는 가설을 뒷받침한다. 같은 실험을 여러 번 수행하더라도 같은 결과가 나오면 해당 결과는 반복 가능한 것으로 간주한다.

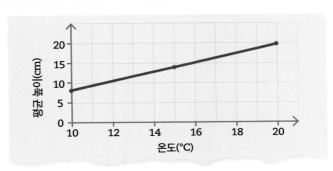

6. 반복 실험하기

한 번의 실험으로 가설이 맞다고 할 수 없다. 따라서 다른 사람들이 실험을 반복하여 결과를 검증할 수 있도록 과학 잡지에 결과를 발표하여 공유하는데, 이 과정을 동료 평가라고 한다. 많은 성공적인 시도 후에 가설은 이론이 된다.

🔍 사실 혹은 이론?

과학적인 이론이 여러 번의 검증을 통해서 실패하지 않았다면 그 이론은 결국 사실로서 인정된다. 예를 들어 우리는 세균이 질병을 전파한다는 것을 사실로 받아들이며, 화석은 선사시대의 잔유물이라는 이론 역시 사실로서 받아들인다. 하지만 어떠한 과학 이론이나 사실도 확실하게 의심의 여지 없이 입증할 수는 없는데, 그 이유는 이론으로 설명할 수 없는 새로운 증거가 항상 나타날 수 있기 때문이다.

측정하기

많은 실험에서 온도, 부피, 질량과 같은 물리적인 양을 측정한다. 측정은 정확하고 정밀해야 한다.

핵심 요약

✓ 여러 번 반복해서 측정하고 그 결과 평균값이 주어질 경우 좀 더 신뢰할 수 있다.

✓ 측정은 정확하고 정밀해야 한다.

측정 장비

생물학 실험에서는 질량, 부피, 온도, 시간, 길이 등을 측정하기 위해 장비를 사용한다. 측정 장비를 이용할 때 신뢰할 수 있는 값을 얻기 위해 여러 번 측정을 반복하여 그 평균을 구하는 것이 현명하다.

저울로 질량을 측정한다.

스톱워치로 시간을 측정한다.

온도계로 온도를 측정한다.

계량 실린더로 부피를 측정한다.

자로 거리를 측정한다.

🔍 정확성과 정밀함

과학에서 정확하다는 것과 정밀하다는 것은 의미가 약간 다르다. 측정값이 실제 값에 매우 가깝다면 측정이 정확하다고 한다. 반면 여러 번 반복 측정해서 매우 근접하거나 같은 값을 얻는다면 측정이 정밀하다고 한다.

정밀하지만 정확하지는 않다.
비커 속 따뜻한 물의 온도를 디지털 온도계로 네 번 측정한다고 생각해 보자. 네 번의 측정값은 소수점 두 자리까지 똑같은 온도를 보여주지만 온도계가 고장이 났다. 이 경우 측정값은 정밀하지만 정확하지는 않다.

정확하지만 정밀하지는 않다.
이제 고장 나지 않은 다른 온도계를 이용하지만 측정값은 약간씩 다르다고 생각해 보자. 아마도 온도계의 끝이 매번 물의 다른 부분에 있었을 것이다. 측정값은 정확하지만 정밀하지는 않다.

정확하고 정밀하다.
마지막으로 물을 저은 후 온도를 재면 네 번의 측정값이 똑같은 정확한 값이 나온다. 이 값은 정확하고 정밀하다고 할 수 있다. 측정을 할 때는 언제나 정확하고 정밀해야 한다.

변인을 이용한 활동

실험을 하는 동안 변화할 수 있는 것을 변인이라고 한다. 독립 변인, 종속 변인, 대조군이라는 3개의 중요한 변인 형태가 있다.

실험 변인

다음 실험은 고온(60°C), 체온(37°C), 저온(4°C)의 시험관에서 효소가 녹말을 얼마나 빠르게 분해하는지를 측정한 것이다.

📌 **핵심 요약**

✓ 실험에서 3개의 중요한 변인 형태로 독립 변인, 종속 변인, 대조군이 있다.

✓ 실험에서는 의도적으로 독립 변인을 변화시킨다.

✓ 종속 변인은 실험 결과를 얻기 위해서 측정된 값이다.

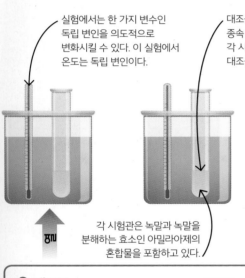

실험에서는 한 가지 변수인 독립 변인을 의도적으로 변화시킬 수 있다. 이 실험에서 온도는 독립 변인이다.

대조군은 일정하게 유지되는 변인으로 종속 변인에 영향을 주지 않는다. 각 시험관의 반응물의 부피와 농도는 대조군 변인이다.

이 실험에서 녹말은 각기 다른 온도에서 다른 속도로 소화되기 때문에 종속 변인이다.

각 시험관은 녹말과 녹말을 분해하는 효소인 아밀라아제의 혼합물을 포함하고 있다.

수조는 각 시험관의 온도를 일정하게 유지해 준다.

🔍 대조군

일부 실험은 대조군을 포함한다. 대조군 실험은 원치 않은 변이의 효과를 배제하고 결과를 좀 더 믿을 수 있게 만든다. 오른쪽 예시에서는 대조군이 테스트되는 생물체를 제외하고는 시험군과 똑같이 설정되어 있다.

생물체

거즈

탄산수소 지시약은 이산화탄소가 존재하면 노란색에서 빨간색으로 변한다.

이러한 실험은 호흡을 하는 생물체에 의해 만들어지는 이산화탄소의 존재를 확인할 수 있다. 이산화탄소는 지시약을 노란색에서 빨간색으로 변화시킨다.

생물체 없음

거즈

탄산수소 지시약

대조군은 정확하게 같지만 생물체가 없다. 만약 시험관에 있는 용액의 색상이 변하지 않았다면 첫 번째 시험관에서의 색상의 변화는 생물체에 의해 유발되었다고 할 수 있다.

과학적 모델

과학적인 아이디어를 이해시키기 위해서 모델을 이용
한다. 가설과 같이 모델도 실험을 통해 증명할 수 있다.
과학적 모델에는 단순화 모델, 공간적 모델, 서술적 모
델, 컴퓨터 모델, 수학적 모델의 다섯 가지 주요한 모델
이 있다.

핵심 요약

✓ 모델은 과학적인 아이디어를 이해하거나
   기술하는 것을 도와준다.

✓ 모델을 이용하여 예측을 할 수 있으며, 실험을
   통해 예측한 것을 검증할 수 있다.

✓ 생물학에서 이용되는 다섯 가지 모델에는 단순화
   모델, 공간적 모델, 서술적 모델, 컴퓨터 모델,
   수학적 모델이 있다.

단순화 모델
단순화 모델은 현실 세계의 좀 더 복잡한 객체를 대표하기 위해
단순화된 모양이나 물체를 이용한다. 예를 들어 효소와 효소가
작용하는 화학 물질 간의 상호작용을 설명하는 '열쇠와 자물쇠'
모델은 효소가 화학 물질에 대한 실제 분자들의 사실적인 이미지를
사용하지 않고서도 작용 기작을 이해하는 데 도움을 준다.

기질 분자들
(반응물)은
효소의 활성
부위에 맞게
들어간다.

효소 분자

공간적 모델
공간적 모델은 하나의 분자 내에 탄소, 산소, 수소 원자가
배열되어 있는 것과 같이 물질들이 3차원적 공간으로 배열되는
방법을 보여준다.

비타민 D 분자에서 검은
구형은 탄소 원자를
나타낸다.

빨간 구형은
산소 원자를
나타낸다.

흰색 구형은 수소
원자를 나타낸다.

서술적 모델
서술적 모델은 어떤 것을 설명하기 위해서 글이나
모식도를 이용한다. 서술적 모델의 예로 무당벌레의
생활사를 설명하는 모식도를 들 수 있다.

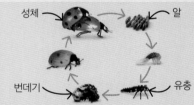

성체   알

번데기   유충

컴퓨터 모델
컴퓨터 모델은 지구의 기후 변화와 같은 복잡한 과정을
시뮬레이션하기 위해 컴퓨터를 사용한다. 오른쪽 NASA의
기후 모델에 의해 만들어진 이미지는 2100년 여름의
최대 온도를 예측해 준다. 많은 지역이 45°C(진한 붉은색)
이상의 한낮 온도를 나타내고 있다.

붉은색은 좀 더
높은 온도를
보여준다.

파란색은 서늘한
지역을 나타낸다.

수학적 모델
수학적 모델은 실제 세계에서 일어나는 과정을 수학을 이용해서
모델화한 것이다. 예를 들어 이상적인 성장 조건에서 세균 집단의
성장은 수학적인 방정식으로 모델화하여 그래프로 나타낼 수 있다.
모델을 통해 일정 시간 후에 얼마나 많은 세균이 증식할 것인가를
예측할 수 있다.

이 곡선은 세대마다
세균의 수가 2배로
증식함을 보여준다.

세균의 수

시간

과학적 질문

질문은 과학적 과정에서 중요한 부분이다. 과학적 질문은 실험이나 관찰에 의해 검증될 수 있다. 과학은 또한 윤리적인 문제를 제기하기도 한다. 이것은 실험으로 답변할 수 있는 것이 아니며, 사람에 따라 달라질 수 있다.

핵심 요약

✓ 과학적인 질문이란 실험적으로 검증할 수 있는 질문이다.

✓ 일부 과학적인 질문은 아직 충분한 증거가 없기 때문에 답변이 어려울 수 있다.

✓ 윤리적인 질문은 어떤 것이 옳은지 그른지를 묻는 것으로 과학적으로 답할 수 없다. 이에 대한 대답은 선택의 문제이다.

집약적 농업

현대의 많은 농장은 발전된 과학과 기술을 활용하여 생산할 수 있는 식량을 극대화한다. 이러한 농법을 집약적 농업이라고 한다. 그중 일부는 파종을 언제 하는 것이 가장 좋은지에 대한 증거를 수집함으로써 답할 수 있는 과학적인 질문들이며, 이 외에 아직은 답할 수 없는 과학적인 질문이나 과학으로 다룰 수 없는 윤리적인 질문들이 있다.

비료를 뿌리는 트랙터

집약적 농업에 따른 문제		
답이 가능한 과학적 질문	아직 답을 할 수 없는 과학적 질문	윤리적인 질문
작물에 비료를 뿌리는 최적의 시기는 언제쯤인가?	기후 변화는 식량 생산에 어떤 영향을 미치나?	농장이 집약적 농업에서 유기농 경영으로 전환해야 하나?
살충제는 생물 다양성에 어떤 영향을 미치나?	유전공학 기술은 언제쯤 살충제(농약)의 필요성을 없애 주나?	식량을 증산하는 것이 환경을 보호하는 것보다 더 중요한가?

🔍 동물 복지

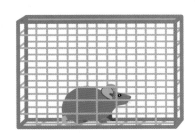

동물을 이용하여 실험을 수행할 때에는 윤리적인 문제가 뒤따른다. 예를 들어 암을 연구할 때 암이 발생되도록 사육한 생쥐들이 질병 연구에 사용되는데, 이들 쥐는 수명이 짧고 고통을 느끼며 살아가게 된다. 생쥐를 이용하는 것이 옳은 일인가, 아니면 잘못된 일인가? 많은 나라에서는 과학적 연구에 동물을 사용하는 것에 대하여 엄격한 규정을 두고 있다. 과학자들이 동물 사용에 대해 허락을 받기 위해서는 실험으로부터 얻게 될 잠재적인 이점을 보여주어야 하며, 또한 동물의 고통을 최소화해야 한다.

과학의 혜택과 위험성

과학의 발전은 혜택과 위험성 모두를 가져올 수 있다. 예를 들어 저용량의 아스피린은 심장마비를 예방할 수 있지만, 내부출혈을 유발할 수도 있다. 아스피린을 복용하는 것이 좋은 것인가, 아니면 해로운 것인가? 이에 대한 답을 얻기 위해서는 혜택과 위험성 모두를 고려해야 한다.

핵심 요약

✓ 과학과 기술의 발전은 혜택과 위험성을 만들어 낼 수 있다.

✓ 위험성과 관련된 질문에 답하기 위해서는 이에 따른 혜택을 따져보는 것이 중요하다.

홍역 백신

홍역은 심각한 합병증을 유발할 수 있는 질병이다. 홍역에 걸린 1,000~2,000명 중의 한 사람은 뇌 감염으로 평생 고통스러워 한다. MMR(홍역, 볼거리, 풍진) 백신은 홍역을 예방하지만 위험성도 가지고 있다. 10명 중의 한 명은 백신 주사 후 약한 홍역 증상이 있으며, 24,000명 중의 한 명은 병원 치료가 필요할 정도의 합병증을 나타낸다. 하지만 MMR 백신으로부터의 위험성은 홍역 감염으로부터 생기는 위험성에 비하면 훨씬 적다.

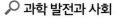

MMR 백신은
주사로 투여한다.

🔍 과학 발전과 사회

과학의 발전은 사회에 긍정적인 영향과 부정적인 영향을 미칠 수 있다. 과학을 활용하는 방식을 결정할 때 혜택과 위험성의 정도를 따져봐야 한다.

경제적 영향
일부 과학적 발전은 비용을 절약하지만 문제도 일으킨다. 예를 들어 선택적인 번식은 성장이 빠른 닭을 생산하여 닭고기를 좀 더 싸게 제공함으로써 농부에게 이익을 주었지만, 빨리 성장하는 닭은 건강하지 못하거나 너무 무거워서 잘 걷지 못한다.

환경적 영향
바이오 생물 연료는 작물로부터 만들어지는 연료이다. 바이오 연료 작물을 재배하는 것은 화석 연료로부터의 배출을 감소시킴으로써 환경에 이롭다. 하지만 식량을 생산하는 데 사용되어 왔던 땅을 이용함으로써 식량 부족을 초래할 수 있다.

평균 구하기

생물학 실험에서는 데이터를 얻고 평균을 구한 후 결과를 비교한다. 예를 들어 온실에서 자란 식물과 온실 밖에서 자란 식물의 평균 키를 비교할 수 있다. 평균값, 중앙값, 최빈값 세 종류의 평균을 이용할 수 있다.

핵심 요약

✓ 평균값, 중앙값, 최빈값은 생물학에서 이용하는 세 가지 유형의 평균 형태이다.

✓ 평균값은 데이터 집합 내 값을 더한 후 값의 개수로 나눈 것이다.

✓ 중앙값은 모든 값을 크기 순서로 늘어놓았을 때 중앙의 값이다.

✓ 최빈값은 데이터 집합 내 가장 빈도가 높게 나온 값이다.

평균값

가장 흔한 형태의 평균은 평균값이다. 평균값을 구하기 위해서는 모든 값을 더한 후 값의 개수로 나눈다. 어떤 값이 너무 크거나 작으면 평균값이 데이터의 중앙값을 나타내 주지 못하는 단점이 있다.

$$평균값 = \frac{15.5 + 20.4 + 10.2 + 15.5 + 18.4 + 16.6 + 8.7}{7} = 15.0 \text{ cm}$$

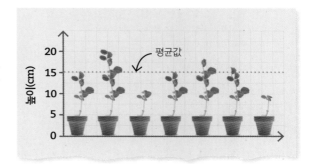

중앙값

중앙값은 모든 값을 크기 순으로 늘어놓았을 때 데이터의 중앙에 해당하는 값이다. 중앙값은 평균을 왜곡시키는 하나 혹은 2개의 매우 낮거나 높은 값이 있을 때 중간 지점을 좀 더 잘 파악할 수 있다.

중앙값 = 15.5 cm

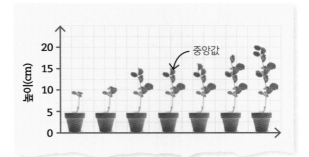

최빈값

최빈값이란 가장 많이 나오는 값이다. 최빈값은 종종 평균값과 중앙값이 의미가 없을 때 유용하게 쓰인다. 예를 들어 온실에서 재배되는 식물의 평균적인 종류를 알고 싶다면 최빈값을 이용한다.

최빈값 = 15.5 cm

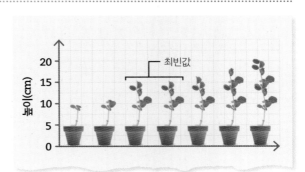

데이터 제시하기

과학 실험에서 얻어진 사실이나 측정치를 데이터라고 한다. 데이터는 표나 차트, 그래프와 같은 모식도로 나타낼 때 더 파악하기 쉽다. 어떤 차트나 그래프를 이용할 것인가는 데이터의 형태에 의해 결정된다.

⚙ 차트와 그래프 그리기

다음 가이드라인을 따라 차트와 그래프를 그린다.

- 그래프를 그릴 때 x축(수평축)에 독립 변인(13쪽 참조)을 넣고, y축(수직축)에 종속 변인을 넣는다.

- 각 축에 명확하게 측정값과 그 단위를 표시한다.

- 각 측정치에 대한 적절한 크기를 이용함으로써 각 축의 절반 이상을 활용한다.

- 뾰족한 연필을 이용하여 점을 x 자나 동그라미로 명확하고 정확하게 표시한다.

- 점들에 가장 잘 맞는 하나의 얇은 직선 혹은 곡선으로 추세선을 그린다.

원 차트

원 차트는 한번에 쉽게 이해하기 쉬운 단순 차트로 백분율을 보여준다. 예를 들어 오른쪽 원 차트는 집단에서 다른 혈액형을 가지고 있는 사람들을 백분율로 보여준다. 원 차트 쌍을 이용하면 다른 데이터 세트를 빠르게 비교할 수 있다.

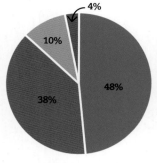

영국의 혈액형 분포

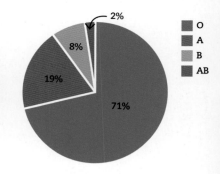

페루의 혈액형 분포

표

표는 실험에서 수집된 데이터를 요약하거나 또는 오류를 파악하는 데 용이하다. 예를 들어 오른쪽 표는 떨어지는 자를 잡는 사람들의 반응 시간을 보여주는데(130쪽 참조), 오류가 있을 수 있다.

나이 (세)	잡힌 위치에 대한 측정			
	첫 번째 시도 (cm)	두 번째 시도 (cm)	세 번째 시도 (cm)	평균 (cm)
15	4.7	5.1	4.9	4.9
38	5.5	8.2	5.7	6.5

이상하게 높은 값은 오류일 수 있다. 이 경우 준비되지 않은 상태에서 이루어진 측정일 수 있다.

막대 그래프

막대 그래프는 x축의 변수가 별개의 범주로 구성되어 있을 때 이용된다. 예를 들어 다음 그래프에서 x축은 나무의 형태를 보여준다. 이 막대 그래프는 또한 빈도 차트로, 여기서 y축은 어떤 것이 발생했거나 계산된 횟수를 나타낸다(이 경우 조류가 자라 있는 나무의 수).

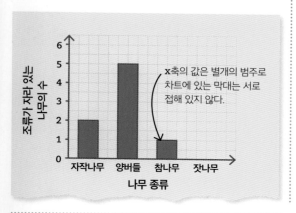

히스토그램

히스토그램은 x축의 변수가 연속적인, 즉 일련의 범위 내에서 변동할 수 있는 수치 데이터로 구성된 빈도 차트이다. 연속적인 데이터는 구간으로 나누어져 패턴을 파악하는 데 도움이 된다. 예를 들어 다음 히스토그램은 한 학급 학생들의 다양한 발 길이의 빈도를 보여준다.

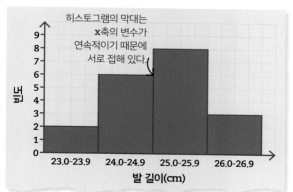

선 그래프

선 그래프는 x축과 y축 모두 연속적인 수 값을 가질 때 이용한다. 예를 들어 55쪽 실험에서처럼 여러 농도의 설탕 용액에 감자를 담근 후 감자 조각의 질량의 변화를 측정한 것이다. 감자 질량과 설탕 농도는 모두 수치형 변인이다.

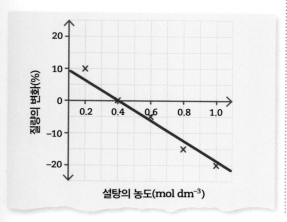

산점도 그래프

사람의 키와 발의 길이 같은 두 독립 변인 사이의 관계를 알고자 할 때 데이터를 산점도 그래프로 표시할 수 있다. '가장 적합한 선'을 그려서 이 선 위와 아래에 많은 점들이 거의 동일하게 놓이도록 한다. 다음 산점도 그래프는 상승하는 추세선(양의 상관관계)으로, 키가 클수록 발의 길이도 크다는 것을 나타낸다.

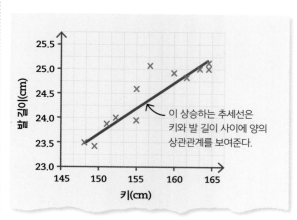

과학적인 발전

과학적인 방법과 이론은 시간이 지남에 따라 변한다. 예를 들어 현미경의 발명은 미생물의 발견으로 이어졌고, 이것은 생물의 분류 방식을 바꾸었다. 현미경이 좀 더 발전하면서 새로운 발견이 이루어졌고, 분류 체계도 바뀌었다.

핵심 요약

✓ 과학적 이론과 방법은 시간이 지나면 변할 수 있다.

✓ 현미경의 발명은 세포 및 미생물의 발견으로 이어졌다.

✓ 과학적 발견은 새로운 이론과 새로운 분류 체계로 이어졌다.

복합 현미경

복합 현미경은 하나 이상의 렌즈를 갖춘 현미경으로 2개의 확대 렌즈를 한 관에 배치함으로써 발명되었다. 이탈리아의 과학자인 스텔루티(Francesco Stelluti)는 복합 현미경을 이용하여 꿀벌에 대해 믿을 수 없을 정도로 상세하게 그림을 그렸다.

스텔루티의 꿀벌 그림

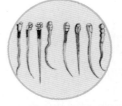

레이우엔훅의 현미경을 이용한
정자 세포 그림

조동 나사
단안 렌즈

레이우엔훅 현미경의
복제품

세균의 발견

독일의 발명가인 레이우엔훅(Antonie van Leeuwenhoek)은 구형 렌즈를 만드는 방법을 배워서 현미경의 배율을 50배에서 270배까지 향상시켰다. 그는 세균을 포함하여 많은 미생물 종을 발견하였으며, 혈액 세포와 정자 세포를 관찰하였다.

| 1620 | 1660 | 1665 | 1676 |

모세혈관

이탈리아의 과학자인 말피기(Marcello Malpighi)는 복합 현미경을 이용하여 개구리의 폐에서 미세한 관을 통해 흐르는 혈액을 관찰하였다. 그는 동맥과 정맥 사이에서 혈액을 운반하는 모세혈관을 발견하였는데, 그의 발견은 혈액이 폐쇄 혈관계를 따라 순환한다는 이론으로 이어졌다.

말피기가 사용한 것과 유사한 초기 이탈리아 현미경

혹 현미경의 복제판

세포

영국의 과학자인 훅(Robert Hooke)은 식물 조직을 얇게 자른 조각에 빛을 비추어 세포를 발견하였다. 그는 이에 대한 그림을 담은 책을 출판하였는데, 그의 책에는 현미경으로 볼 때 뭉툭한 모습과 톱날처럼 보이는 바늘과 면도날의 모습도 들어가 있다.

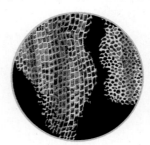

훅이 그린 세포의 모양

🔍 전자 현미경

전자 현미경은 빛보다는 전자 빔을 이용하여 시료를 관찰한다. 전자 현미경으로는 광학 현미경보다 1천 배나 더 작은 물체를 관찰하는 것이 가능하다. 하지만 시료는 물이 없어야 하기 때문에 죽은 시료만 관찰 가능하다. 전자 현미경에는 크게 두 종류가 있다.

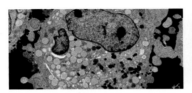

투과 전자 현미경은 상을 100만 배나 확대하여 관찰할 수 있도록 해준다. 상은 시료를 통과하는 전자로부터 만들어지며, 시료의 매우 얇은 조각에 대한 2차원 사진으로 나타난다.

주사 전자 현미경은 최대 3만 배 정도까지 확대하여 보여준다. 이 현미경은 전자 빔을 물체의 표현에 산란시켜 3차원 상을 만든다.

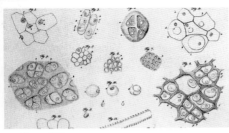

1839년 슈반이 저술한 《현미경적 탐구》 속의 그림

세포 이론

19세기 초에 많은 생물학 시료들로부터 세포들이 관찰됨으로써 독일의 과학자인 슈반(Theodor Schwann)과 슐라이덴(Matthias Schleiden)은 세포는 모든 생물의 기본 단위라는 이론을 제시하였다.

전자 현미경을 발명한 루스카

전자 현미경

독일의 과학자인 루스카(Ernst Ruska)는 빛 대신 전자 빔을 이용하여 상을 만들어 냄으로써 2천 배에서 최대 1천만 배까지 확대 가능한 전자 현미경을 발명하였다.

1839	1866	1931	1930s

세 종류의 계

독일의 생물학자인 헤켈(Ernst Haeckel)은 많은 종류의 미생물을 발견하고 생물을 분류하는 새로운 방법을 제안하였다. 모든 생물을 두 종류의 계로 분류하는 대신에 미생물을 원생생물에 포함시켜 동물계, 식물계 및 원생생물계를 제안하였다.

헤켈의 미세 조류에 대한 사진

진핵생물과 원핵생물

과학자들은 전자 현미경을 이용하여 세균에 핵이 없다는 것을 발견하였다. 이를 통해 모든 생물을 핵이 있는 진핵 세포와 핵이 없는 원핵 세포로 나누는 새로운 분류 체계가 만들어졌다.

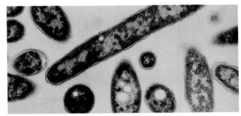

전자 현미경으로 관찰한 레지오넬라균

과학적 단위

대부분의 과학자들은 거리, 온도, 질량 및 시간과 같은 물리적인 양을 측정하기 위해 동일한 단위 체계를 이용한다. 이러한 단위들은 메트릭 단위 혹은 SI 단위(국제 표준 단위계)로 알려져 있다.

측정	SI 단위	임페리얼 단위
길이	미터(m)	피트(ft)
부피	리터(L)	파인트(pt)
질량	킬로그램(kg)	파운드(lb)
온도	섭씨온도(℃)	화씨온도(℉)

표준형

0이 많이 들어가 있는 아주 큰 숫자나 아주 작은 숫자는 읽기도 어려워 오류가 생길 수 있다. 과학자들은 이러한 수를 10의 거듭제곱으로 표시하는 '표준형'으로 써서 단순화시킨다. 예를 들어 6,000,000은 6×10^6으로 쓸 수 있고, 0.000001은 1×10^{-6}으로 쓸 수 있다. 표준형으로 전환하기 위해서는 소수점을 얼마만큼 왼쪽으로(음의 거듭제곱) 혹은 오른쪽으로(양의 거듭제곱)으로 이동해야 하는지 횟수를 세야 한다. 다음 예에서는 소수점을 오른쪽으로 6자리 이동해야 하므로 10의 거듭제곱은 10^{-6}이 된다.

$$0.0000012 = 1.2 \times 10^{-6}$$

기본 단위

위의 표는 생물학 수업에서 가장 흔히 사용하는 SI 단위와 전통적인 임페리얼 단위를 보여준다.

접두사 활용

대부분의 SI 단위는 단위 앞에 접두사를 사용하여 더 큰 단위나 더 작은 단위로 변화할 수 있다. 예를 들어 '킬로'는 1,000배를 의미한다. 1 km는 1,000 m, 즉 $1\,km = 1\,m \times 10^3$이다. 접두사를 사용하여 숫자를 짧게 쓸 수 있고, 이로써 계산을 좀 더 쉽게 할 수 있다.

접두사	기호	단위의 배수		예
킬로	k (예: km)	×1,000 ($\times 10^3$)		1 킬로미터
센티	c (예: cm)	×0.01 ($\times 10^{-2}$)		1 센티미터
밀리	m (예: mm)	×0.001 ($\times 10^{-3}$)		1 밀리미터
마이크로	μ (예: μm)	×0.000001 ($\times 10^{-6}$)		1 마이크로미터
나노	n (예: nm)	×0.000000001 ($\times 10^{-9}$)		1 나노미터

안전하게 연구하기

과학적인 실험을 수행할 경우 많은 위험이 있을 수 있다. 이러한 위험을 사전에
인식하고 안전하게 작업하는 방법을 알아야 한다.

안전용 고글

눈에 해를 끼칠 수 있
는 튈 수 있는 액체와
같은 물질을 가지고
작업할 때는 항상 안
전용 고글을 착용한다.

위험한 화학 물질

항상 화학 물질의 위험 경고를
확인하고 지시 사항에 따라 사
용한다. 해로운 가스를 들이마
실 위험이 있을 때는 환기 후드
를 이용한다.

분석용 버너

분석용 버너를 사용할 때는 주변
공간을 치운다. 풀어진 머리카락
은 묶고, 늘어진 옷이 불꽃 가까
이 오지 않도록 한다. 에탄올이나
다른 알코올을 불꽃 위에서 절대
가열하지 않는다.

유리 다루기

유리 장비는 깨지기 쉬우
므로 주의해서 다루고 작
업대 중앙에 놓는다. 면
역봉이나 고무 호스에 얇
은 유리관을 넣을 때는
부드럽게 밀어넣는다.

물 가열하기

뜨거운 물을 이용할 때는 물이 튀
지 않도록 조심한다. 화상을 입었
다면 가능한 한 빨리 화상 부위에
찬물을 끼얹는다.

미생물을 이용한 실험

미생물을 이용하여 실험을 할
때는 미생물에 의한 오염을 방
지하기 위해 무균 기법(48쪽
참조)을 이용한다. 페트리 접시
의 위아래를 테이프로 봉하고,
25℃ 이상에서 세균을 배양하
지 않는다.

시험관 가열하기

시험관에 있는 물질을 잠시 데울 필
요가 있다면 집게로 시험관을 잡고
데운다. 좀 더 긴 시간 가열할 필요가
있다면 클램프를 이용하여 고정한
다. 뜨거운 장비를 다룰 때는 열에
저항성이 있는 장갑을 착용한다.

손 씻기

해로운 화학 물질을 다
루거나 살아 있는 생물
이나 미생물을 다룬 후
에는 항상 손을 씻는다.

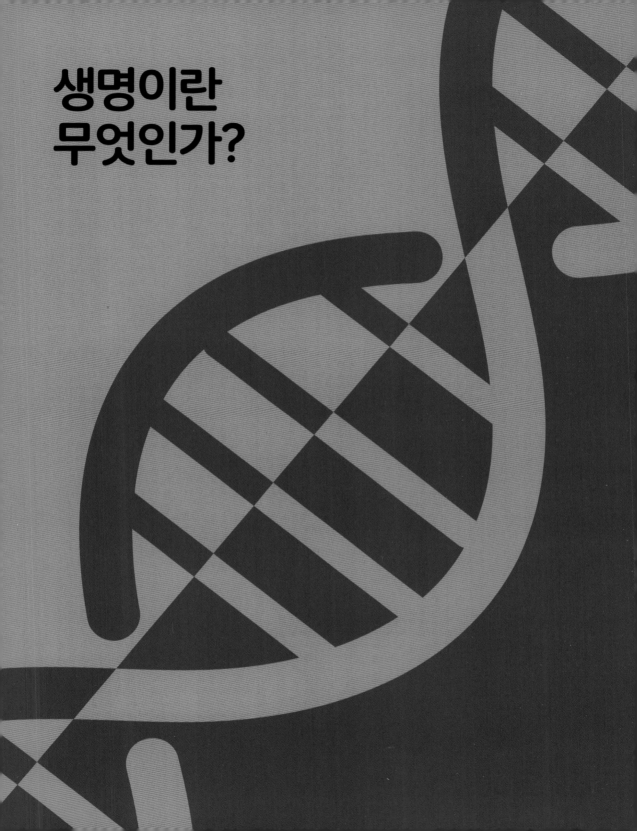

생명이란
무엇인가?

생명의 특성

살아 있는 유기체는 무생물이 할 수 없는 일련의 과정을 수행한다. 이러한 과정을 생명의 특성이라고 한다.

📌 **핵심 요약**

✓ 모든 생명체가 공유하는 일곱 가지 생명의 특성이 있다. 이동, 생식, 감각, 성장, 호흡, 배설 및 영양이 그것이다.

✓ 바이러스는 생명 활동을 수행하지 못하지만 살아 있는 세포 내에서 복제할 수 있다.

생식
생식은 자손을 만들어 내는 것이다. 호박노린재는 알을 낳아 생식을 하지만, 이 외 다른 생물은 새끼를 낳거나 씨앗이나 포자로 생식한다.

성장
모든 생물은 성장하여 신체의 크기를 늘려간다. 어린 벌레는 완전히 자라기까지 다섯 번의 탈피를 한다.

영양
영양은 생물이 음식을 얻거나 만드는 방법이다. 동물은 음식을 먹어서 영양분을 섭취하고, 식물은 간단한 화학 물질과 빛 에너지를 이용하여 영양분을 만든다.

이동
모든 생물은 신체 일부 혹은 전부를 움직일 수 있다. 식물도 종종 성장을 통해 이동한다.

호흡
모든 생물은 호흡을 하며, 물질의 분해로부터 에너지를 방출하여 모든 세포 과정이 가능하도록 한다.

감각
모든 생명체는 그들이 처한 환경에서의 변화를 감지하여 반응을 한다. 곤충은 더듬이를 가지고 주변에서의 변화를 탐지한다.

배설
모든 생물은 세포로부터의 찌꺼기를 배출한다. 이 중에는 벌레가 세포 호흡을 하면서 생산하는 이산화탄소가 포함된다.

생명의 특성

일곱 가지 생명의 특성으로 이동, 감각, 영양, 배설, 호흡, 성장, 생식이 있다.

🔍 **바이러스**

바이러스는 생명 활동의 그 어떤 것도 스스로 수행할 수 없다. 바이러스는 살아 있는 세포에 침입함으로써만 생식을 할 수 있다. 과학자들 사이에 바이러스가 생명체냐 아니냐에 대해서는 논란이 있다.

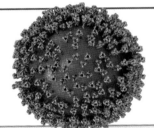

홍역 바이러스

종의 분류

종은 교미를 통해 생식 가능한 자손을 낳을 수 있는 유사한 특징을 가진 생물의 집단이다. 몸의 구조, 기능 및 DNA 염기 서열에 대한 연구를 통해 관련된 종 간의 친척 관계를 파악할 수 있는데, 이를 분류라고 한다.

핵심 요약

✓ 한 종은 생명체의 한 그룹이다. 같은 종은 교미를 통해 생식 능력이 있는 자손을 낳을 수 있다.

✓ 분류는 살아 있는 생물을 그룹으로 나누는 과정이다.

✓ 속과 종을 이용한 학명은 각 종의 고유한 이름이다.

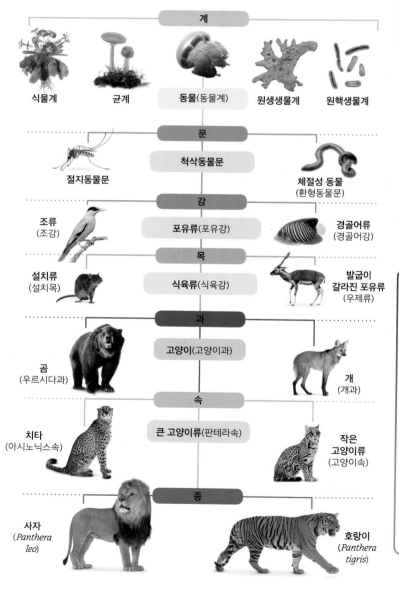

계

식물계   균계   동물(동물계)   원생생물계   원핵생물계

문

척삭동물문

절지동물문   체절성 동물 (환형동물문)

강

조류 (조강)   포유류(포유강)   경골어류 (경골어강)

목

설치류 (설치목)   식육류(식육강)   발굽이 갈라진 포유류 (우제류)

과

곰 (우르시다과)   고양이(고양이과)   개 (개과)

속

치타 (아시노닉스속)   큰 고양이류(판테라속)   작은 고양이류 (고양이속)

종

사자 (*Panthera leo*)   호랑이 (*Panthera tigris*)

린네 분류법

모든 생물은 종, 속, 과와 같은 서로 겹치는 일련의 계층적인 범주에 따라 분류할 수 있다. 이러한 분류법은 스웨덴의 과학자인 린네(Carl von Linné)에 의해 고안되었기 때문에 린네 분류법이라고 한다. 린네는 모든 생물을 식물과 동물 두 계로만 나누었는데, 오늘날의 생물학자들은 좀 더 많은 계로 생물을 분류한다.

이명법

유럽 참새   미국 참새

모든 종은 속명과 종명의 두 부분(이명)으로 구성된 고유한 학명을 갖는다. 예를 들어 유럽 참새는 *Erithacus rubecula* 라는 학명을 갖는다. 유럽 참새는 유럽의 지빠귀류를 더 닮은 미국 참새(*Turdus migratorius*)와 구별된다.

생물계

모든 생물은 동물계, 식물계 같은 여러 계 단위의 범주 중 하나로 분류할 수 있다. 생물학자들은 전통적으로 살아 있는 생물을 5계 혹은 6계로 분류해 왔다.

핵심 요약

✓ 살아 있는 생물은 전통적으로 계라고 하는 주요 범주로 구분해 왔다.

✓ 식물은 식물계를 구성하며, 동물은 동물계를 구성한다.

✓ 최근 몇 년 동안에 과학자들은 '역'이라고 하는 3개 그룹에 기초한 새로운 분류 체계를 만들었다.

계	핵심 특징	
식물계	● 다세포 생물 ● 세포는 핵과 셀룰로오스로 된 세포벽을 가지고 있다. ● 엽록체에서 광합성이 일어난다.	
균계	● 대부분의 다세포 생물 ● 세포는 하나의 핵과 키틴질의 세포벽으로 되어 있다. ● 대부분의 종은 식물과 동물을 분해하여 영양분을 흡수한다.	
동물계	● 다세포 생물 ● 세포는 하나의 핵을 가진다. ● 다른 생물을 먹어 영양분을 얻는다.	
원생생물계	● 대부분 하나의 세포로 된 생물 ● 세포들은 하나의 핵을 가지고 있다. ● 일부 종은 엽록체를 포함한다.	
원핵생물계	● 하나의 세포로 된 생물 ● 세포들은 핵이 없는 단순한 구조로 되어 있다. ● 하나의 염색체를 가지고 있지만 일부 종은 여분의 DNA로 원형의 플라스미드를 가지고 있다.	

🔍 3개의 역

과학자들은 DNA 연구를 통해 지구상 가장 초창기 생물이 어떻게 공통 조상으로부터 진화했는지와 오늘날 존재하는 주요 생물들을 형성하였는지 보여주는 계통수를 만들 수 있었다. 진정세균 및 고세균은 원핵생물이다. 반면에 동물, 식물 및 균류와 같은 진핵생물은 진핵생물역에 포함된다.

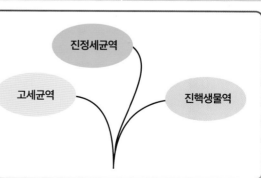

진정세균역

고세균역

진핵생물역

몸의 구성

다세포 생물의 세포들로부터 조직이 만들어진다. 서로 다른 조직들이 모여 기관을 형성하며, 기관은 기관계를 형성하여 작용한다.

핵심 요약

✓ 몸은 세포, 조직, 기관 및 기관계라는 단계로 조직화되어 있다.

✓ 다른 단계의 조직화는 다세포 생물이 효과적으로 기능을 하도록 한다.

✓ 꽃이 피는 식물의 주요 기관은 뿌리, 줄기, 잎, 꽃 그리고 열매이다.

소화계

신체는 순환계, 신경계, 호흡계, 소화계 같은 여러 기관계로 구성되어 있다. 각 기관계는 신체의 특정한 기능을 수행한다.

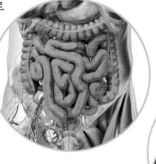

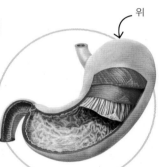

위

기관

한 기관계에 있는 각 기관은 특수한 기능을 한다. 예를 들어 위에서는 소화 효소를 분비하여 음식물을 소화하며, 음식물과 효소가 잘 섞이도록 해준다.

기관계

기관계는 하나의 기능을 수행하기 위해 함께 작용하는 많은 기관들로 구성되어 있다. 소화계의 주요 기능은 음식 속의 복잡한 물질들을 분해하여 장에서 혈액으로 흡수될 수 있도록 충분히 잘게 부수는 것이다.

🔍 식물의 조직화

꽃이 피는 식물의 구조는 다양한 수준으로 구성되어 있다. 식물의 주요 기관은 뿌리, 줄기, 잎, 꽃 그리고 열매이다.

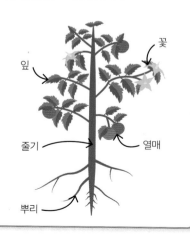

꽃

잎

줄기   열매

뿌리

조직

기관은 다른 조직으로 구성되어 있다. 조직은 유사한 구조와 기능을 갖는 세포 그룹이다. 예를 들어 소장의 벽은 부분적으로 근육 세포로 되어 있으며, 음식물을 밀어내기 위해 팽창하고 수축한다.

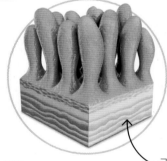

근육 조직

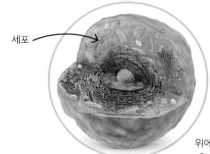

세포

세포

세포는 생명체의 구조 및 기능적인 단위이다. 신체 대부분의 세포는 하나의 기능을 하는 것으로 특화되어 있다. 예를 들어 위에서 표피 세포의 일부는 소화 효소를 만들고 분비하는 것으로 특화되어 있다.

기관계

신체의 다양한 부분은 기관계라고 하는 기관들의 그룹으로
함께 작용한다. 각 기관계는 소화 혹은 물질의 순환과 같은
특수한 기능을 수행한다.

핵심 요약

✓ 체내의 기관계는 특수한 기능을
　수행하기 위해 특화되어 있다.

✓ 각 기관계는 이것이 작동하는 데
　필요한 기관들로 구성되어 있다.

작용 부위

다음 그림은 4개의 기관계를 구성하는 기관들을 나타낸 것이
다. 이들 기관계는 신체 전체가 기능을 하도록 함께 작용한다.

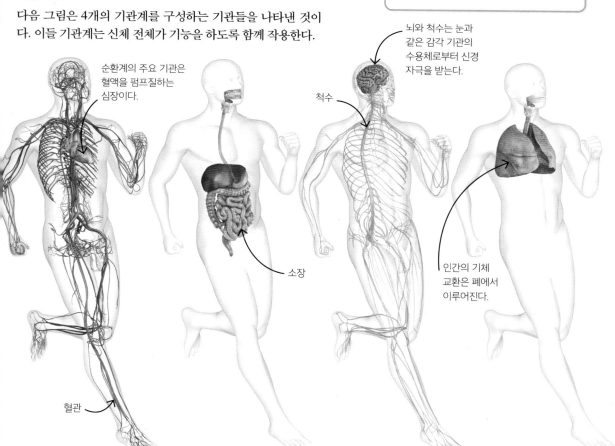

순환계의 주요 기관은
혈액을 펌프질하는
심장이다.

뇌와 척수는 눈과
같은 감각 기관의
수용체로부터 신경
자극을 받는다.

척수

소장

혈관

인간의 기체
교환은 폐에서
이루어진다.

순환계

순환계는 체내에서 물질을
운반하는 역할을 한다. 이러한
물질로는 세포 호흡에 필요한
산소와 포도당이 있으며,
체내에서 밖으로 배출되어야
하는 노폐물에는 이산화탄소와
요소가 있다.

소화계

소화계는 지방, 탄수화물,
단백질과 같은 음식 속의
고분자들을 분해한다. 이러한
분해로부터 나온 단당류, 지방산
및 아미노산은 체내로 흡수된다.

신경계

신경계는 신체 내외부의 변화를
탐지하는 역할을 한다. 신경계는
근육을 수축시키거나 호르몬이
분비되도록 함으로써 이러한
변화에 대한 조절 작용을
수행한다.

호흡계

호흡계는 체내의 모든 세포에
산소를 공급하고 이산화탄소와
같은 노폐물을 제거하는 역할을
한다. 갈비뼈와 횡격막의 근육
작용에 의해 야기된 호흡 운동이
공기를 폐로 흡입하고 방출한다.

척추동물

동물계는 척추동물과 무척추동물이라는 2개의 주요 소그룹으로 구성되어 있다. 척추동물은 등뼈와 뼈 혹은 연골로 되어 있는 내골격을 가지고 있다.

핵심 요약

✓ 척추동물은 뼈 혹은 연골로 되어 있는 내골격을 가지고 있다.

✓ 척추동물에는 7개의 강이 있다.

✓ 척추동물의 각 강은 핵심적인 특징을 가지고 있다.

척추동물의 분류

척추동물에는 7개의 강이 있으며, 각 강의 동물은 다음과 같은 특성이 있다.

포유류

- 새끼를 낳는다.
- 젖샘에서 나오는 젖으로 새끼를 키운다.
- 털이나 모피가 있다.
- 체온이 일정하다.

조류

- 깃털이 있다.
- 딱딱한 껍질이 있는 알을 낳는다.
- 체온이 일정하다.

파충류

- 가죽 같은 비늘이 몸을 덮고 있다.
- 껍질이 있는 알을 낳는다.
- 환경에 따라 체온이 변한다.

양서류

- 물속에 부드러운 알을 낳는다.
- 올챙이는 성체와 모습이 다르다.
- 아가미, 축축한 피부 또는 폐로 기체 교환을 한다.
- 체온이 환경에 따라 변한다.

어류 3종류

턱 없는 물고기 (무악어류)

- 아가미로 기체 교환
- 뼈로 된 턱이 없음
- 연골 골격

연골어류

- 아가미
- 연골 골격

경골어류

- 아가미
- 뼈 골격

🔍 조류와 공룡

공룡은 약 2억 년보다도 전에 출현했던 파충류의 한 그룹이다. 화석을 통해 많은 공룡이 깃털과 새의 다른 특징을 갖고 있음이 밝혀져 새는 공룡으로부터 진화한 것으로 생각된다.

많은 공룡이 보온과 표시용으로 깃털을 가지고 있었다.

키티파티(Citipati)

무척추동물

지구상의 95% 이상의 동물은 등뼈가 없는 무척추동물이다. 이들은 보통 척추동물보다 작고 다양한 몸 형태를 가지고 있다.

📌 **핵심 요약**

- ✓ 무척추동물은 등뼈가 없는 동물이다.
- ✓ 절지동물은 딱딱한 외골격과 관절이 있는 다리를 갖고 있는 무척추동물이다.
- ✓ 절지동물에는 다지류, 곤충류, 거미류, 갑각류가 포함된다.

절지동물 분류

무척추동물문에는 다음과 같은 절지동물이 있으며, 많은 하위 그룹 동물이 여기에 속한다.

다지류

대부분의 노래기강과 순각강을 포함한다.

- 많은 유사한 체절의 몸
- 많은 다리 쌍

곤충류

꿀벌, 말벌, 개미, 나비를 포함한다.

- 세 부분으로 된 몸
- 3쌍의 관절이 있는 다리

거미류

거미, 진드기, 전갈을 포함한다.

- 두 부분으로 된 몸
- 4쌍의 관절이 있는 다리

갑각류

게, 새우, 쥐며느리를 포함하는 큰 그룹의 동물군이다.

- 몸은 머리, 가슴 및 체절로 된 배로 되어 있다.
- 보통 5쌍의 다리를 갖지만 더 많을 수도 있다.

🔍 생태계 내 곤충

곤충은 생태계에서 중요한 역할을 하는데, 그중의 하나는 꽃을 수분시키는 것이다. 이것은 상호 이익이 되는 관계로, 곤충은 꽃으로부터 꿀을 얻고, 다른 식물에 꽃가루를 운반하여 생식을 돕는다. 이로써 식물은 수정을 하고 열매를 맺게 된다.

나비는 꽃의 꿀을 먹는다.

식물

식물계는 그 특징에 따라 여러 그룹으로 나눌 수 있다. 크게는 종자를 생산하는 종자식물과 포자를 생산하는 포자식물로 나눈다.

식물 그룹

식물의 생활사는 식물을 분류하는 데 중요하다. 이끼나 양치류 같은 식물은 아주 작은 포자로부터 자라는 반면, 좀 더 크고 복잡한 구조를 갖는 종자로부터 자라는 식물도 있다. 일부 종자식물은 콘 모양의 종자를 생산하지만, 대부분의 식물은 꽃을 통해 종자를 생산한다.

핵심 요약

✓ 식물계의 주요한 두 그룹은 종자식물과 포자식물이다.

✓ 외떡잎식물은 잎에 평행한 잎맥과 수염뿌리를 갖는 현화식물이다.

✓ 쌍떡잎식물은 망 형태의 잎맥과 곧은 뿌리를 갖는 현화식물이다.

✓ 양치식물은 종자 대신에 포자를 생산하며, 그 잎은 잘게 갈라진 큰 잎사귀 형태이다.

침엽수

침엽수는 솔방울에서 종자를 생산하며, 보통 바늘 모양의 잎을 가지고 있다. 침엽수는 지구상에서 가장 큰 나무에 속한다.

바늘 모양의 잎

솔방울

현화식물

현화식물은 꽃 안에서 종자를 생산한다. 일부 현화식물은 외떡잎식물로 보통 잔디와 야자수처럼 가는 끈 같은 잎을 가지고 있다. 다른 현화식물은 쌍떡잎식물로 넓은 잎과 그물처럼 펼쳐진 잎맥을 가지고 있다.

꽃잎은 보통 4개 혹은 5개로 되어 있다.

쌍떡잎식물의 예

그물 같은 잎맥

굵은 주근으로부터 가지를 뻗은 뿌리 시스템 (곧은 뿌리)

포자식물

양치식물은 보통 잎사귀라고 부르는 잎 뒷면에서 자라는 작은 캡슐에서 포자를 생산한다.

포자 캡슐

땅에서 곧게 자란 잎사귀

단순한 수염뿌리 시스템

계통수

과거에는 구조적인 특징을 비교하여 생물을 분류하였지만, 오늘날에는 이들의 진화적인 역사를 연구하여 종을 분류한다. 이는 계통수에 잘 나타나 있는데, 계통수는 다른 생물의 특징이나 DNA 서열과 관련해서 얼마나 밀접하게 관련이 있는지를 보여준다.

핵심 요약

✓ 계통수는 생물 종이 얼마나 밀접하게 관련되어 있는지를 보여준다.

✓ 계통수에서 함께 밀접하게 그룹화된 생물들은 멀리 떨어진 생물들보다 더 많은 공통된 특징을 갖는다.

✓ 계통수는 DNA 서열, 다른 생화학적인 분자 혹은 생물의 물리적인 특징을 기반으로 만들어질 수 있다.

포유류의 계통수

밀접한 종들은 계통수에서 동일한 가지에 그룹화되어 있으며, 가지의 분기점은 두 그룹 혹은 그 이상의 그룹에 대한 공통 조상을 나타낸다. 이러한 계통수는 다른 모습의 포유류들이 어떻게 진화적으로 관련되어 있는지를 보여준다.

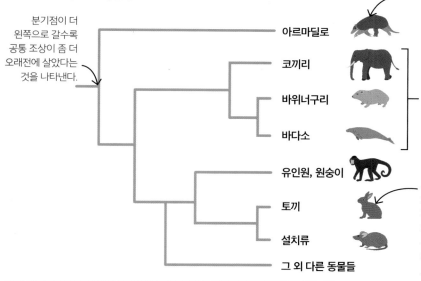

분기점이 더 왼쪽으로 갈수록 공통 조상이 좀 더 오래전에 살았다는 것을 나타낸다.

아르마딜로

코끼리

바위너구리

바다소

유인원, 원숭이

토끼

설치류

그 외 다른 동물들

아르마딜로는 다른 포유류와는 달리 가까운 친척이 없다는 것을 보여준다. 이들이 다른 포유류와 공유하는 공통 조상은 아주 오래전에 살았던 것으로 보인다.

코끼리, 바위너구리, 바다소는 매우 다르게 생겼지만 유사한 DNA 서열을 가지고 있어 같은 그룹에 속하며, 이는 최근의 공통된 조상을 공유한다는 것을 보여준다.

토끼는 갉아 먹기에 적합한 앞니를 가진 설치류와 많은 공통된 특징을 가지고 있다. 이들의 DNA 서열도 매우 유사하다. 이는 토끼가 유인원이나 원숭이보다 설치류와 더 최근의 공통 조상을 공유한다는 것을 보여준다.

🔍 계통수

진화적 계통수는 마지막 공통 조상의 대략적인 시기를 나타내며, 오른쪽과 같이 나타낼 수 있다.

오랑우탄 고릴라 침팬지 보노보 사람

600만 년 전

800만 년 전

공통 조상

1,300만 년 전

식별 키

과학자들은 생물을 동정하기 위하여 식별 키를 사용한다. 키의 각 단계는 '예' 혹은 '아니요'로 답변해야 하는 질문을 제시하여 생물들을 두 그룹으로 나눈다. 이것을 생물을 두 그룹으로 나누는 이분법적 키(이분법적 수단)라고 한다.

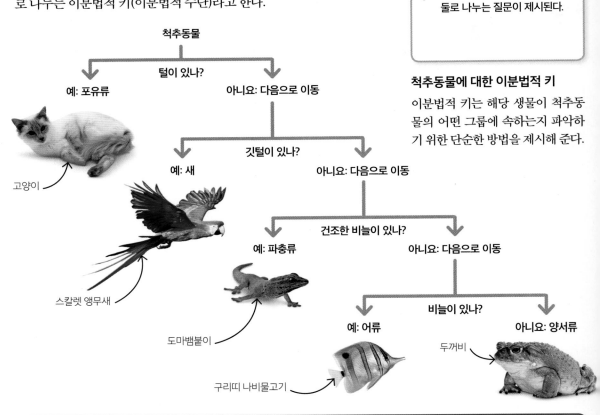

척추동물

털이 있나?

예: 포유류　　　아니요: 다음으로 이동

고양이

깃털이 있나?

예: 새　　　아니요: 다음으로 이동

스칼렛 앵무새

건조한 비늘이 있나?

예: 파충류　　　아니요: 다음으로 이동

도마뱀붙이

비늘이 있나?

예: 어류　　　아니요: 양서류

구리띠 나비물고기

두꺼비

핵심 요약

✓ 이분법적 키는 생물의 특징을 통해 생물을 식별하는 데 도움을 줄 수 있다.

✓ 키의 각 단계에서는 생물을 둘로 나누는 질문이 제시된다.

척추동물에 대한 이분법적 키

이분법적 키는 해당 생물이 척추동물의 어떤 그룹에 속하는지 파악하기 위한 단순한 방법을 제시해 준다.

🔍 이분법적 키 만들기

이분법적 키를 만들기 위해서는 동정하기를 원하는 생물의 주요 특징을 기술한다. 다리의 수처럼 생물이 항상 가지고 있는 특징을 선택하고, 생물의 크기처럼 환경에 따라 변하는 특징은 선택하지 않는다. '예/아니요' 질문으로 분리할 수 있는 그룹을 찾는다. 날개의 수를 이용하여 이처럼 비행하는 생물에 대한 이분법적 키로 시작하거나, 혹은 배의 폭과 길이의 비교, 즉 '두껍다/얇다'와 같은 비교로 시작할 수 있다.

벌　　　장수말벌　　　꾸정모기

실잠자리　　　잠자리　　　나비

세포

동물 세포

모든 생물은 세포라고 하는 미세한 단위로 이루어져 있다. 예를 들어 사람처럼 복잡한 생물도 함께 작용하는 수십 조의 세포로 되어 있다. 각 세포는 특수한 기능을 수행하는 소기관을 가지고 있다.

📌 **핵심 요약**

✓ 모든 생물은 세포라고 하는 미세한 단위로 구성되어 있다.

✓ 세포는 소기관이라는 하는 더 작은 구조를 갖는다.

✓ 대부분의 동물 세포는 특수한 기능을 수행하기 위해 특화되어 있다.

사람의 세포

사람의 몸은 많은 형태의 세포로 구성되어 있다. 다른 동물 세포처럼 사람의 세포도 세포막과 컨트롤 센터인 핵을 가지고 있다.

리보솜은 단백질을 합성하는 소기관이다.

핵에는 세포를 조절하는 유전자라고 하는 정보를 포함하는 DNA가 있다.

소기관은 세포 내 작은 구조이다.

세포막은 동물 세포를 둘러싸고 있으며, 물질의 이출입을 조절한다.

미토콘드리아는 단당류로부터 에너지를 얻어 세포가 활동을 하도록 한다. 이러한 과정을 세포 호흡이라고 한다.

세포질은 세포 소기관을 포함하는 젤리와 같은 물질이다. 대부분의 화학 반응이 일어나는 곳이다.

🔍 특성화된 동물 세포

동물이 배아로부터 발생을 할 때 세포가 분열하여 많은 다양한 세포로 분화한다. 각 세포는 특정한 기능을 수행하기에 적합한 구조를 가지고 있다.

이동하는 데 사용되는 긴 꼬리

세포의 잔가지 (수상돌기)

필라멘트

정자 세포는 수컷으로부터 만들어진다. 정자는 긴 꼬리를 가지고 난자를 향해 헤엄쳐 간다.

신경 세포는 전기적 신호를 전달하기 위해 특성화되어 있다. 신경 세포는 작은 가지를 뻗어 다른 신경 세포와 연결된다.

근육 세포는 서로 얽혀 있는 필라멘트가 있어 세포가 빠르게 수축하여 근육 운동을 할 수 있게 한다.

식물 세포

동물과 마찬가지로 식물도 수조 개의 미세한 세포로 되어 있다. 식물 세포는 동물 세포와 유사하지만 다른 구조를 가지며, 동물 세포에는 없는 소기관이 있다.

식물의 잎 세포

대부분의 식물 세포처럼 잎 세포도 강한 세포벽을 가지고 있으며, 세포벽은 세포 모양을 유지해 준다. 세포 안에는 많은 양의 액체를 가지고 있는 액포가 있다.

핵심 요약

- ✓ 셀룰로오스로 구성된 강한 세포벽이 세포막을 감싸며, 세포의 모양을 유지한다.
- ✓ 세포의 중심에 있는 액포에 물을 저장하며, 세포를 탱탱하게 유지시켜 준다.
- ✓ 엽록체는 빛 에너지를 모아서 탄수화물을 합성한다.

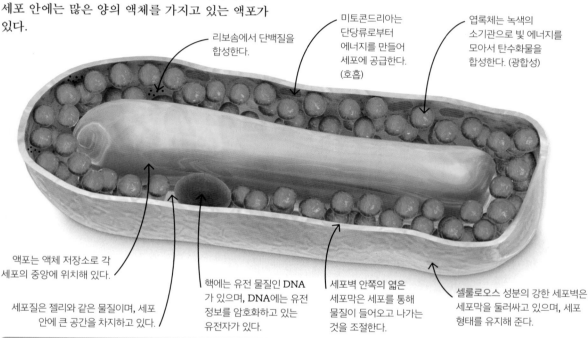

리보솜에서 단백질을 합성한다.

미토콘드리아는 단당류로부터 에너지를 만들어 세포에 공급한다. (호흡)

엽록체는 녹색의 소기관으로 빛 에너지를 모아서 탄수화물을 합성한다. (광합성)

액포는 액체 저장소로 각 세포의 중앙에 위치해 있다.

세포질은 젤리와 같은 물질이며, 세포 안에 큰 공간을 차지하고 있다.

핵에는 유전 물질인 DNA가 있으며, DNA에는 유전 정보를 암호화하고 있는 유전자가 있다.

세포벽 안쪽의 얇은 세포막은 세포를 통해 물질이 들어오고 나가는 것을 조절한다.

셀룰로오스 성분의 강한 세포벽은 세포막을 둘러싸고 있으며, 세포 형태를 유지해 준다.

🔍 식물의 특수 세포

식물이 씨앗으로부터 자랄 때 식물 세포는 복제하며 다른 기능을 하는 세포로 특화된다. 오른쪽 모식도의 식물 세포는 물과 당 같은 필수 물질을 수송하기 위해 특화되어 있다.

머리카락처럼 길게 뻗음

뿌리털 세포는 머리털처럼 길게 뻗어 있어 흙에서 물과 무기질을 흡수한다.

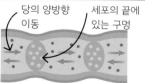

당의 양방향 이동

세포의 끝에 있는 구멍

체관 세포는 당을 수송한다. 이러한 관과 같은 세포벽의 끝과 끝은 구멍으로 연결되어 있다.

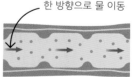

한 방향으로 물 이동

물관 세포는 식물의 뿌리에서 잎으로 물을 운반한다. 이들 세포의 열려진 끝이 연결되어 하나의 관을 형성한다.

단세포 생물

식물과 동물은 수십억 개의 세포로 구성되어 있지만, 어떤 생물은 단 하나의 세포로 되어 있다. 이러한 미생물 같은 형태를 단세포 생물이라고 한다. 어떤 단세포 생물은 사람에게 질병을 일으킨다.

핵심 요약

✓ 단세포 생물은 하나의 세포로 되어 있다.
✓ 일부 단세포 생물은 다른 미생물을 먹고 산다.
✓ 어떤 단세포 생물은 사람에게 질병을 일으킨다.

아메바

아메바는 물과 습한 장소에서 사는 단세포 생물이다. 아메바는 세포질 이동으로 만들어진 가짜다리(위족)를 뻗어 이동한다.

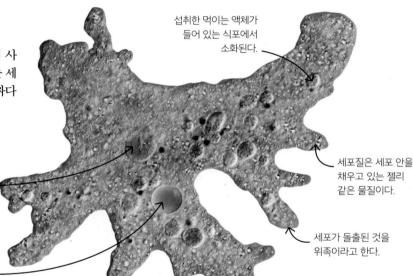

섭취한 먹이는 액체가 들어 있는 식포에서 소화된다.

핵에는 유전 물질인 DNA가 있으며, DNA에는 유전 정보를 암호화하고 있는 유전자가 있다.

세포질은 세포 안을 채우고 있는 젤리 같은 물질이다.

세포가 돌출된 것을 위족이라고 한다.

과도한 물은 버블처럼 생긴 수축포에 축적된다.

🔍 단세포 생물의 형태

많은 형태의 단세포 생물이 있다. 각 단세포는 특정한 삶의 방법에 적합한 적응 형태를 가지고 있다.

빛으로부터 에너지를 모으는 엽록체

조류
단세포 혹은 다세포로 된 식물처럼 생긴 생물이다. 클라미도모나스(*Chlamydomonas*)는 단세포 조류로 엽록체를 포함하고 있다. 엽록체는 작은 녹색 소기관으로 태양 빛 에너지를 이용하여 영양소를 만든다.

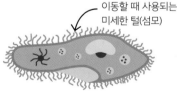

이동할 때 사용되는 미세한 털(섬모)

원생생물
원생생물은 대부분 다른 단세포 생물을 잡아먹는 다양한 그룹의 생물이다. 원생생물인 짚신벌레는 물에서 살며 수많은 미세한 털인 섬모를 이용하여 이동한다.

세포벽

균류
효모는 단세포 균류이다. 이들은 식물 세포처럼 세포벽을 가지고 있지만 엽록체는 없다. 효모는 설탕을 먹으면서 호흡을 할 때 이산화탄소를 방출함으로써 빵을 부풀게 한다.

세균

세균은 원핵생물에 속하는 아주 작은 단세포 생물이다. 세균은 매우 흔하게 발견되며, 인체 내부나 피부를 포함한 모든 종류의 서식지에 살고 있다.

세포벽을 둘러싸는 보호용 외피인 캡슐이 있다.

세포질에 떠 있는 원형의 DNA에 유전자가 있다.

일부 세균은 긴 편모를 가지고 있으며, 이것을 회전시켜 이동한다.

일부 원핵세포는 플라스미드라는 작은 원형 DNA도 가지고 있다.

세포벽과 그 안의 세포막은 세포질을 둘러싸고 있다.

세균의 내부

전형적인 막대 모양의 세균에는 보호성 외피인 캡슐, 세포벽 그리고 세포질을 둘러싸고 있는 얇은 세포막이 있다.

🔍 원핵생물과 진핵생물

모든 생물은 원핵생물 혹은 진핵생물 중 하나에 속한다. 진핵생물은 동물, 식물, 균류 및 많은 단세포 생물을 포함하며, 원핵생물은 세균과 같은 작은 단세포 생물이다. 진핵세포가 핵과 막으로 둘러싸인 소기관을 가지고 있는 데 비해, 원핵세포는 더 작고 핵이 없으며, 막으로 둘러싸인 소기관도 없다. 원핵세포는 핵 대신에 세포질에 떠 있는 원형의 DNA를 가지고 있다.

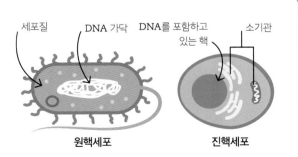

세포질　　DNA 가닥　　DNA를 포함하고 있는 핵　　소기관

원핵세포　　　**진핵세포**

현미경

어떤 것들은 너무 작아서 맨눈으로는 잘 볼 수 없다. 현미경은 확대된 상을 보여주는 기구로, 단세포와 같은 아주 작은 것도 볼 수 있도록 해준다.

광학 현미경

광학 현미경의 렌즈를 이용하여 샘플의 상을 수십 배 혹은 수백 배까지 확대해 볼 수 있다. 빛이 시료를 통과하기 때문에 시료는 얇고 투명해야 한다.

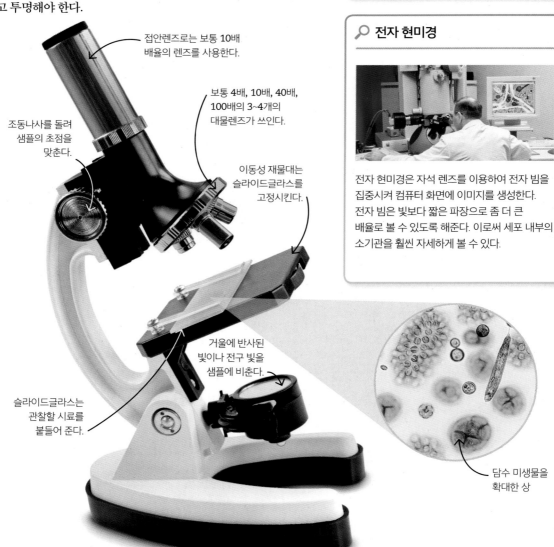

접안렌즈로는 보통 10배 배율의 렌즈를 사용한다.

보통 4배, 10배, 40배, 100배의 3~4개의 대물렌즈가 쓰인다.

조동나사를 돌려 샘플의 초점을 맞춘다.

이동성 재물대는 슬라이드글라스를 고정시킨다.

거울에 반사된 빛이나 전구 빛을 샘플에 비춘다.

슬라이드글라스는 관찰할 시료를 붙들어 준다.

담수 미생물을 확대한 상

핵심 요약

✓ 현미경은 확대된 상을 만들어내는 기구이다.

✓ 현미경은 아주 작은 생물이나 살아 있는 생물을 연구하는 데 이용된다.

✓ 현미경 상을 만들어내기 위해서 광학 현미경은 빛을, 전자 현미경은 전자 빔을 이용한다.

🔍 전자 현미경

전자 현미경은 자석 렌즈를 이용하여 전자 빔을 집중시켜 컴퓨터 화면에 이미지를 생성한다. 전자 빔은 빛보다 짧은 파장으로 좀 더 큰 배율로 볼 수 있도록 해준다. 이로써 세포 내부의 소기관을 훨씬 자세하게 볼 수 있다.

현미경 사용

현미경을 사용하기 전에 먼저 시료를 슬라이드글라스 위에 올려놓는다. 다음으로 현미경 조절 시스템을 사용해 배율을 변화시키고 상의 초점을 맞춘다.

🔆 배율 계산하기

다음 공식을 이용하여 상의 배율을 계산할 수 있다. 예를 들어 확대된 상에서 세포의 크기가 40 mm이고 실제 크기는 0.1 mm라면 배율은 다음과 같다.

$$배율 = \frac{상의\ 크기}{실제\ 크기} = \frac{40\ mm}{0.1\ mm} = 400$$

위의 공식을 재배열하면 실제 크기를 계산할 수 있다. 예를 들어 식물 세포의 확대된 상이 20 mm이고 배율이 100 배이면 실제 크기는 다음과 같다.

$$실제\ 크기 = \frac{상의\ 크기}{배율}$$

$$실제\ 크기 = \frac{20\ mm}{100} = 0.2\ mm\ (200\ μm)$$

⚙ 시료 준비 및 슬라이드글라스 관찰

양파 세포는 빛이 통과할 정도로 매우 얇은 필름처럼 자라기 때문에 현미경 관찰에 이상적인 시료이다.

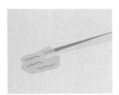

1. 양파를 썰어서 핀셋으로 한 조각 밑에서 얇은 필름 같은 조직을 벗겨낸다.

2. 피펫을 이용하여 조직에 물 한 방울을 추가한다. 그런 다음 요오드 용액 한 방울을 떨어뜨리면 세포를 어둡게 하여 좀 더 잘 보이게 한다.

3. 공기 방울이 생기지 않도록 시료 위에 커버글라스를 천천히 올려놓고 슬라이드글라스를 고정시킨다.

4. 낮은 배율의 대물렌즈를 선택한다. 조동나사를 돌려 제물대를 렌즈 아래까지 밀어올린다.

5. 전원을 켜고 대안렌즈를 들여다보면서 조동나사를 천천히 아래로 내리면서 상을 찾는다. 미동나사를 이용하여 미세하게 조정한다.

엘로디아속의 식물

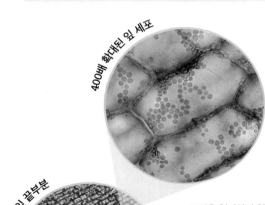

400배 확대된 잎 세포

40배 확대된 잎 끝부분

조직을 형성하기 위해 뭉쳐 있는 잎 세포는 이 배율에서 잘 관찰된다.

상의 확대

현미경의 배율은 대물렌즈를 바꿈으로써 조절할 수 있다. 총 배율을 계산하기 위해서는 대안렌즈의 배율에 선택한 대물렌즈의 배율을 곱해 구한다. 예를 들어 대안렌즈가 10배, 대물렌즈가 40배이면 총 배율은 10 × 40 = 400배가 된다.

줄기세포

줄기세포는 생물의 몸에서 많은 다양한 세포로 분화할 수 있는 잠재력이 있는 세포이다. 과학자들은 줄기세포 연구가 많은 질병에 대한 새로운 치료법으로 이어질 것으로 기대하고 있다.

핵심 요약

✓ 줄기세포는 분화되지 않은 세포이다. 줄기세포는 분열하여 많은 다양한 세포 형태 중 하나가 될 수 있는 잠재력이 있다.

✓ 배아 줄기세포는 어떤 세포 형태도 만들 수 있지만, 성체 줄기세포는 잠재력이 좀 더 한정적이다.

✓ 줄기세포 연구는 질병에 대한 새로운 치료 방법을 제공해 주지만, 배아 줄기세포를 이용하는 것에 대해서는 논란이 있다.

배아의 세포가 분화되지 않았다는 것은 이들이 아직 특정한 세포를 형성하지 않았다는 것을 뜻한다.

배아 줄기세포

며칠 된 동물 배아는 단지 줄기세포 덩어리에 불과하다. 이 줄기세포는 분열하여 많은 다양한 종류의 세포로 분화할 수 있는 잠재력이 있다.

🔍 줄기세포 연구: 찬성 혹은 반대

찬성

- 줄기세포는 의학 분야에서 잠재력이 크다. 성체 줄기세포는 이미 골수 이식에 활용되고 있으며, 혈액암 (백혈병)을 치료하는 데 도움을 준다.

- 배아 줄기세포는 손상된 척수 신경세포와 같은 결함이 있는 세포를 교체하여 마비 증상을 치료하는 데 사용할 수 있다.

- 환자의 줄기세포에서 자란 조직은 기증자 이식과는 달리 면역 체계에 의해 거부되지 않는다.

반대

- 어떤 사람들은 인간 배아를 연구나 의학적 목적으로 이용하는 것은 잘못되었다고 주장한다.

- 일부 나라에서는 배아 줄기세포 연구를 금지하고 있다.

- 실험실에서 자란 줄기세포는 바이러스에 의해 감염될 수 있으며, 이를 환자에게 이식하면 질병을 유발할 수 있다.

🔍 동물의 줄기세포

줄기세포는 아직 분화되지 않는 세포이다. 이들은 세포 분열을 통해 더 많은 줄기세포를
만들 수 있는 잠재력이 있다. 분열을 통해 만들어진 세포들은 후에 분화하거나 특화되어 몸
전체에 산소를 운반하거나 질병을 야기시키는 세균과 싸우는 등 특수한 기능을 수행한다.

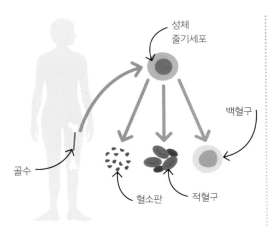

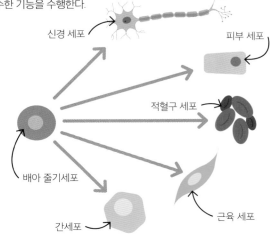

성체 줄기세포는 골수와 장 내막과 같은 성인의 다양한 신체
부위에서 발견된다. 이들은 무한정으로 분열할 수 있지만, 혈액
세포처럼 단지 한정된 세포 유형만 만들어낸다.

배아 줄기세포는 발생 초기 며칠 동안의 배아에서 발견된다.
이들 세포는 인체를 구성하는 다양한 분화된 세포 유형으로
발달할 수 있다.

🔍 식물의 줄기세포

식물은 생장점에 줄기세포 다발이 있다. 이들 세포는 동물과는 달리 식물이
계속 자라도록 해주며, 살아 있는 동안 모양을 변화시킬 수도 있다.
생장점은 싹의 끝, 싹눈, 뿌리 끝과 줄기 주위에서 발견된다. 생장점을
포함하는 식물 부분을 꺾어 삽목하면 완전히 새로운 식물로 자랄 수 있다.

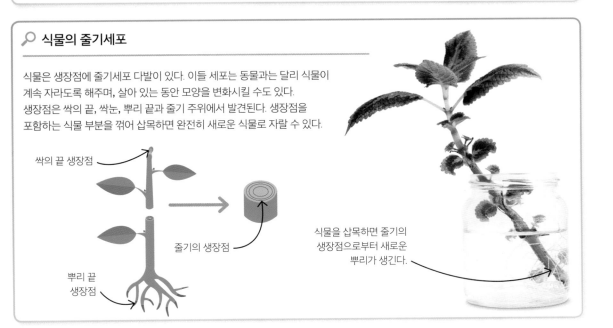

체세포 분열

동물 세포와 식물 세포는 세포 분열로 새로운
세포를 공급하여 성장하거나 손상되거나 닳아
없어진 세포를 보충해 준다.

두 세포로 분열

체세포 분열의 마지막 단계에서는 세포질이 새롭게 만들
어진 2개의 핵 사이에서 좁아지고, 결국 세포는 2개의 딸
세포로 나누어진다. 사람의 몸에서는 매 초마다 체세포
분열로 수백만 개의 새로운 세포들이 만들어진다. 빠르
게 분열하는 세포는 사람의 피부, 머리털 뿌리, 혈액 세포
를 만드는 골수에서 발견된다.

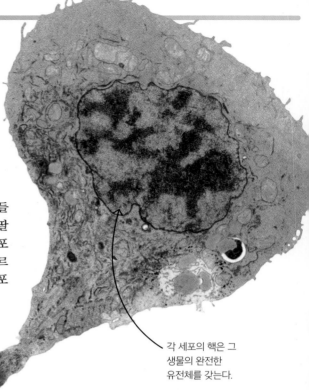

세포질은 새로 만들어진
핵 사이에서 좁아진다.

각 세포의 핵은 그
생물의 완전한
유전체를 갖는다.

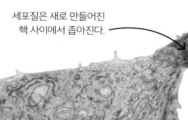

⚙ 세포 주기는 어떻게 작동하나?

체세포 분열은 세포 주기, 즉 세포 성장과 분열 과정의 마지막
단계이다. 체세포 분열이 시작되기 전에 세포는 핵 속의
염색체에 있는 DNA를 복제한다. 체세포 분열 동안 복제된
염색체는 완전히 분리된다. 체세포 분열 후에 각 딸세포는
성장하며 세포 주기가 반복된다.

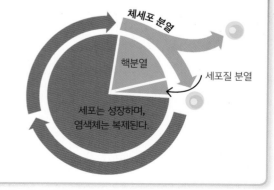

체세포 분열

핵분열

세포질 분열

세포는 성장하며,
염색체는 복제된다.

세포는 어떻게 분열하나?

체세포 분열 동안에 세포의 핵은 2개의 동등한 염색체를 갖는 핵으로 분열한다. 체세포 분열 과정은 전기, 중기, 후기, 말기의 네 단계로 진행된다.

핵심 요약

✓ 세포 성장 및 분열 과정을 세포 주기라고 한다.
✓ 체세포 분열은 세포 주기의 마지막 단계이다.
✓ 체세포 분열로 유전적으로 동등한 2개의 세포가 만들어지며, 분열 결과 염색체의 수는 변화가 없다.

2. 전기
핵막이 파괴되고 DNA가 좀 더 꼬여 염색체가 응축된다. 즉 염색체가 짧고 두꺼워진다. 염색체는 복제되어 있기 때문에 X 모양으로 보인다.

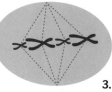

염색체
염색 분체
염색 분체

1. 체세포 분열 전
세포 내 DNA는 핵 속의 염색체에 들어 있다.

3. 중기
염색체는 방추사에 의해 세포의 중앙으로 이동한다.

4. 후기
방추사는 각 염색체의 염색 분체를 분리하여 세포 내 양쪽 끝으로 잡아당긴다.

6. 새로운 세포
2개의 동일한 딸세포가 만들어지고 성장하기 시작한다. 세포가 다시 분열하기 전에 세포의 유전체가 복제됨으로써 염색체가 복제된다.

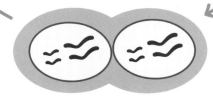

5. 말기
핵막이 다시 염색체 세트 주위에 생긴다.

감수 분열

유성 생식은 성 기관에서만 일어나는 감수 분열이
라는 특수한 세포 분열 과정을 거친다.

📌 **핵심 요약**

✓ 체세포 분열과는 달리 감수 분열은 생식 세포를 만드는
  특수한 세포 분열이다.

✓ 감수 분열 후에 생식 세포의 염색체 수는 체세포보다
  반으로 준다.

✓ 감수 분열을 통해 각 생식 세포는 고유한 유전자 조합을
  가짐으로써 각 자손이 달라진다.

교차

정상적인 사람 세포에서 염색체의 반은 엄마로부터,
나머지 반은 아빠로부터 온다. 감수 분열 동안 이러
한 모계와 부계 염색체는 짝을 이루며 교차에 의
해 DNA를 교환한다.

상동 염색체의 DNA
부분에서 교환이 이루어진다.

⚙ 감수 분열은 어떻게 진행되나?

감수 분열은 두 번 세포 분열을 한다. 감수 1분열에서는
교차가 일어나며 염색체의 수가 반으로 준다.
감수 2분열에서는 각 염색체의 염색 분체가 체세포
분열처럼 나누어져 이동한다.

1. 감수 분열이 시작되기
전에 각 염색체가 복제하여
X 모양이 된다. 각 염색체는
이제 염색 분체라고 하는
2개의 동일한 복사본으로
되어 있다.

2. 이제 X 모양으로 된
모계와 부계로부터 온
염색체가 쌍을 이룬다.
쌍을 이룬 염색체 팔이
교차를 하여 DNA 부분을
교환한다.

3. 세포들이 분열하며,
세포가 분열하면서 상동
염색체의 각각은 딸세포로
이동한다. 양 부모로부터
온 염색체가 섞여
딸세포로 나누어진다.

4. 감수 2분열에서는
각 염색체의 염색
분체가 나누어진다.

5. 각 세포는 정자와
난자로 발달한다. 각 생식
세포는 체세포 염색체의
반을 갖는다. 정자가
난자와 결합하면 염색체
수가 다시 회복된다.

이분법

세균과 같은 원핵세포는 이분법적 방법에 의해 2개로 나누어진다. 이분법은 세균의 주요 생식 방법으로, 세균은 이 방법을 통해 매우 빠르게 분열한다.

📌 **핵심 요약**

✓ 세균은 무성 생식의 한 형태인 이분법으로 분열한다.

✓ 세균이 분열하기 전에 원형 DNA가 복제된다.

✓ 이분법적 분열에 의해 유전적으로 동일한 세포가 만들어진다.

분열 중인 세균

전자 현미경 상으로 대장균이 분열하고 있는 것을 볼 수 있다. 세균은 핵이 없으며, 하나 혹은 2개의 염색체를 갖는다. 각 염색체는 원형의 DNA로 되어 있다.

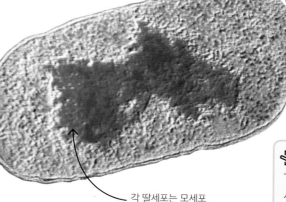

두 세포 사이에 새로운 세포벽이 만들어진다.

각 딸세포는 모세포 DNA의 복사본을 받는다.

⚙️ 이분법은 어떻게 작동하나?

1. 세균의 원형 DNA가 복제된다.

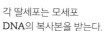

2. 세포질이 분열하기 시작하며 새로운 세포벽이 중앙에 생긴다.

3. 2개의 딸세포가 분리된다.

🔢 세포의 수 계산하기

세균은 이상적인 성장 조건에서 매 20분마다 한 번씩 분열하여 그 수를 빠르게 늘려간다. 새로운 세균이 성장해서 분열하는 데 걸리는 시간(분열 시간)을 안다면 다음 식을 이용하여 하나의 세균이 얼마나 많은 세균을 생산할 수 있는지 계산할 수 있다.

세포의 수 = 2^n (n = 세대수)

예를 들어 분열하는 데 30분 걸린다면 3시간 후에는 하나의 세포로부터 얼마나 많은 세균이 만들어질까?

1. 먼저 3시간 동안 몇 번 분열이 일어날 수 있는지 계산한다.

$$n = \frac{180분}{30분} = 6$$

2. 그런 다음 생산된 세포의 수를 계산한다.

세포의 수 = 2^6
= 2 × 2 × 2 × 2 × 2 × 2
= 64

세균 배양

세균과 미생물은 실험실에서 배양하여 연구에 사용할 수 있다. 원치 않는 미생물로 오염되는 것을 방지하기 위해서는 무균 기술로 알려진 실험 절차를 잘 따라야 한다.

한천 평판 배지

세균은 이들이 필요로 하는 영양소를 포함하고 있는 배양액에서 자란다. 이 용액을 한천 젤리와 섞어 페트리 접시에 부어 식히면 한천 평판 배지가 만들어진다. 세균을 철사 접종 루프(한천의 표면을 가로질러 미생물을 고루 퍼트려 줌)를 이용하여 평판 배지로 옮긴다. 페트리 접시는 며칠 동안 따뜻한 장소에 놓아둔다. 한 마리의 세균이 증식하여 눈에 보이는 콜로니를 형성하며, 각 콜로니에는 수백만 마리의 세균이 있다.

핵심 요약

✓ 세균은 한천 젤리와 같은 배양액에서 자란다.

✓ 세균은 25°C보다 높지 않은 온도에서 배양한다.

✓ 무균 기술은 시료가 원치 않는 미생물로부터 오염되는 것을 방지한다.

⚙ 무균 기술

무균 기술은 미생물을 배양할 때 공기, 먼지 혹은 연구자 몸으로부터의 원치 않는 미생물에 의한 오염을 방지하는 데 도움을 준다.

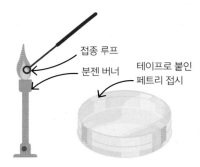

접종 루프
분젠 버너
테이프로 붙인 페트리 접시

- 접종 루프처럼 재사용 도구는 열로 멸균시켜 차갑게 한 후 사용한다.

- 멸균된 페트리 접시를 분젠 버너 불꽃 가까이에서 연다. 불꽃의 열이 공기를 위로 끌어올려 먼지가 평판 배지에 떨어지는 것을 방지한다.

- 미생물이 안으로 들어오는 것을 방지하기 위해 페트리 접시를 닫은 후 테이프를 붙인다.

- 세균을 페트리 접시로 옮긴 후 페트리 접시의 위쪽을 아래로 향하게 하여 배지 위에 물방울이 생겨 번지지 않도록 한다.

- 세균은 25°C보다 높지 않은 온도에서 배양한다.

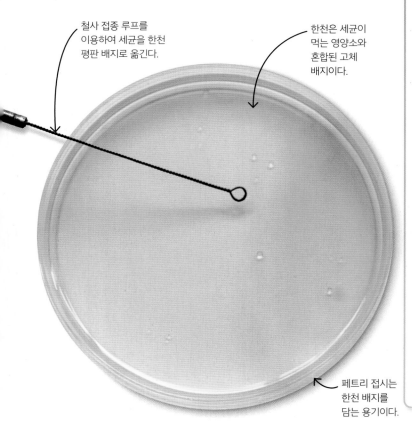

철사 접종 루프를 이용하여 세균을 한천 평판 배지로 옮긴다.

한천은 세균이 먹는 영양소와 혼합된 고체 배지이다.

페트리 접시는 한천 배지를 담는 용기이다.

항생제와 방부제 효과

항생제와 방부제는 세균에 해로운 화학 물질이다. 다음 실험
은 한천 평판 배지에서 항생제를 처리하여 세균의 성장을 억
제함으로써 항생제의 효과 정도를 확인하는 것이다.

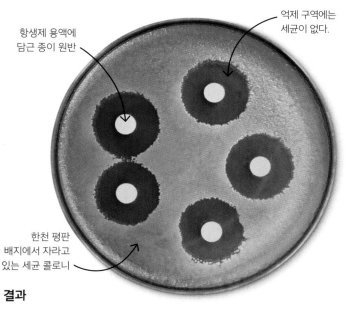

항생제 용액에
담근 종이 원반

억제 구역에는
세균이 없다.

한천 평판
배지에서 자라고
있는 세균 콜로니

결과

작은 종이 원반에 묻은 항생제가 평판 배지로 스며들어 세균의
성장을 억제하면 억제 구역이라고 하는 투명한 원형이 나타난
다. 항생제의 효과가 클수록 억제 구역은 좀 더 커진다.

⬛ 억제 면적 계산하기

플레이트상의 억제 영역은 원형이므로 그 크기를 계산하기 위해 원의 면적
공식을 사용할 수 있다.

$$면적 = \pi r^2 \ (r은 \ 반지름)$$

접시를 열지 않고 자를 이용하여 여러 개의 억제 구역의 지름을 측정한 다음
그 평균 지름을 계산한다. 평균 반지름을 찾기 위해 결과를 절반으로 나눈다.
평균 반지름의 수치를 공식에 대입하여 정답을 구한다.

⚙ 방법

1. 미리 준비한 한천 평판 배지에 피펫과 유리
스프레더 또는 면봉으로 세균을 균일하게
퍼뜨린다.

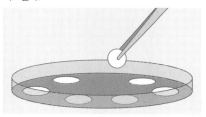

2. 항생제 용액에 담근 종이 원반을 한천 평판
배지 위에 올려놓는다.

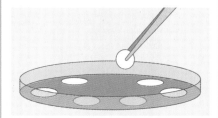

3. 두 번째 평판 배지에는 항생제 용액이 아닌
증류수에 담근 종이 원반을 올려놓는다.

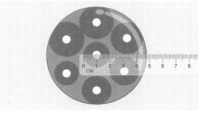

4. 48시간 동안 25°C에서 세균을 배양하여 각
콜로니 주위에 억제 구역을 측정한다.

수송과 세포

확산

액체와 기체 내 입자들은 끊임없이 이동하며 혼합된다. 결과적으로 이들은 점진적으로 고농도 지역에서 저농도 지역으로 퍼진다. 이러한 이동을 확산이라고 한다. 세포는 주로 확산을 통해 환경과 물질을 교환한다.

핵심 요약

✓ 확산은 입자들이 고농도 지역에서 저농도 지역으로 이동하는 것을 말한다.

✓ 세포는 주로 확산을 통해 필수적인 물질을 흡수하며 노폐물을 제거한다.

✓ 확산은 수동적인 과정으로 에너지를 필요로 하지 않는다.

확산은 어떻게 이루어지나?

확산은 입자가 자유롭게 이동할 수 있는 두 영역 사이에서 농도 차이가 있을 때 발생한다. 입자는 무작위로 움직이지만 시간이 지남에 따라 고르게 혼합되어 고농도 지역에서 저농도 지역으로 순이동한다.

농축된 입자

확산 전

퍼져나간 입자

충분하게 확산된 후

🔍 확산에 영향을 주는 요인

세포는 주로 확산을 통해 산소와 같은 물질을 흡수하고 이산화탄소와 같은 노폐물을 제거한다.

- **온도**
  입자는 온도가 높을 때 더 빠르게 이동하기 때문에 높은 온도에서는 확산이 빨라지며, 낮은 온도에서는 확산이 느려진다.

- **농도 구배**
  두 지역 사이에 농도 차가 크면 물질의 확산 속도가 더 빨라진다.

- **표면적**
  세포나 기관의 표면적이 클수록 물질의 이출입 속도가 더 빨라진다.

- **거리**
  물질이 확산해 가는 거리가 짧을수록 확산 속도는 더 빨라진다. 세포막은 매우 얇아 빠른 속도로 확산이 일어날 수 있다.

삼투 현상

반투과성 막을 통해 물이 이동하는 것을 삼투 현상이라 한다. 물은 높은 농도의 물(낮은 농도의 용질)이 있는 지역에서 낮은 농도의 물(높은 농도의 용질)이 있는 지역으로 이동한다.

핵심 요약

✓ 반투과성 막을 가로질러 물이 확산하는 것을 삼투 현상이라고 한다.

✓ 반투과성 막은 작은 분자는 통과하도록 하고 큰 분자는 통과를 막는다.

✓ 삼투 현상은 호흡으로부터 만들어진 에너지를 필요로 하지 않는다(수동적인 과정이다).

✓ 삼투 중에 물은 고농도에서 저농도로 농도 구배를 따라 이동한다.

반투과성 막

세포막에는 설탕과 같은 작은 분자들이 통과할 수 있는 아주 작은 틈이 있다. 세포의 액체 속 물의 농도가 외부 액체의 물의 농도보다 더 낮으면 설탕과 같은 용질 때문에 물 분자는 세포막을 가로질러 세포 내로 이동한다. 이러한 물의 흐름을 삼투 현상이라고 한다.

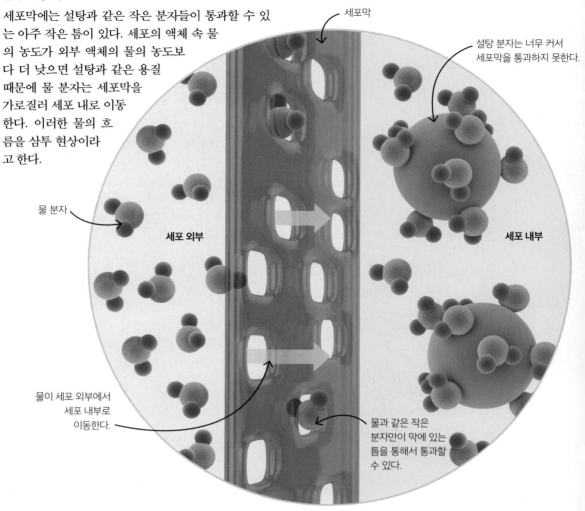

세포막

설탕 분자는 너무 커서 세포막을 통과하지 못한다.

물 분자

세포 외부

세포 내부

물이 세포 외부에서 세포 내부로 이동한다.

물과 같은 작은 분자만이 막에 있는 틈을 통해서 통과할 수 있다.

🔍 식물에서의 삼투 현상

식물은 삼투 현상에 의존하여 부드러운 조직을 강하게 유지할 수 있기 때문에 식물이 위로 뻗어 있게 된다. 액포 내 용액은 설탕과 다른 물질을 가지고 있어 세포가 삼투에 의해 물을 흡수하게 되고, 이것이 세포를 팽만하게 한다.

건강한 식물

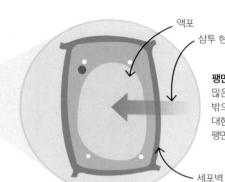

액포

삼투 현상에 의한 물의 흡수

팽만한 세포는 커다란 액포 속에 많은 물을 가지고 있다. 액포는 밖으로 압력을 가하여 세포벽에 대한 압력으로 작용해 세포를 팽만하게 한다.

세포벽

시든 식물

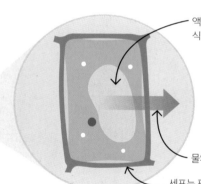

액포가 점점 작아져 식물이 덜 단단해진다.

축 늘어진 세포는 물이 별로 없는 작은 액포를 가지고 있다. 이들은 세포를 연하게 만들며, 이로 인해 식물 전체가 연해지면서 시들게 된다.

물의 순이동

세포는 팽만한 모습을 잃는다.

심하게 시든 식물

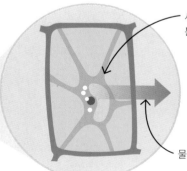

세포질이 세포벽으로부터 분리된다.

원형질이 분리된 세포는 삼투로 많은 물을 손실하여 세포질이 세포벽으로부터 분리된 것이다. 식물에 물을 주지 않으면 세포는 죽는다.

물의 순이동

삼투 현상 탐구

다양한 농도의 설탕 용액이 들어 있
는 비커에 감자를 넣어 식물 세포에
대한 삼투 효과를 탐구할 수 있다.

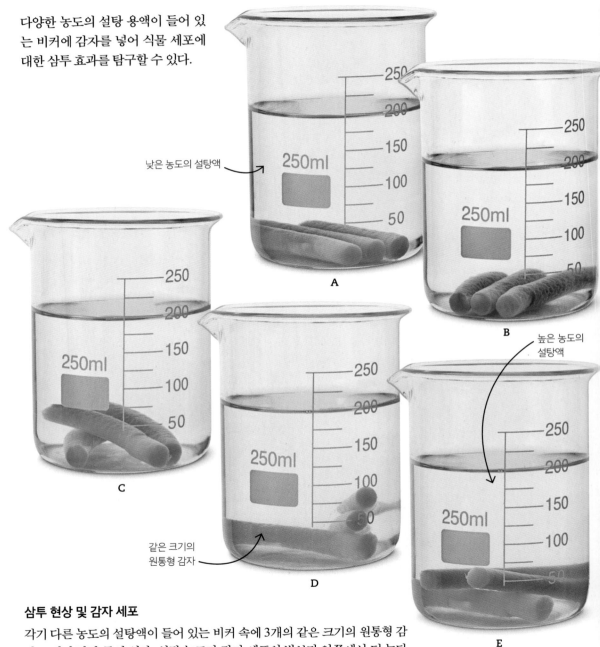

낮은 농도의 설탕액

A

B

높은 농도의
설탕액

C

같은 크기의
원통형 감자

D

E

삼투 현상 및 감자 세포

각기 다른 농도의 설탕액이 들어 있는 비커 속에 3개의 같은 크기의 원통형 감
자 조직이 각각 들어 있다. 설탕 농도가 감자 세포의 밖보다 안쪽에서 더 높다
면 물이 삼투에 의해 감자 세포로 들어갈 것이다. 반면 설탕 농도가 감자 세포
안에서 더 낮다면 물이 삼투에 의해 감자 세포 밖으로 나갈 것이다.

⚙️ 방법

1. 5개의 비커를 A~E로 표시하고 각 비커에 200 ml의 물을 넣는다.

각 비커에 200 ml의 물

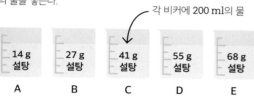

14 g 설탕	27 g 설탕	41 g 설탕	55 g 설탕	68 g 설탕
A	B	C	D	E

2. 각 비커에 위에서 제시한 양의 설탕을 넣고 녹인다.

3. 구멍뚫이를 이용하여 같은 길이의 15개의 원통형 감자 조직으로 잘라내어 3개씩 5개 그룹으로 배열한 후 A~E로 표시한다.

4. 각 그룹의 무게를 잰 후 질량을 적는다.

5. 3개의 원통형 감자를 각 비커에 넣고 한 시간 동안 기다린다.

6. 원통형 감자를 꺼내어 종이로 말려서 각 그룹의 무게를 다시 잰다.

7. 각 그룹에 대해서 질량의 차이를 %로 나타낸다.

$$질량의 변화(\%) = \frac{최종 질량 - 처음 질량}{처음 질량} \times 100$$

🗂️ 결과

표에 결과를 기록한다. 그래프를 그려 확인함으로써 감자 세포의 설탕 농도를 추정할 수 있다. **y**축에는 질량 변화에 대한 백분율, **x**축에는 설탕 농도(mol dm⁻³)를 설정하여 표시한다. 그래프 위에 각 감자 그룹을 십자표(+)로 표시한 다음, 가장 잘 맞는 점들을 직선으로 연결한다. 그 직선이 **x**축과 만나는 점은 감자 세포의 안과 밖으로 물의 순이동이 없는 설탕 농도를 나타낸다. 이것이 바로 세포 내 설탕의 농도와 같은 농도이다.

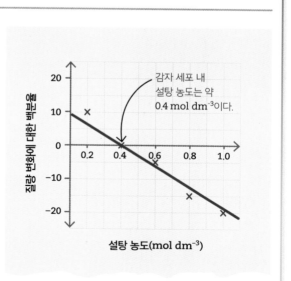

감자 세포 내 설탕 농도는 약 0.4 mol dm⁻³이다.

구분	A	B	C	D	E
설탕 농도(mol dm⁻³)	0.2	0.4	0.6	0.8	1.0
질량 변화에 대한 백분율	10	0	-5	-15	-20

능동 수송

살아 있는 세포는 세포 내부에서 외부보다 농도가 높은 물질을 확산을 통해 얻을 수 없다. 세포는 이러한 물질을 얻기 위해 세포 호흡으로부터 나온 에너지를 사용하는 능동 수송을 이용한다.

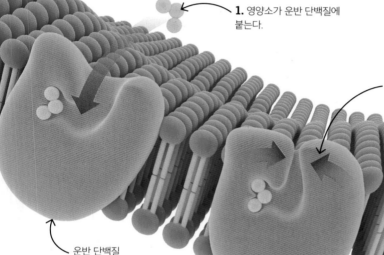

세포막

1. 영양소가 운반 단백질에 붙는다.

2. 운반 단백질은 에너지를 받아 자신의 모양을 변화시키기 시작한다.

운반 단백질

핵심 요약

✓ 능동 수송은 낮은 농도의 장소에서 높은 농도의 장소로 물질을 운반한다.

✓ 능동 수송은 호흡으로부터 만들어진 에너지로 작동한다.

✓ 식물의 뿌리털이나 사람의 장세포는 능동 수송으로 영양소를 흡수한다.

운반 단백질

능동 수송은 세포막에 끼여 있는 단백질 분자에 의해 수행된다. 이러한 운반 단백질은 세포가 필요로 하는 단백질과 결합한다. 세포 호흡으로 방출된 에너지가 운반 단백질의 모양을 변화시키거나 회전시켜 물질을 세포 내부로 이동시킨다.

3. 운반된 물질이 세포 내부에서 방출된다.

🔍 뿌리털 세포

능동 수송은 동식물이 부족할 수 있는 영양소를 얻을 수 있는 중요한 수단이다. 식물은 흙 속의 물로부터 무기질을 얻지만, 이들의 농도는 식물 세포보다 흙 속의 수분에서 더 낮다. 결과적으로 뿌리의 미세한 뿌리털이 능동 수송을 이용하여 이러한 무기질을 흡수한다. 사람의 장 내벽 세포도 능동 수송을 이용하여 설탕과 같은 영양소를 흡수한다.

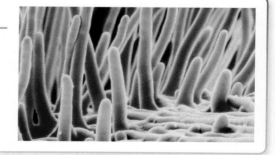

표면적과 부피

세포나 생물체가 주변과 필수 물질이나 열을 교환할 수 있는
능력은 표면적 대 부피의 비율에 의존한다. 작은 물체는 큰 물
체에 비해 표면적 대 부피의 비율이 더 크다.

핵심 요약

✓ 작은 생물체는 표면적 대 부피의 비율이
  크기 때문에 확산에 의해 빠르게 영양소를
  흡수한다.

✓ 큰 생물체는 표면적 대 부피의 비율이 작기
  때문에 영양소를 흡수하기 위해서 특별한
  도움을 필요로 한다.

표면적과 온도

생쥐와 같은 작은 동물은 표면적이 부피
에 비해 크기 때문에 빠르게 열을 잃는
다. 생쥐는 열을 보충하기 위해 고에
너지 음식을 먹으며, 체온을 유지
하기 위해 고밀도의 많은 털을
가지고 있다. 반면 코끼리와
같은 큰 동물은 표면적 대
부피의 비율이 낮다. 코끼
리는 열을 천천히 잃기 때
문에 털을 필요로 하지 않
으며, 저에너지 음식을 먹
고도 생존할 수 있다.

큰 귀가 피부의 표면적을 증가시켜
코끼리가 더운 날에 몸을 식히는 데
도움을 준다.

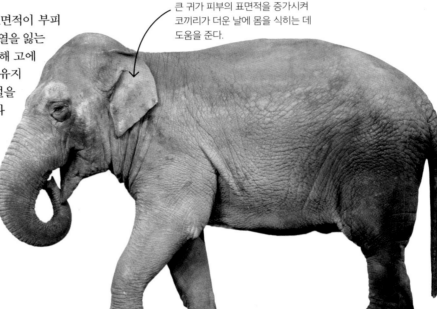

생쥐

코끼리

🔍 **표면적 대 부피의 비율**

물체의 표면적은 외부 표면의
면적을 모두 더한 값이고,
물체의 부피는 그것이 차지하고
있는 공간의 양이다. 이러한 두
양의 비율을 표면적 대 부피의
비율이라고 한다.

작은 물체는 표면적 대
부피의 비율이 크다.

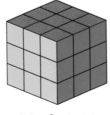

표면적 = $3^2 \times 6 = 54$
부피 = $3^3 = 27$
표면적 : 부피 = 54:27 = 2

표면적 = $2^2 \times 6 = 24$
부피 = $2^3 = 8$
표면적 : 부피 = 24:8 = 3

표면적 = $1^2 \times 6 = 6$
부피 = $1^3 = 1$
표면적 : 부피 = 6:1 = 6

교환과 운반

사람처럼 큰 다세포 생물은 표면적 대 부피의 비율이 충분히 크지 않아(57쪽 참조), 신체 표면을 통해 확산에 의해 필수 물질을 흡수하지 못한다. 대신에 특별한 적응을 통해 물질의 흡수에 관여하는 부위의 표면적을 증가시켰으며, 또한 생물체 주변의 물질을 운반하기 위한 수송 체계도 가지고 있다.

핵심 요약

✓ 큰 생물체는 산소와 영양소 같은 필수 물질을 흡수하기 위해 물질 교환이 가능한 표면과 수송 체계가 필요하다.

✓ 물질 교환이 가능한 표면은 확산 속도를 최대화하기 위해 넓은 표면적을 가지고 있다.

✓ 수송 체계는 동물과 식물의 몸 전체를 따라 필수 물질을 운반한다.

긴 소장은 내부 표면적을 증가시킨다.

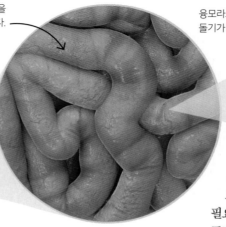

융모라고 하는 수많은 돌기가 장의 표면적을 증가시킨다.

소장

사람의 소장은 음식으로부터 영양소를 효율적으로 흡수하기 위해 큰 표면적이 필요하다. 표면적을 최대화하기 위해 내부 표면에 융모라고 하는 손가락 같은 수많은 돌기가 있다.

🔍 교환 표면 및 수송 체계

교환 표면은 필수 영양소를 흡수하거나 노폐물을 제거하기 위해 넓은 표면적을 가지고 있는 신체의 부분이다. 동물이나 식물 주위에서 물질을 운반하는 조직 및 기관이 수송 시스템으로 작용한다.

물이 물고기의 아가미를 통과한다.

아가미는 수생 동물이 물로부터 산소를 흡수하는 데 사용하는 기관이다. 아가미는 접힌 구조를 하고 있어 물과 접촉하는 표면적을 극대화한다.

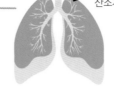

폐는 산소 호흡을 하는 동물이 산소를 흡수하고 이산화탄소를 제거하기 위해 이용하는 기관이다. 폐에는 폐포까지 연결되는 수천의 공기 통로가 있어 가스 교환에 필요한 커다란 표면적을 제공한다.

공기 통로를 통해 폐로 산소가 운반된다.

심장

혈관

혈관과 심장은 동물의 순환계를 구성한다. 혈액이 이러한 혈관 시스템을 따라 흐르면서 산소와 영양소를 세포에 전달하면 확산에 의해 세포 내로 들어간다.

호흡

호흡

모든 생명체는 에너지를 필요로 하며, 호흡을 통해 에너지를 얻는다. 호흡은 모든 생명체의 세포 내에서 항상 일어나는 화학 반응이며, 또한 축적된 화학 에너지를 방출하는 발열 반응이다. 이 에너지는 모든 종류의 생명 활동에 이용된다.

핵심 요약

✓ 호흡은 효소에 의해 조절되는 세포 내 화학 반응이다.

✓ 호흡은 에너지를 주변에 전달하는 발열 반응이다.

✓ 호흡에 의해 방출된 에너지는 ATP (아데노신 삼인산)라는 화학 물질에 축적된다.

음식으로부터의 에너지

호흡 중에 효소에 의해 조절되는 화학 반응이 포도당 같은 식품 분자의 화학 결합을 끊는다. 이는 에너지를 방출하고, 이 에너지는 ATP(아데노신 삼인산)라는 화학 물질로 전달된다. ATP는 살아 있는 세포 내부의 많은 과정을 주도한다.

호흡으로부터 나온 에너지를 이용하여 근육이 수축한다.

이동

에너지를 이용하여 근육 세포가 수축함으로써 동물은 걷거나 달리거나 뛸 수 있다. 심장을 뛰게 하는 심장 근육은 항상 작동한다.

펭귄은 높은 체온을 유지하기 위해 상당한 양의 에너지를 이용한다.

체온 유지

포유류와 조류는 에너지를 이용하여 체온을 일정하게 유지한다. 이들이 호흡을 할 때 열이 방출되고 혈액을 통해 몸으로 전달된다. 추운 환경에서는 체온을 유지하기 위해 호흡 속도를 증가시킨다.

성장

동물이 성장하고 회복하기 위해서는 에너지가 필요하다. 애벌레는 매우 빠르게 성장한다. 이들은 호흡으로부터 생성된 에너지를 이용하여 생활사 동안 성장에 필요한 새로운 세포를 만든다.

뿌리털

물질의 수송
식물에서는 무기질과 영양소가
에너지를 사용하는 능동 수송에 의해
흙으로부터 뿌리털 세포로 전달된다
(56쪽 참조).

독수리는 탁월한 시력을 가지고
있어 사람보다 5배나 더 먼
곳에서도 먹이를 찾아낼 수 있다.

고분자 합성
모든 세포는 작은 단위의 분자를 결합시켜 고분자를
합성한다. 나무는 작은 분자량의 아미노산을 결합하여
큰 분자량의 단백질을 만든다. 호흡 과정에서 나온
에너지를 이용하여 이러한 고분자를 합성한다.

정보의 전달
신경 신호(자극)는 먹잇감 발견부터 위험 인지까지
정보를 뇌로 전달하여 동물이 환경에서의 변화에
즉각적으로 대응하도록 한다.

🔍 **ATP 분자**

다음 그림은 ATP(아데노신 삼인산)
분자의 구조를 나타낸다.
포도당으로부터 방출된
에너지는 ATP에
저장되어 세포에
의해 이용된다.

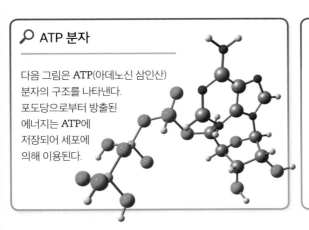

🔍 **식물의 호흡**

식물은 낮 시간에 광합성을 통해
자신의 영양분인 포도당과 녹말을
합성한다. 광합성을 하기 위해서는
태양 에너지, 이산화탄소 및 물이
필요하다(76쪽 참조). 밤에는
광합성이 멈추며 식물은 호흡을 통해
영양소를 분해한다. 식물에서 호흡은
낮과 밤에 모두 일어난다.

호흡 속도의 측정

온도와 같은 요인에 의해 호흡 속도가 달라질 수 있다. 생물이 공기 중으로부터 얼마나 많은 산소를 흡수하는지를 측정함으로써 호흡 속도를 알 수 있다.

호흡에 대한 온도의 효과

발아 중인 씨앗은 호흡을 통해 성장에 필요한 에너지를 공급한다. 호흡계라는 기구를 이용하여 씨앗이 다른 온도에서 얼마나 빠르게 호흡하는지를 측정한다.

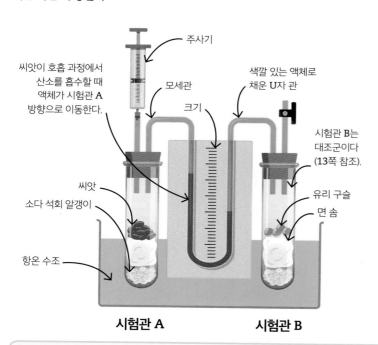

주사기

씨앗이 호흡 과정에서 산소를 흡수할 때 액체가 시험관 A 방향으로 이동한다.

모세관

크기

색깔 있는 액체로 채운 U자 관

시험관 B는 대조군이다 (13쪽 참조).

씨앗

소다 석회 알갱이

유리 구슬

면 솜

항온 수조

시험관 A   시험관 B

📝 방법

1. 10°C의 항온 수조에 기구를 넣는다.

2. 소다 석회 알갱이를 양쪽 시험관에 넣고 부식성 소다 석회로부터 씨앗을 보호하기 위해 석회 알갱이를 면 솜으로 싼다.

3. 시험관 A의 면 솜 위에 씨앗을 올려놓고, 시험관 B에는 같은 무게의 유리구슬을 올려놓는다. 이러한 대조군 설정은 호흡계의 액체 이동이 생물에 의한 것이지 다른 요인이 아니라는 것을 확인하기 위한 것이다.

4. 주사기를 이용하여 U자 관에 선택한 수준까지 색깔 있는 액체로 채운다. 액체의 위치를 표시하고 5분 동안 기구를 놔둔다. 그런 다음 눈금을 재서 액체가 이동한 거리를 측정한다.

5. 다른 온도(15°C, 20°C, 25°C)에서 실험을 반복하여 호흡 속도를 비교한다. 호흡 속도가 빠를수록 일정한 시간에 액체가 이동하는 거리는 더 멀어진다.

📊 호흡 속도 계산하기

시험관의 액체가 이동한 거리는 생물에 흡수된 산소의 부피를 나타낸다. 다음 공식을 이용하여 생물이 호흡하는 속도를 계산한다.

$$호흡\ 속도 = \frac{흡수한\ 산소의\ 부피(cm^3)}{시간(분)}$$

예: 어떤 해양 생물학자가 다른 온도에서 이구아나의 호흡 속도를 측정하였다. 이구아나가 60분 동안에 420 cm^3의 산소를 흡입하였다면 호흡 속도는?

$$호흡\ 속도 = \frac{420\ cm^3}{60분} = 7\ cm^3/분$$

산소 호흡

산소 호흡은 모든 식물 세포와 동물 세포에서 끊임없이 일어나는 일련의 효소에 의해 조절되는 반응을 포함한다. 산소 호흡에서는 포도당을 분해하여 지속적으로 에너지를 제공한다.

핵심 요약

✓ 산소 호흡은 산소를 이용하는 호흡으로 발열 반응(주변 환경에 에너지 방출)이다.

✓ 포도당의 분해로 생긴 중간 산물과 산소가 미토콘드리아 내에서 반응하여 이산화탄소와 물, 그리고 에너지를 생산한다.

✓ 산소 호흡은 무산소 호흡보다 에너지를 전달하는 데 더 효율적이다.

미토콘드리아

산소 호흡에서 대부분의 화학 반응은 미토콘드리아라는 세포 내 아주 작은 구조에서 일어난다. 근육 세포처럼 많은 에너지를 이용하는 세포는 많은 수의 미토콘드리아를 포함하고 있다.

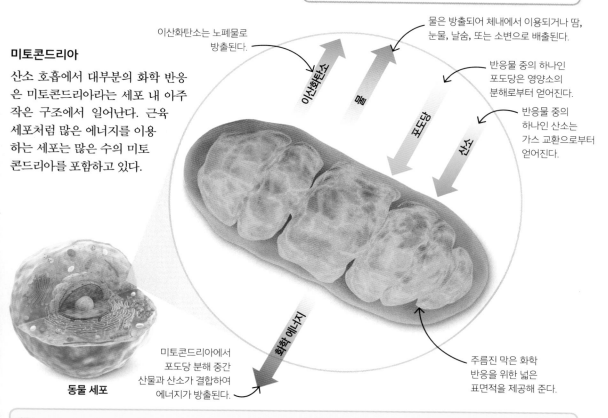

이산화탄소는 노폐물로 방출된다.

물은 방출되어 체내에서 이용되거나 땀, 눈물, 날숨, 또는 소변으로 배출된다.

반응물 중의 하나인 포도당은 영양소의 분해로부터 얻어진다.

반응물 중의 하나인 산소는 가스 교환으로부터 얻어진다.

이산화탄소

물

포도당

산소

화학 에너지

미토콘드리아에서 포도당 분해 중간 산물과 산소가 결합하여 에너지가 방출된다.

주름진 막은 화학 반응을 위한 넓은 표면적을 제공해 준다.

동물 세포

산소 호흡에 대한 화학 반응식

다음은 산소 호흡에 대한 화학 반응식으로, 포도당으로부터 에너지를 방출하는 화학 반응을 나타낸다.

$$C_6H_{12}O_6 + 6O_2 \longrightarrow 6CO_2 + 6H_2O \ (+ \ 에너지)$$

$$포도당 + 산소 \longrightarrow 이산화탄소 + 물 \ (+ \ 에너지)$$

무산소 호흡

무산소 호흡은 포도당을 부분적으로 분해하여 산소 없이 에너지를 방출하는 과정이다. 산소 호흡(63쪽 참조)보다는 훨씬 적은 에너지를 방출하지만, 심한 운동 중에 많은 에너지를 쓰거나 산소 분압이 낮을 때와 같은 특수한 상황에서 사용될 수 있다.

핵심 요약

✓ 무산소 호흡은 산소가 없는 호흡이다.

✓ 포도당은 완전히 분해되지 않으며, 동물에서는 젖산이, 식물과 효모에서는 이산화탄소와 에탄올이 생성된다.

✓ 무산소 호흡은 산소 호흡에 비해 포도당으로부터 좀 더 적은 에너지를 방출한다.

활동 중인 근육에서의 호흡

경주 때처럼 근육을 활발하게 사용할 때 근육은 좀 더 수축하게 되고 더 많은 에너지를 필요로 한다. 이러한 에너지는 호흡을 통해서 방출된다. 이 중 많은 에너지는 산소 호흡으로부터 얻어지지만, 여분의 산소는 일부 무산소 호흡으로부터 제공된다.

출발 전 준비 완료
경주를 시작할 때 폐와 심장은 산소 호흡에 이용하기 위해 전신에 충분한 산소를 공급한다.

활동 전에 근육에는 젖산이 없다.

무산소 호흡이 일어나면 부산물인 젖산이 근육 세포에 쌓인다.

무산소 호흡에 대한 화학식

동물에서 무산소 호흡에 대한 화학식은 다음과 같다.

$$C_6H_{12}O_6 \longrightarrow 2C_3H_6O_3$$

포도당 $\longrightarrow$ 젖당 (+ 에너지)

식물과 효모에서 무산소 호흡에 대한 화학식은 다음과 같다.

$$C_6H_{12}O_6 \longrightarrow 2C_2H_5OH + 2CO_2$$

포도당 $\longrightarrow$ 에탄올 + 이산화탄소 (+ 에너지)

달리기
달리기 중에 심장은 빠르게 박동하며, 호흡이 가속화되면서 산소 호흡을 위해 좀 더 많은 산소가 근육으로 전달된다. 그 후 산소를 필요로 하지 않는 무산소 호흡으로부터 추가적인 에너지가 생성되며, 부산물로 젖산이 만들어진다.

🔍 다른 생물에서의 무산소 호흡

무산소 호흡은 동식물에서 다르게
작용한다. 동물에서는 무산소
호흡으로 젖산이 만들어지지만,
식물과 효모(곰팡이의 일종)에서는
무산소 호흡으로 에탄올과
이산화탄소가 만들어진다.

효모로부터 나오는
이산화탄소가 빵을
부풀게 한다.

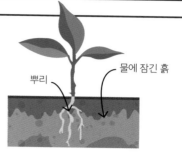

뿌리　　물에 잠긴 흙

효모
효모와 같은 일부 미생물에서는 포도당이
이산화탄소와 에탄올로 분해된다. 효모의
무산소 호흡은 빵과 알코올 음료를 만드는
데 이용되는데, 이 과정을 알코올
발효라고 한다.

식물의 뿌리
흙이 물에 잠기면 식물의 뿌리가 이용할
산소의 양이 부족해진다. 이로 인해 뿌리
세포는 무산소 호흡을 하게 되고,
이산화탄소와 에탄올을 생성한다.

회복
경주가 끝나면 근육 세포는 작동을
멈추므로 필요한 에너지가
줄어들고 무산호 호흡이 끝난다.

산소 부채(oxygen debt)
경주 후 잠시 동안 선수는
부족한 산소를 채우기 위해
심호흡을 계속한다.

심장과 폐는 잠시 동안
열심히 작동하여 젖산을
분해하는 데 이용할
여분의 산소를 공급한다.

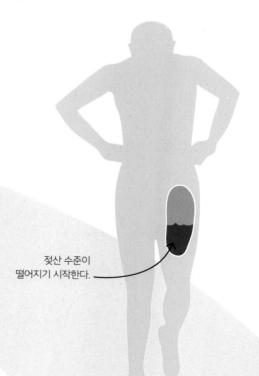

젖산 수준이
떨어지기 시작한다.

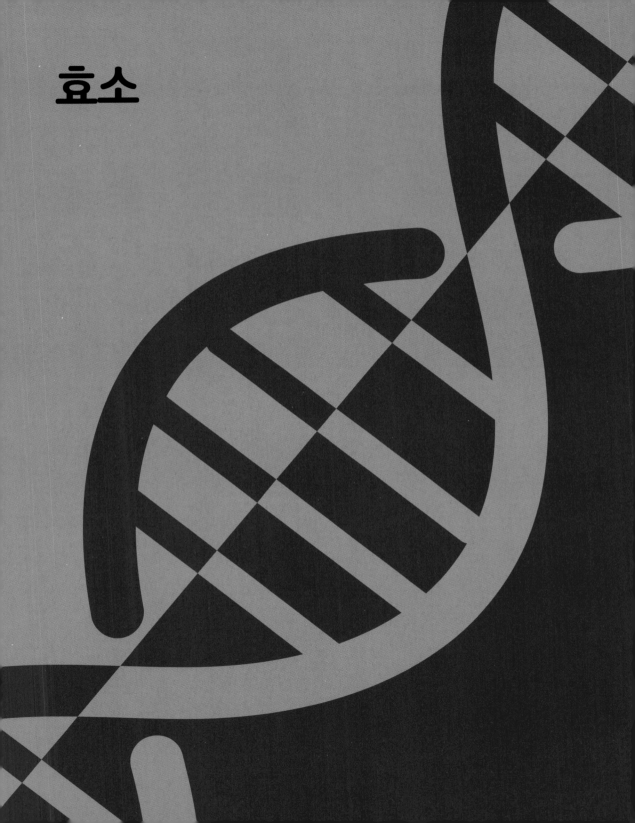

효소

효소

생물은 소화에서부터 광합성까지 화학 반응을 촉매하기 위해 단백질 성분의 효소를 생산한다. 어떤 효소는 큰 분자를 작은 단위로 분해하며, 또 어떤 효소는 작은 분자를 큰 분자로 합성한다. 효소는 자신의 구조를 변화시키지 않고 반응 속도를 변화시키는 화학 물질의 촉매제이다.

열쇠와 자물쇠 모델

각 효소는 특정한 기질(효소의 의해 변화되는 화학 물질)에 잘 맞는 독특한 모양을 하고 있다. 이것을 열쇠와 자물쇠 모델이라고 한다. 각 효소 형태는 단지 한 반응만을 촉매하기 때문에 기질은 효소의 활성 부위에 잘 맞게 들어간다.

핵심 요약

✓ 효소는 크고 복잡한 단백질 분자이다.

✓ 효소는 자신의 구조를 변화시키지 않고 화학 반응을 촉매하는 화학 물질이다.

✓ 효소에 의해 변화되는 화학 물질을 기질이라고 한다.

✓ 기질은 효소와 상보적인 모양을 하고 있어 효소의 활성 부위와 잘 맞는다.

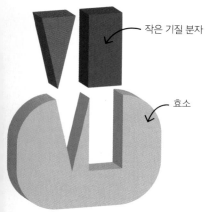

작은 기질 분자

효소

1. 효소가 작용하는 분자를 기질이라고 한다. 효소와 기질은 상보적인 모양을 하고 있다.

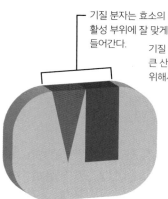

기질 분자는 효소의 활성 부위에 잘 맞게 들어간다.

기질 분자들은 더 큰 산물을 만들기 위해서 결합한다.

2. 각 효소의 독특한 모양 덕분에 효소와 기질이 일시적으로 결합한다. 그러면 두 기질 간에 서로 반응한다.

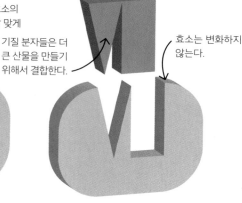

효소는 변화하지 않는다.

3. 새로운 더 큰 생성물이 효소로부터 떨어져 나온다. 효소는 반응 후에 변화되지 않으며, 다시 반복해서 사용된다.

🔍 효소의 구조

효소는 아미노산들이 결합하여 긴 사슬을 형성하는 과정으로 만들어진다. 이러한 긴 사슬은 독특한 3차원 모양으로 접혀 효소가 특수한 화학 반응을 조절할 수 있도록 해준다.

약 20개의 아미노산 종류가 있다.

효소의 모양이 기능을 결정한다.

아미노산 서열이 다르면 효소도 달라진다.

아미노산 분자들

아미노산 사슬

효소

효소와 온도

효소가 작용하기 위해서는 적절한 조건이 필요하다. 각 효소는 최적의 온도에서 화학 반응을 촉매한다.

핵심 요약

✓ 온도를 변화시키면 효소가 촉매하는 화학 반응 속도가 달라진다.

✓ 효소 촉매 반응에서 온도가 최적 온도까지 올라가면서 반응 속도가 증가하지만, 그 이후 온도에서는 속도가 감소한다.

✓ 온도가 너무 높으면 효소 활성 부위의 구조가 변하여 더 이상 기질이 잘 들어맞지 않는다.

최적 온도

오른쪽 그래프는 온도가 효소 활성 속도에 어떻게 영향을 미치는지를 보여준다. 온도가 너무 높으면 효소 구조가 변형되어 반응 속도가 감소하고, 반대로 너무 온도가 낮으면 에너지가 충분치 못해 화학 반응이 빠르게 일어나지 못한다.

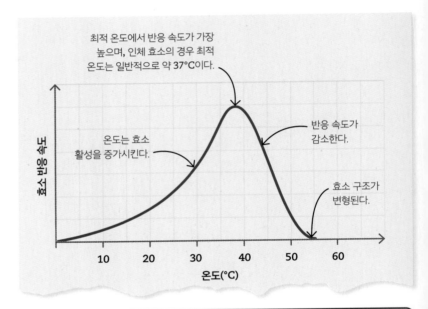

최적 온도에서 반응 속도가 가장 높으며, 인체 효소의 경우 최적 온도는 일반적으로 약 37°C이다.

온도는 효소 활성을 증가시킨다.

반응 속도가 감소한다.

효소 구조가 변형된다.

효소 반응 속도 (세로축)

온도(°C) (가로축)

🔍 어둠 속 발광

반딧불이는 날개가 있는 딱정벌레이다. 이들은 번식 파트너를 유혹하기 위해 체내 화학 물질을 이용하여 빛을 발한다. 루시페라아제(luciferases)라는 효소가 빛을 방출하는 반응을 촉매한다. 이 효소의 최적 온도는 22~28°C이며, 30°C 이상의 온도에서는 효소의 구조가 변형된다.

반딧불이의 꼬리 끝에 있는 세포에 루시페라아제 효소가 포함되어 있다.

효소와 pH

효소는 pH(물질의 산성 혹은 알칼리성 정도를 측정하는 지표)의 변화에 영향을 받는다. 효소가 가장 효과적으로 작용하는 pH를 최적 pH라고 한다. 극단적으로 낮은 혹은 높은 pH 값은 효소의 구조를 변형시켜 반응 속도에 영향을 준다. 즉 효소의 활성 부위의 모양을 변화시켜 효소가 더 이상 반응 속도를 촉매할 수 없게 한다.

핵심 요약

✓ 각기 다른 종류의 효소는 가장 빨리 작용하는 최적의 pH를 갖는다.

✓ 효소 내에서 작용하는 대부분의 효소에 대한 최적 pH는 7(중성)이다.

✓ 세포 밖에서 작용하는 많은 소화 효소에 대해 최적 pH는 산성 혹은 알칼리성이다.

✓ pH가 너무 높거나 너무 낮으면 효소의 구조가 변형된다.

소화 효소

소화 효소 펩신은 사람의 위 환경인 pH 2에서 가장 잘 작용한다. 반면에 단백질을 분해하는 트립신은 pH 8에서 가장 효과적이다.

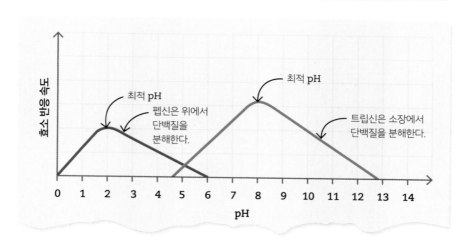

최적 pH
펩신은 위에서 단백질을 분해한다.

최적 pH

트립신은 소장에서 단백질을 분해한다.

효소 반응 속도

pH

🔍 pH 값

pH 척도는 0~14까지의 범위를 갖는다. pH 값은 물질이 산성인지 아니면 알칼리성인지를 나타낸다. 효소는 물질 내에 산 또는 알칼리가 얼마나 존재하느냐에 따라 영향을 받는다.

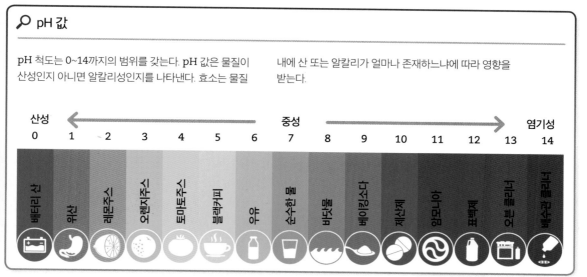

산성 ← 0 1 2 3 4 5 6 | 중성 7 | 8 9 10 11 12 13 → 14 염기성

배터리 산 / 위산 / 레몬주스 / 오렌지주스 / 토마토주스 / 블랙커피 / 야 / 순수한 물 / 바닷물 / 베이킹소다 / 제산제 / 암모니아 / 표백제 / 오븐 클리너 / 배수관 클리너

효소 및 기질

효소 및 기질의 농도가 효소에 의해 촉매되는 반응 속도에 영향을 줄 수 있다. 효소나 물질의 농도가 증가하면 효소와 기질 사이의 충돌이 더 빈번해져 반응 속도가 최대치까지 증가한다.

핵심 요약

✓ 효소 활성화 속도는 기질의 농도가 증가할 때 증가한다.

✓ 결국 더 이상의 기질이 효소에 들어갈 수 없는데, 이것은 효소가 포화되었기 때문이다.

✓ 효소 농도가 증가하면 반응 속도도 최대치까지 증가한다.

반응 속도

기질의 농도가 더 높을수록 기질이 붙을 수 있는 효소가 더 이상 없을 때까지 반응 속도가 빨라진다. 효소 농도에 대해서도 동일하다.

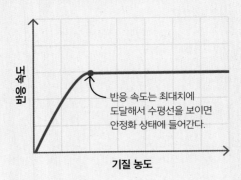

반응 속도는 최대치에 도달해서 수평선을 보이면 안정화 상태에 들어간다.

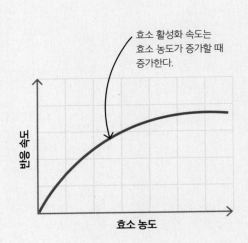

효소 활성화 속도는 효소 농도가 증가할 때 증가한다.

🔍 포화점

모든 효소가 활성화된 상태를 포화점이라고 하며, 반응이 멈춘 것이 아니라 같은 속도로 반응이 계속 진행된다.
효소가 모두 작용하고 있으면 활용 가능한 활성 부위보다 더 많은 기질이 있어 더 빠르게 반응이 진행될 수 없다.

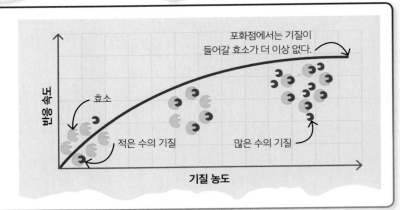

포화점에서는 기질이 들어갈 효소가 더 이상 없다.

효소

적은 수의 기질

많은 수의 기질

산업에서의 효소 활용

효소는 식품 산업과 화학 제품을 제조하는 과정에 광범위하게 이용되고 있다. 효소는 화학 반응을 촉진하고 재사용할 수 있기 때문에 제조 과정의 비용을 줄여준다(67쪽 참조).

핵심 요약

✓ 많은 산업 현장에서 효소를 이용하고 있다.

✓ 효소는 화학 반응 속도를 촉진한다.

✓ 효소는 재사용할 수 있다.

생물학적 세탁 세제

생물학적 세탁 세제를 이용하여 얼룩을 분해하고자 할 때도 효소를 이용한다. 얼룩이 다른 여러 종류의 분자로부터 만들어져 이들을 제거하기 위해서는 여러 효소가 필요하다. 효소는 낮은 온도에서 작용하기 때문에 옷을 효과적으로 세탁할 때 필요한 열의 양을 줄일 수 있다. 생물학적 세탁 세제는 생분해성, 즉 자연적으로 분해되기 때문에 화학 세제보다 환경에 덜 해롭다.

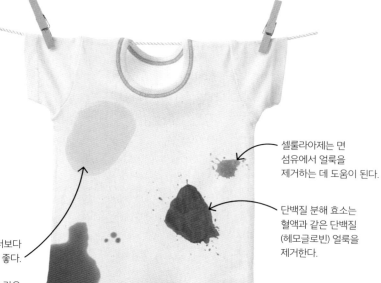

셀룰라아제는 면 섬유에서 얼룩을 제거하는 데 도움이 된다.

단백질 분해 효소는 혈액과 같은 단백질(헤모글로빈) 얼룩을 제거한다.

리파아제 효소는 버터보다 기름기의 얼룩을 제거하는 데 좋다.

아밀라아제는 감자나 파스타 같은 녹말성 음식 얼룩을 분해한다.

🔍 그 외 활용

플라스틱 분해
페타제(PETase)는 며칠 내에 플라스틱을 분해하는 효소이다. 과학자들은 효소가 좀 더 빠르게 작동할 수 있도록 연구 중이다.

과일주스
효소는 과일주스를 만드는 데도 사용된다. 효소가 세포벽을 분해하면 액체와 설탕이 방출된다. 이들은 또한 다당류를 분해하여 좀 더 깨끗한 주스를 만든다.

젖당 없는 우유
신체에 충분한 젖당 분해 효소를 가지고 있지 않은 사람은 젖당(우유 속의 설탕)을 분해하는 데 어려움이 있다. 젖당 분해 효소는 젖당이 없는 우유 및 기타 제품을 만드는 데 이용된다.

효소 연구

각 효소는 최적 온도와 최적 pH에서 가장 잘 작용한다. 사람의 몸에서 최적 온도는 약 37°C이다. 온도가 이보다 좀 더 높거나 낮으면 효소의 구조가 바뀌고 반응 속도가 감소한다.

효소에 대한 온도의 효과

효소 활성도에 대한 온도의 효과는 반응 속도를 측정하여 확인할 수 있다. 다음 실험에서는 다른 온도 조건에서 아밀라아제가 어떻게 녹말을 포도당으로 분해하는지를 조사한다.

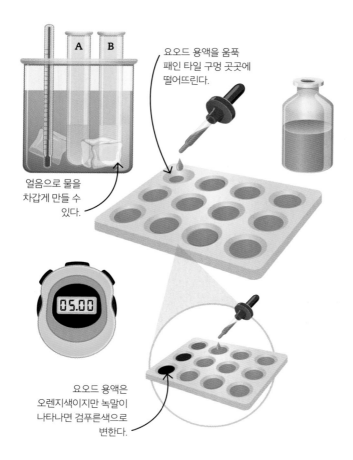

얼음으로 물을 차갑게 만들 수 있다.

요오드 용액을 움푹 패인 타일 구멍 곳곳에 떨어뜨린다.

요오드 용액은 오렌지색이지만 녹말이 나타나면 검푸른색으로 변한다.

핵심 요약

✓ 각 효소는 최적 온도와 최적 pH에서 가장 빠르게 작용한다.

✓ 낮은 온도에서는 효소와 기질이 천천히 이동하며, 분자들이 충돌하여 반응을 시작하는 데 좀 더 긴 시간이 걸린다.

✓ 온도가 올라감에 따라 효소와 기질 분자들이 좀 더 자주 충돌해 반응 속도가 빨라진다.

✓ 최적 온도보다 높은 온도에서는 효소의 활성 부위가 변형되어 반응 속도가 느려진다.

방법

1. 움푹 패인 여러 개의 타일 구멍에 요오드 용액을 떨어뜨린다.

2. 시험관 A에는 요오드 용액을, 시험관 B 에는 아밀라아제 용액을 넣는다.

3. 4°C 수조에 2개의 시험관을 넣어 용액이 정확한 온도에 도달할 때까지 놔둔다.

4. 시험관 하나에 두 용액을 섞은 후, 시험관을 욕조로 가져와 타이머로 시간을 측정한다.

5. 5분 후에 피펫으로 반응액의 일부를 움푹 패인 타일 구멍에 떨어뜨린다. 요오드 용액이 더 이상 검푸른색이 되지 않을 때까지 30초 간격으로 반복한다.

6. 37°C와 60°C로 설정된 수조에서 위 1~5단계를 반복한다. 녹말에 대한 양성 반응을 가장 빨리 멈추는 시료(요오드가 오렌지색으로 유지되는 시료)는 아밀라아제에 대한 최적 온도를 나타낸다.

효소에 대한 pH의 효과

pH가 효소 활성도에 미치는 효과를 알아보는 데 온도에 대한 실험과 유사한 실험을 활용할 수 있다. 대부분의 효소는 중성 조건(약 pH 7)에서 가장 잘 작용하지만, 위에서 작용하는 펩신은 매우 강한 산성(약 pH 1~2)에서 가장 잘 작용한다.

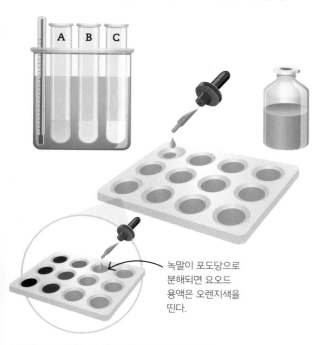

녹말이 포도당으로 분해되면 요오드 용액은 오렌지색을 띤다.

방법

1. 움푹 패인 타일 구멍에 요오드 용액을 몇 방울 떨어뜨린다.

2. 시험관 A에는 녹말 용액을, 시험관 B에는 아밀라아제 용액을, 시험관 C에는 pH 4의 완충 용액을 넣는다.(완충 용액은 pH 용액을 안정하게 유지시켜 준다.)

3. 3개의 시험관 모두를 10분 동안 효소의 최적 온도인 37°C 수조에 넣어 용액이 최적 온도에 도달하게 한다.

4. 세 용액 모두를 한 시험관에 넣어 섞는다. 시험관을 수조에 넣고 타이머로 시간을 측정한다.

5. 5분 후에 피펫으로 반응액의 일부를 취해 더 이상 검푸른색을 보이지 않을 때까지 30초 간격으로 타일 구멍 각각에 요오드 용액을 떨어뜨린다.

6. 다른 pH 값의 완충 용액으로 위 1~5단계를 반복한다. 녹말에 대한 양성 반응을 멈추는 데 가장 짧은 시간이 걸리는 시료가 아밀라아제에 대한 최적 pH가 된다.

반응 속도 계산하기

첫 번째 방정식

반응 속도는 반응이 얼마나 빨리 일어나는지 측정하는 것이다. 반응 속도를 계산하는 한 가지 방법은 어떤 시간에 얼마나 많은 기질이 사용되었는지 혹은 얼마나 많은 산물이 만들어졌는지 측정하는 것이다.

$$\text{반응 속도} = \frac{\text{사용된 기질의 양 혹은 만들어진 산물의 양}}{\text{시간}}$$

예: 과산화수소 분해 효소는 과산화수소를 물과 산소로 분해한다. 이 효소의 활성도를 측정하고자 할 때, 40초 동안에 20 cm³ 산소가 방출되었다면 반응 속도는 다음과 같다.

$$\text{반응 속도} = \frac{20 \text{ cm}^3}{40} = 0.5 \text{ cm}^3/\text{초}$$

두 번째 방정식

반응이 얼마나 걸렸는지는 알지만 기질이나 산물의 양이 얼마나 변했는지는 알지 못할 수 있다. 위의 아밀라아제 실험이 이러한 경우이다. 여기서 반응 속도를 계산하기 위해서는 1을 걸린 시간으로 나누어야 한다.

$$\text{반응 속도} = \frac{1}{\text{시간}}$$

예: 용액 속에서 아밀라아제가 녹말을 분해하는 데 걸린 시간이 10초였다면 반응 속도는 다음과 같다.

−1은 1을 초로 나누었다는 것을 나타낸다.

$$\text{반응 속도} = \frac{1}{10} = 0.1 \text{ s}^{-1}$$

물질 대사

물질 대사는 세포나 몸에서 일어나는 모든 화학 반응의 합이다. 물질 대사는 효소에 의해 조절되며(67쪽 참조), 체내에서 지속적으로 진행되면서 물질을 합성하거나 분해하여 분자들을 변화시킨다.

핵심 요약

✓ 물질 대사는 한 세포나 몸 안에서 효소에 의해 조절되는 모든 화학 반응을 포함한다.

✓ 화학 반응은 분자들을 합성하거나 분해한다.

✓ 효소는 세포 내에서 새로운 물질을 합성하는 데 호흡을 통해 얻은 에너지를 이용한다.

분해

일부 물질 대사는 큰 분자의 화학 결합을 끊어 좀 더 작은 분자들을 만든다.

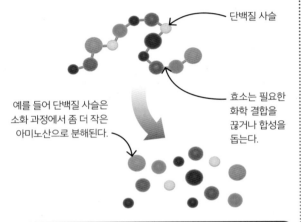

단백질 사슬

효소는 필요한 화학 결합을 끊거나 합성을 돕는다.

예를 들어 단백질 사슬은 소화 과정에서 좀 더 작은 아미노산으로 분해된다.

🔍 예

- 모든 세포는 호흡 과정에서 포도당을 분해하여 에너지를 방출한다.
- 축적된 탄수화물(식물에서는 녹말, 동물에서는 글리코겐)은 세포가 필요로 하면 포도당으로 분해된다.
- 음식물이 소화될 때 큰 분자들은 작은 분자들로 분해된다.
- 동물의 체내에 축적된 과도한 아미노산은 분해되어 요소라는 노폐물을 생성한다.

합성

일부 물질 대사는 화학 결합으로 작은 분자들을 연결하여 큰 분자들을 만든다.

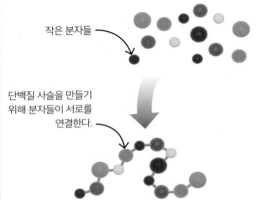

작은 분자들

단백질 사슬을 만들기 위해 분자들이 서로를 연결한다.

🔍 예

- 작은 분자들이 결합하여 좀 더 큰 분자들을 만들어 몸의 성장을 돕는다. 아미노산이 결합하여 단백질을 만들고, 지방산과 글리세롤이 결합하여 지방을 만든다.
- 포도당이 결합하여 좀 더 큰 탄수화물(식물에서는 녹말, 동물에서는 글리코겐)을 만든다.
- 식물에서는 또한 포도당 분자가 결합하여 셀룰로오스를 만드는데, 이것은 식물의 세포벽을 만드는 데 이용된다.
- 식물 세포는 광합성 중에 이산화탄소와 물 분자를 결합시켜 포도당을 만든다. 식물이 필요로 하는 모든 종류의 분자들은 포도당으로부터 만들어진다. 예를 들어 식물은 포도당을 질산 이온과 결합시켜 아미노산과 단백질을 만든다.

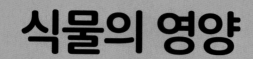

식물의 영양

광합성

생물이 생존하기 위해서는 영양분이 필요하다. 동물과는 달리 식물은 먹어서 영양분을 섭취하지 않고 광합성이라는 과정을 통해 화학적인 방법으로 영양분을 스스로 만든다. 이것이 녹색 식물이 먹이사슬에서 생산자라고 하는 이유이다. 식물은 빛 에너지(태양 에너지)를 이용하여 물과 이산화탄소로부터 포도당을 만든다.

광합성은 어떻게 이루어지나?

녹색 식물은 광합성 과정에서 이산화탄소와 물을 결합시켜 포도당을 만들며, 포도당은 음식 자원으로 사용된다. 이 과정에서 산소가 방출된다. 산소의 일부는 식물의 호흡에 사용되며, 나머지는 부산물로 방출된다.

핵심 요약

✓ 식물은 광합성 과정을 통해 자신의 음식을 만든다.
✓ 광합성은 식물의 녹색 부분에서 일어난다.
✓ 식물은 광합성 과정에서 빛 에너지를 이용하여 탄수화물과 물을 결합하여 포도당과 산소를 생산한다.
✓ 광합성은 흡열 반응으로 태양으로부터의 빛 에너지가 광합성 과정에서 흡수된다.

산소가 방출된다.

태양 빛이 광합성을 위한 에너지를 제공한다. 식물은 빛 에너지를 이용하여 이산화탄소와 물을 포도당과 산소로 전환한다.

엽록체

식물의 잎을 통해 공기 중의 이산화탄소를 흡수한다.

식물 세포는 엽록체라고 하는 구조체로 되어 있다. 엽록체는 빛을 흡수하는 녹색 색소의 클로로필을 포함하고 있다. 광합성은 엽록체 안에서 일어난다.

물은 뿌리를 통해 흙으로부터 흡수된다.

무기질은 뿌리를 통해 흙으로부터 흡수된다. 이러한 무기질 중의 하나는 엽록체를 만드는 데 필요한 마그네슘이다.

광합성 반응식

광합성은 에너지를 흡수하는 흡열 과정이다. 이 과정은 많은 효소들이 조절하는 반응들로 이루어져 있으며 연속적으로 진행된다. 일련의 반응식은 기호 반응식 혹은 단어 반응식으로 요약될 수 있다.

$$6CO_2 + 6H_2O \xrightarrow[\text{엽록체}]{\text{태양 빛}} C_6H_{12}O_6 + 6O_2$$

$$이산화탄소 + 물 \xrightarrow[\text{엽록체}]{\text{태양 빛}} 포도당 + 산소$$

잎

광합성은 주로 식물 세포에서 일어난다. 잎은 표면적이 넓어 가능한 한 많은 햇볕을 이용할 수 있다. 잎의 윗면에 엽록체가 더 많이 있는데, 이는 이 부분이 햇볕을 가장 많이 받기 때문이다.

잎의 구조

잎은 매우 얇지만 다음 그림과 같이 여러 세포층으로 구성되어 있다. 잎의 내부 구조는 광합성을 최대화하기 위한 방향으로 적응되어 있다.

📌 핵심 요약

- ✓ 잎은 표면적이 넓고 윗면에 많은 엽록체를 가지고 있는 등 광합성에 적합하게 적응되어 있다.
- ✓ 광합성은 잎의 책상 조직에서 일어난다.
- ✓ 가스 교환은 잎의 다공성 해면 조직에서 일어난다.
- ✓ 기공은 이산화탄소가 들어오고 산소와 물이 빠져나가는 잎의 구멍이다.

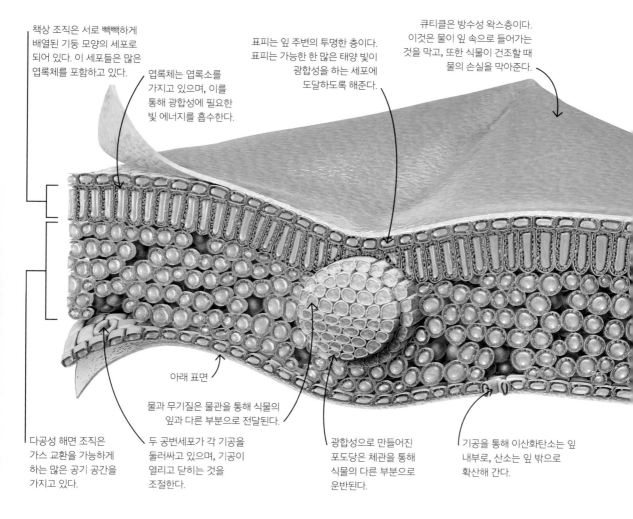

책상 조직은 서로 빽빽하게 배열된 기둥 모양의 세포로 되어 있다. 이 세포들은 많은 엽록체를 포함하고 있다.

엽록체는 엽록소를 가지고 있으며, 이를 통해 광합성에 필요한 빛 에너지를 흡수한다.

표피는 잎 주변의 투명한 층이다. 표피는 가능한 한 많은 태양 빛이 광합성을 하는 세포에 도달하도록 해준다.

큐티클은 방수성 왁스층이다. 이것은 물이 잎 속으로 들어가는 것을 막고, 또한 식물이 건조할 때 물의 손실을 막아준다.

아래 표면

물과 무기질은 물관을 통해 식물의 잎과 다른 부분으로 전달된다.

다공성 해면 조직은 가스 교환을 가능하게 하는 많은 공기 공간을 가지고 있다.

두 공변세포가 각 기공을 둘러싸고 있으며, 기공이 열리고 닫히는 것을 조절한다.

광합성으로 만들어진 포도당은 체관을 통해 식물의 다른 부분으로 운반된다.

기공을 통해 이산화탄소는 잎 내부로, 산소는 잎 밖으로 확산해 간다.

기공

광합성에 필요한 가스 교환은 아주 작은 열린 공간인 기공을 통해서 일어난다. 기공은 대부분 잎의 아랫면에서 발견되는데, 빛에 민감하고 밤에는 물을 보존하기 위해 닫힌다.

핵심 요약

✓ 광합성의 부산물인 산소는 기공을 통해서 빠져나간다.
✓ 이산화탄소는 광합성 동안에 잎으로 확산해 들어간다.
✓ 수증기는 증산 작용 중에 기공을 통해서 빠져나간다.
✓ 공변세포는 기공이 열리고 닫히는 것을 조절한다.

기공 열기와 닫기

기공은 2개의 곡선형 공변세포에 이해 둘러싸여 있으며, 공변세포들의 모양 변화를 통해 기공을 열고 닫는다. 잎의 아랫면은 태양광으로부터 가려진 곳으로 좀 더 많은 기공을 가지고 있어 증산 작용 때 물의 손실이 더 적다.

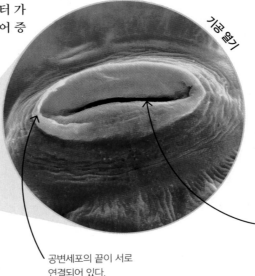

기공 열기

잎의 아랫면

열린 기공을 통해 물과 산소가 밖으로 나가고, 이산화탄소가 안으로 들어온다.

공변세포의 끝이 서로 연결되어 있다.

🔍 공변세포는 어떻게 작동하나?

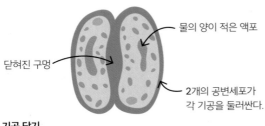

물의 양이 적은 액포

닫혀진 구멍

2개의 공변세포가 각 기공을 둘러싼다.

기공 닫기
빛이 없는 것과 같이 광합성 조건이 좋지 않을 때 물이 공변세포 밖으로 빠져나가며, 이로 인해 공변세포는 탄력을 잃고 결국 기공이 닫힌다. 이것은 또한 식물이 물 부족 상태에 있을 때 물이 빠져나가는 것을 막는다.

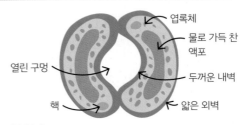

엽록체

물로 가득 찬 액포

열린 구멍

두꺼운 내벽

핵

얇은 외벽

기공 열기
빛이 충분하고 물을 이용할 수 있으면 낮에 삼투 현상에 의해 물이 공변세포 속으로 들어간다(52-53쪽 참조). 이것이 공변세포를 빵빵하게 하며, 이제 공변세포가 굽어져 기공이 열린다.

식물과 포도당

광합성은 주로 식물의 잎에서 일어나며, 영양소를 포도당 형태로 합성하여 다양하게 활용한다. 일부 포도당은 만들어진 세포에서 이용되며, 대부분은 식물의 다른 부분에서 활용된다.

핵심 요약

✓ 식물의 모든 부분은 성장하기 위해 포도당이 필요하다.

✓ 포도당은 녹말로 저장되어 에너지원으로 사용되며, 셀룰로오스와 단백질을 만드는 데 사용되고 설탕으로 전환된다.

✓ 호흡은 포도당으로부터 세포로 에너지를 전달하는 과정이다.

식물은 어떻게 포도당을 이용하나?

식물이 만든 포도당의 일부는 바로 호흡에 이용되어 세포가 필요로 하는 에너지를 제공한다. 나머지는 다른 방법으로 이용된다.

세포 안의 **미토콘드리아**라는 아주 작은 구조가 호흡 중에 포도당에 축적된 에너지를 세포로 전달한다.

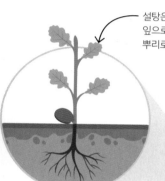

설탕은 합성되는 잎으로부터 뿌리로 전달된다.

미토콘드리아

세포벽

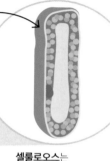

포도당의 일부는 설탕과 같은 이당류를 만드는 데 사용된다. 설탕은 식물이 필요로 하는 곳으로 전달된다.

셀룰로오스는 포도당으로부터 만들어져 세포벽을 구성한다. 식물은 셀룰로오스 덕분에 힘을 얻어 곧게 서 있을 수 있다.

지질로 알려진 **지방과 기름**은 포도당으로부터 만들어진다. 이들은 영양소 저장고와 씨앗 발아를 위한 영양소 공급원으로 사용된다.

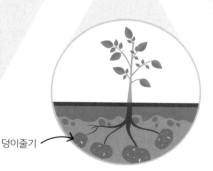

덩이줄기

합성 후 바로 이용되지 않는 **포도당**은 녹말로 전환된다. 이 포도당은 잎, 뿌리, 그리고 덩이줄기에 저장된다.

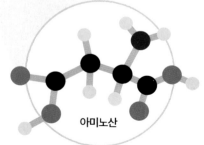

아미노산

흙에서 질소 이온으로 흡수된 질소와 포도당이 결합하여 **아미노산**이 만들어진다. 단백질은 아미노산의 화학적 결합으로 만들어지며, 성장과 세포 수선에 이용된다.

식물 영양소

식물은 광합성으로부터 만들어진 포도당뿐만 아니라 건강하게 자라기 위해서 무기질도 필요로 한다. 무기질은 토양의 물에 이온 형태로 용해되어 있다. 이러한 영양소를 충분히 얻지 못한 식물은 결핍 증상을 보이며 건강하지 않게 된다.

핵심 요약

✓ 식물이 건강하게 성장하기 위해 필요한 세 가지 주요한 무기질은 질산염, 인산염, 포타슘이다.

✓ 마그네슘은 적은 양이 필요하지만 광합성에 매우 중요하다.

✓ 식물은 적절한 무기질을 충분히 얻지 못하면 결핍 증상을 보인다.

무기질	역할		건강한 상태	병든 상태
질산염 (질소 포함)	질산염은 아미노산을 만드는 데 필요하다. 아미노산 결합으로 단백질이 만들어지며, 단백질은 세포 성장에 이용된다.	질산염이 부족하면 식물의 성장이 늦어지고 잎이 노랗게 된다.		옥수수
인산염 (인산 포함)	식물은 호흡 과정과 DNA와 세포막을 합성하는 데 인산이 필요하다.	인산이 결핍되면 잎이 보라색이 되고 뿌리 성장이 약해진다.		토마토
포타슘	포타슘은 광합성 및 호흡에 관여하는 효소에 필요하다.	포타슘 결핍 식물은 잎이 노랗게 변하는 엽록소 결핍 증상을 보이며, 뿌리와 꽃, 과실이 잘 성장하지 못한다.		포도
마그네슘	마그네슘 이온은 광합성에 필요한 엽록소를 만드는 데 이용된다.	엽록소가 없는 식물은 잎이 노랗게 변하는 엽록소 결핍 증상을 보인다.		감자

극한 환경에 대한 적응

대부분의 식물 종은 사막처럼 뜨겁고 건조한 환경에서는 생존하기 어렵다. 이러한 환경에서 생존하는 식물은 광합성과 가스 교환을 가능하게 하는 특별한 적응 기작을 가지고 있다.

사막 식물

선인장은 사막에서도 살 수 있도록 해주는 많은 적응 특징을 가지고 있다. 매우 건조한 환경에서 살아가도록 적응한 식물을 건생 식물이라고 한다.

📌 핵심 요약

✓ 특별한 환경에서 생존하도록 도움을 주는 생물의 특징을 적응이라고 한다.

✓ 식물의 적응 기작은 뿌리 시스템, 잎의 모양과 크기, 기공의 수 및 열리는 시기에도 영향을 준다.

✓ 건생 식물이란 건조한 환경에서 자라기 위해 적응한 식물이다.

✓ 수생 식물이란 물속에서 자라기 위해 적응한 식물이다.

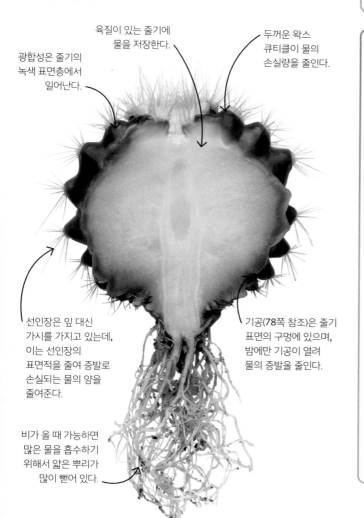

광합성은 줄기의 녹색 표면층에서 일어난다.

육질이 있는 줄기에 물을 저장한다.

두꺼운 왁스 큐티클이 물의 손실량을 줄인다.

선인장은 잎 대신 가시를 가지고 있는데, 이는 선인장의 표면적을 줄여 증발로 손실되는 물의 양을 줄여준다.

기공(78쪽 참조)은 줄기 표면의 구멍에 있으며, 밤에만 기공이 열려 물의 증발을 줄인다.

비가 올 때 가능하면 많은 물을 흡수하기 위해서 얇은 뿌리가 많이 뻗어 있다.

🔍 수생 식물과 북극 지방 식물은 어떻게 생존할까?

물속에서 사는 식물을 수생 식물이라고 한다. 대부분의 수생 식물에는 기공이 없는데, 이는 용해된 가스가 물에서 식물 조직으로 직접 통과할 수 있기 때문이다. 하지만 연꽃의 잎은 물 위에 떠 있어 잎의 위쪽 표면에 기공이 있다.

북극 지방에는 작은 식물들이 살고 있으며, 바람의 피해로부터 피하기 위해 서로 가깝게 붙어서 자라는 경향이 있다. 이들은 또한 물 손실을 줄이기 위해 작은 잎을 가지고 있으며, 매우 낮은 온도에서도 광합성을 할 수 있다.

광합성에 대한 연구

녹색 식물은 광합성을 위해 물뿐만 아니라 빛, 엽록소, 이산화탄소를 필요로 한다. 녹말 확인 실험을 통해 이들 중 하나라도 없으면 광합성이 일어나지 않는다는 것을 확인할 수 있다.

잎에 대한 녹말 검사

광합성으로 포도당이 만들어지면 식물은 포도당을 녹말로 전환시켜 저장한다. 식물의 잎을 이용하여 요오드 용액으로 녹말의 존재를 확인할 수 있다. 광합성을 한 잎은 녹말 확인 실험에서 양성 반응을 보인다.

요오드 용액

에탄올이 들어 있는 시험관

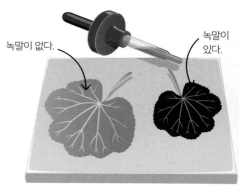
녹말이 없다.
녹말이 있다.

1. 식물의 잎을 끓는 물이 들어 있는 비커에 1분 동안 넣어둔다. 세포벽이 부드러워져 요오드 용액이 세포 내로 통과하기 쉬워진다.

2. 식물의 잎을 에탄올이 반쯤 들어 있는 끓는 시험관에 5분 동안 넣어둔 후, 물이 들어 있는 비커로 옮긴다. 에탄올이 엽록소를 제거하기 때문에 요오드 반응 결과를 보기가 더 쉬워진다.

3. 에탄올을 제거하기 위해 잎을 찬물에서 씻어준 후 흰색 타일로 옮긴다. 그런 다음 요오드 용액 몇 방울을 떨어뜨린다. 요오드 용액은 오렌지색인데 검푸른색으로 변한다면 녹말이 있다는 것이다.

🔍 식물 속의 녹말

식물에 의해 바로 이용되지 않는 포도당은 모두 녹말로 전환된다. 밤에 식물이 광합성을 하지 않을 때 잎에 있는 녹말을 사용한다. 감자와 같은 일부 식물은 덩이줄기에 녹말을 저장하며, 우리는 이것을 음식 재료로 사용한다.

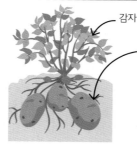
감자

덩이줄기는 땅속에 있는 변형된 식물 줄기이다.

새로운 뿌리가 자란다.

1. 식물이 성장하는 계절에 설탕은 녹말로 전환되며 덩이줄기에 저장된다.

2. 겨울에 잎은 죽고 덩이줄기는 축적된 녹말 때문에 팽창한다.

3. 봄에 뿌리에 축적된 녹말이 새로운 뿌리를 내고 꽃을 피우기 위해 사용된다.

엽록소의 필요성 탐구

줄무늬 잎을 가진 식물을 이용하여 엽록소가 광합성을 하는 데 필요하다는 것을 확인할 수 있다.

📋 방법

1. 줄무늬 잎을 가진 식물을 적어도 24시간 동안 어두운 상자에 넣어 저장된 녹말이 모두 사용되도록 한다. 그런 다음 약 6시간 동안 태양 빛이 있는 곳에 둔다.

2. 녹말 검사를 통해 잎에 녹말이 존재하는지 여부를 확인한다. 요오드 용액을 떨어뜨리면 식물의 녹색 부분만 검푸른색으로 변한다. 녹색 부분은 엽록소가 있는 곳으로, 광합성이 일어나 포도당을 합성하며, 이 포도당은 녹말로 저장된다.

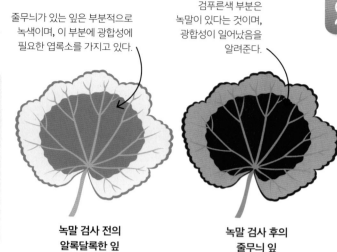

줄무늬가 있는 잎은 부분적으로 녹색이며, 이 부분에 광합성에 필요한 엽록소를 가지고 있다.

검푸른색 부분은 녹말이 있다는 것이며, 광합성이 일어났음을 알려준다.

녹말 검사 전의 알록달록한 잎

녹말 검사 후의 줄무늬 잎

이산화탄소의 필요성 탐구

식물 환경에서 이산화탄소를 제거함으로써 이산화탄소가 광합성에 필요하다는 것을 확인할 수 있다.

📋 방법

1. 이산화탄소를 흡수하는 소다 석회가 들어 있는 플라스틱 봉지로 녹말 합성을 억제한 식물을 감싼 후 몇 시간 동안 빛에 노출시킨다. 잎에 녹말이 합성되었는지 검사한다.

2. 이산화탄소가 없어 잎은 광합성을 할 수 없고 그 결과 녹말이 만들어지지 않기 때문에 잎의 색깔이 변하지 않는다.

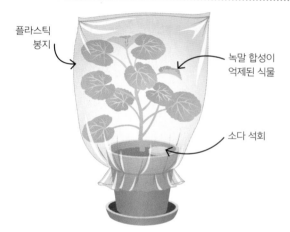

플라스틱 봉지

녹말 합성이 억제된 식물

소다 석회

빛의 필요성 탐구

잎의 일부분에 빛을 차단함으로써 빛이 광합성에 필요한지 확인할 수 있다.

📋 방법

1. 녹말 합성을 억제한 잎의 일부를 알루미늄 포일이나 검은 종이로 덮고 몇 시간 동안 빛에 노출시킨다.

2. 잎의 녹말 합성을 조사한다. 빛을 받지 못한 부분은 색깔이 변하지 않으며, 이는 광합성이 일어나지 않은 것을 보여준다.

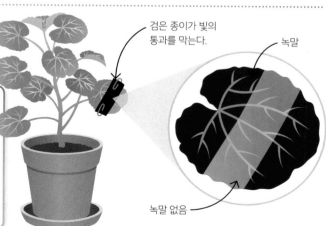

검은 종이가 빛의 통과를 막는다.

녹말

녹말 없음

광합성 속도

식물이 광합성을 하기 위해서는 빛, 이산화탄소 및 온도가 필요하다. 이 중 하나가 증가하면 광합성이 한계치까지 더 빠르게 일어날 수 있다. 광합성 속도를 제한하는 요소를 제한 요인이라고 한다. 광합성 속도가 빨라질수록 식물은 녹말을 더 효과적으로 생산한다.

핵심 요약

✓ 광합성에 대한 세 가지 제한 요인은 빛의 세기, 이산화탄소, 온도이다.

✓ 광합성에 대한 최적 온도가 있어, 온도가 너무 높거나 너무 낮으면 광합성은 멈춘다.

✓ 제한 요인의 조합이 광합성 속도에 영향을 줄 수 있다.

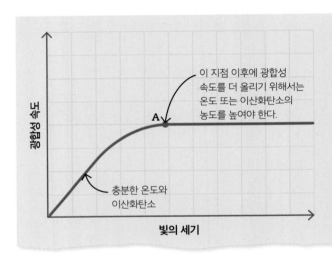

이 지점 이후에 광합성 속도를 더 올리기 위해서는 온도 또는 이산화탄소의 농도를 높여야 한다.

A

충분한 온도와 이산화탄소

광합성 속도 / 빛의 세기

빛의 세기

빛의 세기가 커질수록 광합성 속도는 최대치까지 증가하였다가 일정한 수준을 유지한다. 빛의 세기가 커질수록 광합성 속도를 좀 더 빠르게 진행시키기 위해 더 많은 에너지를 공급한다. 하지만 한계치 이상의 속도를 내기 어려우며, 또한 온도 및 이산화탄소 농도와 같은 제한 요인이 광합성이 더 높은 수준으로 진행되는 것을 막는다.

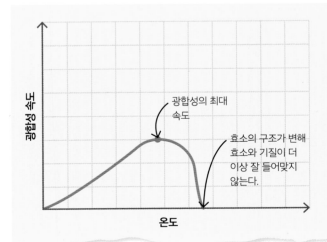

광합성의 최대 속도

효소의 구조가 변해 효소와 기질이 더 이상 잘 들어맞지 않는다.

광합성 속도 / 온도

온도

온도를 높이면 광합성 속도가 최대치까지 증가했다가 떨어진다. 좀 더 높은 온도에서는 분자들이 더 빠르게 충돌하여 광합성의 화학 반응 속도를 증가시킨다. 하지만 최대치 이상에서는 광합성에 관여하는 효소의 구조가 변형되어 효소는 더 이상 화학 반응을 촉매할 수 없어 광합성 속도가 떨어진다.

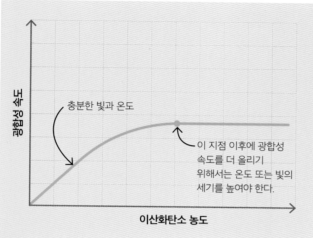

이산화탄소

이산화탄소의 농도가 증가함에 따라 광합성 속도는 최대치까지 증가하였다가 일정한 수준을 유지한다. 더 많은 이산화탄소 분자가 효소와 충돌한다. 이것은 효소가 더 빠르게 작용할 때까지, 그리고 다른 제한 요인(온도 또는 빛의 세기)이 광합성이 더 빠르게 진행하는 것을 막을 때까지 광합성 속도를 증가시킨다. 효소는 가장 높은 속도에서 이산화탄소 분자로 채워진다.

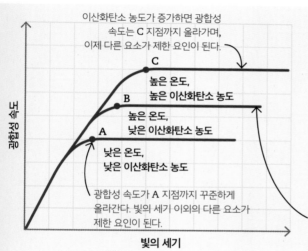

여러 제한 요인

빛의 세기가 커지면 광합성 속도를 A 지점까지 증가시킨다. A 지점 전에는 빛의 세기가 제한 요소로 작용한다. 광합성 속도가 일정하게 되면 이제 온도와 이산화탄소 농도가 제한 요인이 된다. 온도만 좀 더 높이면 광합성 속도는 B 지점까지 올라가며, 여기에 이산화탄소 농도를 높이면 광합성 속도는 C 지점까지 올라간다.

🔍 광합성 속도에 영향을 주는 식물의 특징

식물의 다양한 특징이 광합성 과정에 영향을 준다. 크기가 더 크거나 엽록소가 더 많은 잎은 더 많은 빛을 포획하여 주어진 시간에 더 많은 양의 포도당을 만든다. 예를 들어 줄무늬 잎을 가지고 있는 식물은 엽록소가 없는 곳에서 무늬를 만드는데, 이로 인해 전반적인 광합성 속도는 잎 전체가 녹색으로 되어 있는 것보다 떨어지며, 녹말을 만드는 데에도 덜 효과적이다.

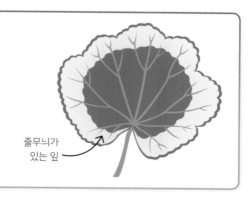

줄무늬가
있는 잎

광합성 속도 측정

주어진 시간에 얼마나 많은 산소가 방출되는지 확인함으로써 광합성 속도를 측정할 수 있다. 방출되는 산소가 많을수록 광합성 속도가 더 빠르다.

핵심 요약

✓ 광합성 속도는 수생 식물에서 산소 기포의 수를 세는 것으로부터 측정할 수 있다.

✓ 수초에서 빛이 멀어지면 광합성 속도가 느려진다.

✓ 식물이 빛으로부터 멀어지면 산소 기포의 수가 감소한다.

빛은 어떻게 광합성 속도에 영향을 주나?

다음 실험은 수생 식물에서 발생하는 산소 기포를 세어 광합성 속도를 측정하는 것이다. 식물로부터 빛까지의 거리를 변화시킴으로써 빛의 세기를 달리할 수 있다.

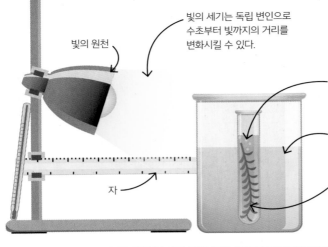

빛의 원천

빛의 세기는 독립 변인으로 수초부터 빛까지의 거리를 변화시킬 수 있다.

발생된 산소의 기포 수가 독립 변인이 된다.

비커의 물이 절연체로 작용하여 램프가 시험관 속 식물을 가열하는 것을 막아준다.

수초의 형태, 온도, 탄산수소나트륨은 모두 통제된 변인이다. 이들이 모두 동일하게 유지되면 빛으로부터의 거리만이 결과에 영향을 주게 된다.

자

📋 방법

1. 탄산수소나트륨 용액을 끓는 시험관에 넣는다. 탄산수소나트륨은 식물이 광합성에 필요로 하는 이산화탄소를 방출한다.

2. 시험관을 물이 든 비커에 넣고 비커 내의 온도를 측정한다. 온도는 실험 중 일정하게 유지되어야 한다. 수초의 잘린 면이 위쪽으로 오게 하여 시험관에 넣는다. 이 상태로 5분간 놔둔다.

3. 수초가 광합성을 할 때 산소 기포가 잘린 면으로부터 방출된다. 스톱워치를 이용하여 수초가 빛으로부터 10 cm 거리에 있을 때 얼마나 많은 산소 기포가 발생되었는지 센다. 이 실험을 두 번 더 반복한 후 평균을 계산한다.

4. 수초를 빛으로부터 20 cm와 30 cm 떨어뜨린 후 실험을 반복한다. 통제 변인은 일정하게 유지한다. 수초와 빛의 거리가 멀어지면 산소 기포의 수가 감소하는 결과를 볼 수 있다.

산소 부피 측정

첫 번째 실험에서 산소 기포의 방출 속도가 너무 빠르면 기포의 크기가 다르거나 기포 수를 헤아리기 어려울 수 있는데, 이는 산소의 방출량에 영향을 미친다. 시험관의 모든 기체를 모아서 방출된 산소 기포의 길이를 측정하면 이 문제를 해결할 수 있다. 이를 통해 광합성 속도를 더욱 정확하게 측정할 수 있다.

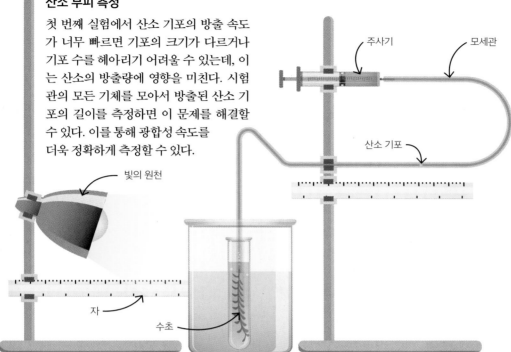

주사기
모세관
빛의 원천
산소 기포
자
수초

📋 방법

1. 탄산수소나트륨이 들어 있는 시험관에 수초의 잘린 면을 위로 하여 넣는다.

2. 수초의 잘린 면을 모세관 끝에 삽입하여 5분 동안 빛을 비춰준다. 산소가 방출되면 주사기를 이용하여 모세관으로 산소 기포를 빨아들인다.

3. 산소 기포의 길이를 측정한다. 오차를 줄이기 위해 동일한 거리에서 수초를 사용하여 실험을 반복하고 그 결과를 기록한다.

4. 수초를 빛으로부터 다양한 거리에 두고 산소 기포의 길이를 기록한다.

🔍 결과

산소 기포 수와 빛으로부터의 거리를 보여주는 오른쪽 그래프는 수초로부터 빛이 멀어질수록 광합성 속도가 빠르게 감소하는 것을 보여준다.

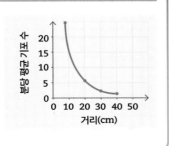

📋 광합성 속도 계산하기

광합성 속도는 방출된 산소의 양을 주어진 시간으로 나누어 구한다.

예: 어떤 실험에서 20분 후에 수초가 4 cm의 산소 기포를 생산하였다고 하자. 광합성 속도는 기포의 길이를 시간으로 나누어 cm/분으로 답을 구한다.

$$광합성\ 속도 = \frac{기포의\ 길이}{경과\ 시간} = \frac{4\ cm}{20분} = 0.2\ cm/분$$

역제곱 법칙

식물을 빛으로부터 더 멀어지게 하면 광합성 속도는 빠르게 감소한다. 이것은 광합성 속도가 빛의 세기에 비례하기 때문이지만, 빛의 세기는 멀어지는 거리에 따라 급격하게 감소한다. 거리에 따른 빛의 세기는 역제곱 법칙으로 알려진 패턴을 따른다.

핵심 요약

✓ 빛의 세기는 거리의 제곱에 반비례한다.

✓ 역제곱 법칙의 방정식은 다음과 같다.

$$빛의 세기 \propto \frac{1}{거리^2}$$

✓ 광합성 속도는 빛의 세기에 비례한다.

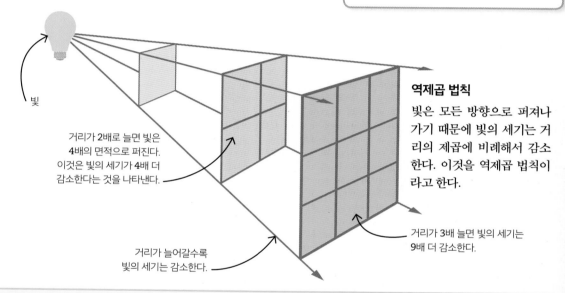

빛

거리가 2배로 늘면 빛은 4배의 면적으로 퍼진다. 이것은 빛의 세기가 4배 더 감소한다는 것을 나타낸다.

거리가 늘어갈수록 빛의 세기는 감소한다.

역제곱 법칙

빛은 모든 방향으로 퍼져나가기 때문에 빛의 세기는 거리의 제곱에 비례해서 감소한다. 이것을 역제곱 법칙이라고 한다.

거리가 3배 늘면 빛의 세기는 9배 더 감소한다.

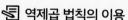 역제곱 법칙의 이용

다음은 역제곱 법칙을 나타낸다.

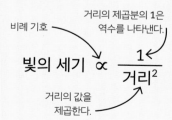

비례 기호

거리의 제곱분의 1은 역수를 나타낸다.

$$빛의 세기 \propto \frac{1}{거리^2}$$

거리의 값을 제곱한다.

예: 램프가 식물로부터 **20 cm** 떨어져 위치해 있다면 역제곱 법칙을 이용하여 빛의 세기를 계산한다.

1. 공식을 이용한다. 　빛의 세기 $\propto \dfrac{1}{거리^2}$

2. 식에 숫자를 대입한다. 　상대적인 빛의 세기 $= \dfrac{1}{20^2}$

3. 20을 제곱한 후 역의 값을 구한다. 　상대적인 빛의 세기 $= \dfrac{1}{400}$

4. 계산기를 이용하여 값을 구한다. 　상대적인 빛의 세기 $= 0.0025$

온실 농업

온실을 이용하여 식물이 가장 빠르게 광합성을 할 수 있는 완전한 성장 조건을 만들 수 있다. 이로 인해 작물 수확량(생산량)이 늘지만 비용도 증가한다. 따라서 추가 수확으로 얻어진 수익이 비용을 초과해야 온실 농업이 가능하다.

핵심 요약

- ✓ 온실은 광합성 속도를 높이는 데 사용할 수 있다.
- ✓ 광합성 속도를 극대화하면 식물의 성장 속도가 증가하고, 이에 따라 곡물 수확량도 증가한다.
- ✓ 온실에서는 물의 양, 빛의 세기, 이산화탄소의 농도 및 온도를 조절할 수 있다.

통제 조건

잘 갖추어진 온실에서는 해충과 광합성에 필요한 조건들(이산화탄소, 빛의 세기, 온도, 물)을 조절할 수 있다. 따라서 식물을 어느 시기, 어느 장소에서도 재배할 수 있다.

공기 중의 이산화탄소 농도는 인위적으로 증가시킬 수 있다. 이산화탄소가 광합성에 필요하기 때문에 이산화탄소의 농도가 증가하면 광합성 속도가 빨라진다.

온실 내부는 보온 효과 때문에 외부보다 온도가 더 높다. 겨울에는 히터를 작동시켜 추위로부터 생기는 피해를 막을 수 있다.

인공 조명을 사용하면 식물이 야외에 있을 때보다 더 오랫동안 광합성을 한다. 빛의 세기 또한 증가시켜 광합성 속도를 높일 수 있다.

물의 양을 조절함으로써 식물 성장에 필요한 적절한 양의 물을 제공할 수 있다. 수경재배 시스템을 이용하여 식물을 흙이 아닌 영양이 필요한 물속에서 재배하는 경우도 있다.

온실에서 식물을 재배하면 진딧물 같은 해충을 피할 수 있다. 이를 통해 식물이 건강하게 유지되고 높은 수확량을 보장받을 수 있다.

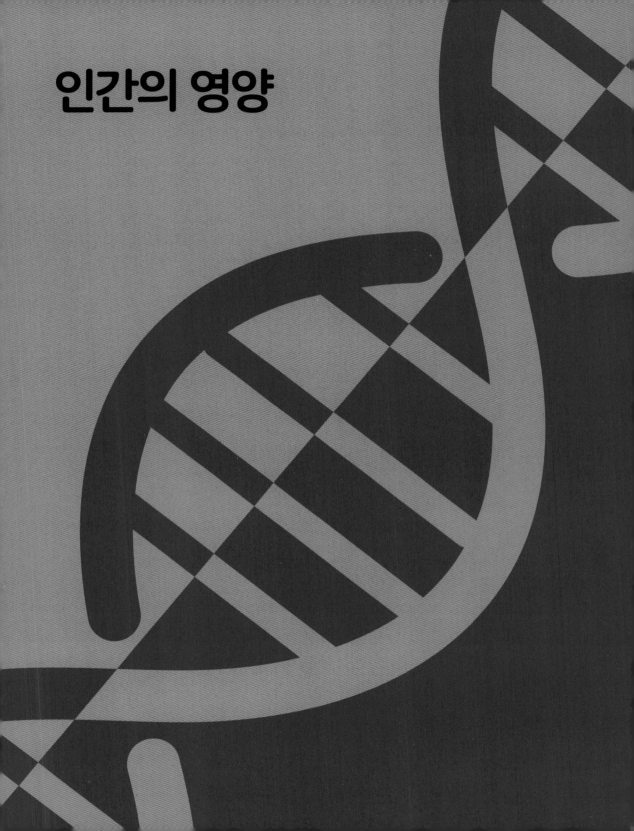

인간의 영양

영양소

영양소는 생물이 생존하기 위한 필수 물질로, 동물이 먹거나 마실 때 체내로 흡수된다. 일부 영양소는 에너지를 생산하는 데 사용되며, 나머지는 새로운 세포를 만드는 데 사용된다.

탄수화물, 지방, 단백질

물 외에도 세포는 주로 탄수화물, 지방(고체 지방 및 액상 기름), 단백질로 구성되어 있다. 따라서 이러한 성분들이 모든 소비자 생물의 먹이에 포함되는 것이 매우 중요하다. 이러한 성분들은 많은 작은 단위들의 결합으로 만들어지기 때문에 고분자라고 한다.

핵심 요약

- ✓ 영양소는 생물이 생존하기 위해 필수적이다.
- ✓ 영양소에는 탄수화물, 지방, 단백질, 비타민, 무기질, 물 그리고 섬유소가 포함된다.
- ✓ 탄수화물은 에너지를 공급한다.
- ✓ 지방은 에너지와 온도를 제공하며 주요 기관을 보호한다.
- ✓ 단백질은 성장과 회복 과정에 이용된다.

단백질은 성장에 필요한 새로운 세포를 만드는 데 이용된다. 이들은 신체 조직을 복구하는 데도 사용된다. 근육과 신체 기관은 주로 단백질로 이루어져 있다.

우유와 같은 유제품은 단백질이 풍부하다.

파스타는 천천히 에너지를 방출하는 좋은 음식이다.

아보카도는 지질이 풍부하다.

탄수화물은 생물의 주된 에너지 원천이다. 탄수화물은 단당류와 녹말 같은 복잡한 형태로 존재한다.

지방은 에너지 저장용 고분자이며, 피부 아래에 단열층을 제공하여 생물체의 온도를 유지해 주는 역할을 한다. 지방층은 또한 신장과 같은 기관이 손상되지 않도록 보호하는 데도 사용된다. 치즈나 버터는 지방이 많으며, 계란과 같은 음식은 지방과 단백질이 풍부하다.

🔍 그 외 필수 영양소

생물체가 적절하게 기능을 하기 위해서는 비타민과 미네랄(92쪽 참조), 물과 섬유소가 필요하다.

섬유소
섬유소와 같은 탄수화물은 음식물이 소화계를 따라 계속 잘 이동하도록 해준다. 이는 노폐물을 몸 밖으로 밀어 냄으로써 변비를 예방한다는 것을 의미한다. 시리얼은 섬유질의 좋은 공급원이다.

물
우리 신체에는 주기적으로 물을 제공해 주어야 한다. 물은 세포의 구조(세포의 70%가 물)를 유지하는 데 필수적이며, 혈액과 같은 체액에도 필요하다. 물은 또한 영양소를 전달하고 노폐물을 제거하는 데 도움을 준다.

비타민과 미네랄

비타민과 미네랄은 건강에 필수적이다. 이들은 매우 적은 양을 필요로 하며, 보통 과일이나 채소에 들어 있다. 일부 비타민과 미네랄은 체내에서 합성되지만, 다른 것들은 섭취해야 한다.

비타민과 미네랄의 공급원

음식에 특정한 비타민 또는 미네랄이 부족하면 결핍 증상이 나타나며 건강을 해친다.

핵심 요약

✓ 건강을 유지하기 위해서는 적은 양의 비타민과 미네랄이 필요하다.

✓ 과일과 채소에는 비타민과 미네랄이 풍부하다.

✓ 13종류의 필수 비타민이 있다.

✓ 칼슘과 철은 미네랄의 일종이다.

🔍 비타민과 미네랄 보충제

대부분의 사람들은 필요로 하는 비타민과 미네랄을 음식으로부터 얻는다. 하지만 임신 중인 여성이나 일부 의학적으로 필요한 사람들의 경우 보충제를 복용한다. 필요로 하지 않는 보충제를 오랫동안 복용하는 것은 건강한 사람에게 해롭다.

우리 몸은 당근에 있는 β-카로틴을 비타민 A로 전환시킨다. 비타민 A는 시력과 건강한 피부를 위해 필요하다.

감귤은 비타민 C (아스코르브산)가 상처를 아물게 하고 강한 면역계를 구축하는 데 필요하다.

견과류는 철이 풍부하다. 철은 산소를 온몸으로 운반하는 적혈구 내 헤모글로빈을 만드는 데 이용된다.

유제품에는 칼슘이 풍부하다. 칼슘은 건강한 뼈와 치아를 위해 필요하다.

비타민과 미네랄의 차이		
	비타민	**미네랄**
공급원	생물: 식물과 동물	무생물: 흙, 바위, 물
화학적 성분	유기 화합물	무기 화합물
안정성/취약성	요리할 때 열이나 공기, 산에 의해 파괴된다.	열, 빛, 화학적 반응에 의해 쉽게 파괴되지 않는다.
영양 요구성	건강을 유지하기 위해 모두 필요하다.	건강을 유지하기 위해 일부만 필요하다.

음식물 속 에너지 측정

음식물은 화학 에너지를 저장하고 있다. 음식물 속 에너지의 양은 물이 들어 있는 시험관 아래에서 음식물을 태워 추정할 수 있다. 물의 온도 상승을 통해 음식물에 저장된 에너지를 추정해 볼 수 있다.

🔲 방법

1. 스탠드에 고정시킨 시험관에 물을 20 cm³ 넣고 물의 질량을 측정한다. 물 1 cm³의 질량은 1 g이다. 그리고 시작할 때의 물의 온도를 기록한다.

2. 음식물 시료의 무게를 측정하고 질량을 기록한다. 그런 다음 음식물 시료를 장착된 쇠꼬챙이에 꽂고 버너를 이용하여 음식물을 태운다.

3. 음식물 시료가 완전히 탈 때까지 시험관 아래에서 음식물 시료를 태운다. 그런 다음 물의 최종 온도를 기록한다.

4. 태운 음식물 시료에 의해 올라간 온도의 변화를 계산한다. 큰 폭의 온도 변화는 음식물에 많은 에너지가 있다는 것을 보여준다.

5. 음식물에서 방출된 에너지를 계산한다. 계산 방법은 아래와 같다. 방출된 에너지는 음식물이 얼마나 많은 에너지가 있는지 보여준다.

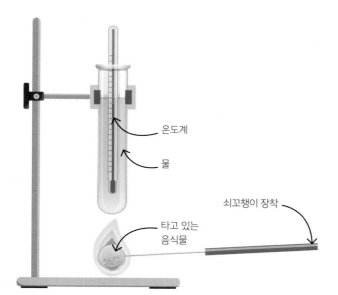

온도계

물

쇠꼬챙이 장착

타고 있는 음식물

음식물을 태우는 실험

이와 같은 실험 방법으로 음식물의 에너지 함량을 추정해 볼 수 있다. 이 방법은 견과류, 감자 튀김, 빵 같은 건조된 식품에 효과적으로 작동한다.

🔲 음식물에서 방출된 에너지 계산하기

음식물에서 방출된 에너지를 계산하기 위해서는 다음 공식을 이용한다.

$$\begin{array}{c} \text{음식물에} \\ \text{포함된} \\ \text{에너지(J)} \end{array} = \begin{array}{c} \text{물의 질량} \\ \text{(g)} \end{array} \times \begin{array}{c} \text{온도 증가} \\ \text{(℃)} \end{array} \times 4.2$$

여러 음식물의 에너지를 비교하기 위해서 1 g에 포함된 에너지를 사용한다.

$$\begin{array}{c} \text{1 g당 에너지} \\ \text{(J/g)} \end{array} = \frac{\text{음식물 속에 포함된 에너지(J)}}{\text{음식물의 질량(g)}}$$

예: 15 g의 감자 칩을 10 g의 물이 들어 있는 시험관 아래에서 태웠을 때 물의 온도가 20℃에서 27℃로 올라갔다. 음식물 1 g 속에 포함된 에너지를 계산해 본다.

$$\text{음식물에 포함된 에너지} = \text{물의 질량} \times \text{온도 증가} \times 4.2$$

$$= 10 \times 7 \times 4.2 = 294 \text{ J}$$

$$\text{1 g당 에너지} = \frac{\text{음식물 속에 포함된 에너지}}{\text{음식물의 질량}}$$

$$= \frac{294}{15} = 19.6 \text{ J/g}$$

균형 잡힌 식사

건강을 유지하기 위해서는 균형 잡힌 식사를 해야 한다. 이것은 적절한 양의 영양소가 포함된 음식을 섭취하는 것을 말한다. 우리는 음식으로부터 에너지를 얻어서 걷거나 달리고 몸이 정상적으로 작동하도록 하는 데 필요한 필수적인 화학 반응을 수행한다. 사람이 필요로 하는 음식의 양은 나이, 성, 신체활동 수준, 임신 여부에 따라 다르다.

핵심 요약

- ✓ 균형 잡힌 식단은 필요한 영양소가 적절한 양으로 포함된 음식이다.
- ✓ 너무 적게 먹으면 저체중이 된다.
- ✓ 너무 많이 먹으면 비만을 유발한다.
- ✓ 필요한 음식의 양은 나이, 성, 임신 여부, 신체활동 수준에 영향을 받는다.

균형 잡힌 식단

다음 그림은 각 식품 그룹이 식단에서 차지해야 하는 비율을 나타낸다.

야채는 섬유소를 많이 포함하고 있다. 야채는 소화계를 건강하게 유지시켜 주며, 심장병과 당뇨병 같은 질병으로부터 우리를 보호해 준다.

한 끼 식사에서 섭취한 음식의 1/4 정도는 탄수화물이 풍부한 음식이어야 한다. 이러한 음식은 우리에게 에너지를 제공해 준다.

야채

빵, 시리얼, 쌀, 파스타

육류, 어류, 달걀, 유제품 및 견과류

과일

과일은 비타민, 미네랄 및 섬유소가 풍부하다.

단백질이 풍부한 음식에는 육류, 어류, 견과류 및 콩이 있다. 우리 몸은 조직을 구성하고 복구하기 위해 단백질을 필요로 한다.

체질량

너무 적은 음식을 섭취했을 때

음식을 충분히 섭취하지 않는 사람들이 있다. 음식 섭취가 필요한 양보다 적으면 몸무게가 감소하고 저체중이 된다. 저체중인 사람들은 빈약한 면역 시스템, 에너지 부족, 피로 등으로 인해 질병에서 헤어나기가 더 어려우며, 비타민과 미네랄 부족으로 고통을 받게 된다. 사람이 필요로 하는 것보다 적은 에너지를 제공하는 식단은 굶주림을 유발하며, 죽음에 이르게 할 수도 있다.

너무 많은 음식을 섭취했을 때

어떤 사람들은 너무 많은 음식을 섭취하거나 지나치게 지방 혹은 당이 많은 음식을 섭취한다. 필요한 양보다 많은 에너지를 섭취하게 되면 피부와 신체의 기관 주위에 지방층이 축적되어 몸무게가 늘어난다. 표준 이상으로 몸무게가 나가면 비만이라고 한다. 비만인 사람은 심장 질환, 뇌졸중, 제2형 당뇨병과 일부 암에 걸릴 위험성이 증가한다.

개인의 체질량 지수(BMI)는 그 사람의 체질량이 키에 대해 건강한 수준에 있는지를 나타낸다. 너무 높거나 낮으면 건강에 영향을 줄 수 있다. 오른쪽 표는 BMI 값이 무엇을 의미하는지 보여준다. 개인의 BMI는 다음 공식을 이용하여 계산할 수 있다.

$$BMI = \frac{체중(kg)}{키(m)^2}$$

예: 16세 소년의 몸무게가 65 kg이고 키가 1.8 m라면 이 소년의 BMI는 다음과 같다.

$$BMI = \frac{체중(kg)}{키(m)^2} = \frac{65}{1.8^2} = 20.1$$

BMI 표를 통해 이 소년의 몸무게가 건강한 체중 범위에 있다는 것을 알 수 있다.

체중 범위	BMI (kg/m^2)
저체중	< 18.5
건강한 체중	18.5~24.9
과체중	25~29.9
비만	30~34.9

식품 속 에너지 함량

소비자들은 식품 라벨을 보고 식품의 에너지 함량을 알 수 있다. 킬로줄(kJ)과 킬로칼로리(kcal)는 해당 제품에 얼마나 많은 에너지가 있는지 보여준다. 오른쪽 노란색, 빨간색, 녹색 라벨은 음식물의 지방, 포화지방산, 당 및 소금의 함량이 높은지, 중간쯤인지, 아니면 낮은지를 나타낸다. 많은 나라에서 이러한 색상 코드 시스템을 사용하고 있다.

에너지 924 kJ 220 kcal	지방 13 g	포화 지방산 5.9 g	당 0.8 g	소금 0.7 g
15%	19%	30%	<1%	12%

해당 식품이 성인의 권장 일일 섭취량의 몇 퍼센트를 포함하는지를 나타낸다.

빨간 라벨 식품은 가끔 먹어야 한다.

녹색 라벨 식품은 좀 더 건강한 선택지이다.

식품 검사

화학 시약을 이용하여 음식물 속의 탄수화물, 단백질, 지방의 존재를 확인할 수 있다. 시약은 존재하는 생물 분자에 따라 색상이 변한다. 음식물을 시험하기 전에 막자(절구)를 사용하여 분쇄해야 할 수도 있다. 그런 다음 증류수로 용해하여 용액을 만든다.

핵심 요약

✓ 음식물이 녹말을 포함하고 있다면 요오드 용액을 첨가했을 때 검푸른색으로 변한다.

✓ 음식물이 포도당을 포함하고 있다면 베네딕트 시약을 첨가했을 때 빨간색으로 변한다.

✓ 음식물이 단백질을 포함하고 있다면 뷰렛 시약을 첨가했을 때 자주색으로 변한다.

✓ 음식물이 지방을 포함하고 있다면 에탄올을 첨가했을 때 뿌옇게 된다.

음식물 속 녹말 검출

요오드 용액은 녹말(다당류)이 있으면 검푸른색으로 변한다.

방법

1. 요오드 용액 몇 방울을 식품 용액 속에 떨어뜨린다. 요오드 용액은 오렌지색을 띤다.

2. 혼합물을 섞는다.

3. 용액이 검푸른색으로 변한다면 녹말이 있다는 것이다.

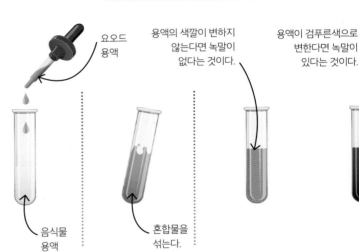

음식물 속 단당류 검출

베네틱트 시약은 단당류가 있으면 빨간색으로 변한다.

방법

1. 베네딕트 시약을 음식물 용액에 몇 방울 떨어뜨린다. 베네틱트 시약은 연한 파란색이다.

2. 혼합물을 섞고 50°C의 수조에서 가열한다.

3. 용액이 빨간색으로 변한다면 음식물이 당을 포함하고 있다는 것이다.

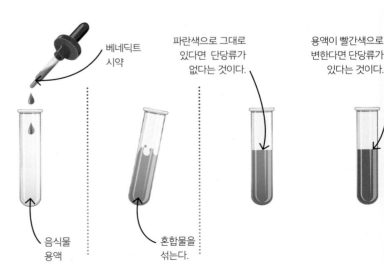

음식물 속 단백질 검출

뷰렛 시약은 단백질이 있으면 자주색으로 변한다.

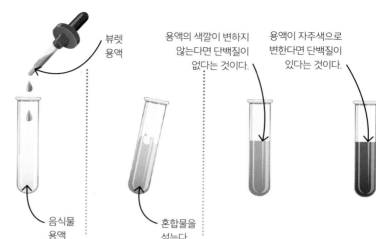

용액의 색깔이 변하지 않는다면 단백질이 없다는 것이다.

용액이 자주색으로 변한다면 단백질이 있다는 것이다.

📑 방법

1. 음식물 용액에 뷰렛 용액을 몇 방울 첨가한다. 뷰렛 용액은 수산화소듐과 황산구리의 혼합액으로 파란색이다

2. 혼합물을 섞는다.

3. 용액이 자주색으로 변한다면 단백질이 있다는 것이다.

뷰렛 용액

음식물 용액

혼합물을 섞는다.

음식물 속 지방 검출

음식물 용액에 지방이 있으면 에탄올에 의해 뿌옇게 된다.

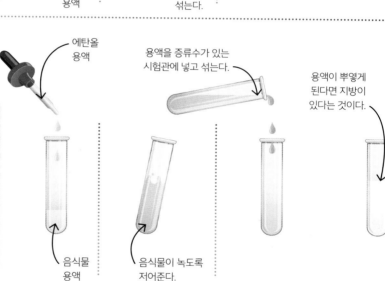

에탄올 용액

용액을 증류수가 있는 시험관에 넣고 섞는다.

용액이 뿌옇게 된다면 지방이 있다는 것이다.

📑 방법

1. 음식물 용액에 에탄올 몇 방울을 떨어뜨린다. 에탄올은 맑은 색의 용액이다.

2. 음식물이 녹도록 저어준다.

3. 증류수가 들어 있는 시험관에 용액을 넣는다.

4. 용액이 뿌옇게 된다면 지방이 있다는 것이다.

음식물 용액

음식물이 녹도록 저어준다.

🔍 영양소의 질적 및 양적 검출

다음에 소개되는 검출법은 특정 영양소의 존재를 확인하는 질적인 검사법이다. 이러한 검출법은 음식물에 영양소가 있다는 것을 알려주지만, 얼마나 들어 있는지는 알 수 없다. 영양소에 대한 양적 검출법은 음식물 시료에 있는 특정 영양소의 양을 측정하는 것이다.

1. 비타민 C는 오렌지와 같은 시큼한 과일에 있다. 비타민 C에 대한 양적 분석을 하기 위해 과일이나 비타민 C 정제약으로부터 얻은 비타민 C 용액을 이용할 수 있다.

파란색이 무색으로 변하는데, 용액의 양이 많을수록 음식물 속 비타민 C 함량이 낮아진다.

2. 음식물 속 비타민 C의 양은 파란색의 DCPIP 시약을 무색으로 변화시키는 데까지 몇 방울이 필요한지를 측정하여 확인할 수 있다.

소화계

음식물은 주로 지방과 단백질처럼 물에 녹지 않는 큰 분자들로 구성되어 있다. 음식물은 소화되어 작은 수용성 분자로 쪼개져 혈액 속으로 흡수되고 몸에서 이용될 수 있어야 한다. 이러한 과정은 소화계에서 일어난다.

소화계의 기관들

소화계는 주로 음식물을 밀어 이동시키는 근육성 관으로 되어 있다.

1. 입에서는 음식물을 씹어서 잘게 부순다. 이빨로 음식물을 더 작은 크기로 쪼개고 부순다.

2. 음식물이 침샘에서 나오는 침과 섞인다. 침은 아밀라아제와 같은 소화 효소를 포함하고 있는 소화액이다.

3. 음식물을 삼키면 근육성 관인 식도가 음식물을 위로 이동시킨다.

4. 위벽의 근육이 수축하여 음식물을 섞는다. 이 과정을 통해 더 많은 소화액 및 산성액과 섞여 음식물을 더 잘게 부순다. 산성액은 음식물과 함께 들어온 해로운 미생물을 죽이며, 위에서 작용하는 효소에 최적의 pH를 제공해 준다.

5. 소장에서는 간과 이자로부터 분비된 소화액이 첨가되고 소화가 완성된다. 소화된 작은 용해성 영양소 분자들은 소장 벽을 통해서 혈액 속으로 이동한다. 이러한 과정을 흡수라고 한다 (102쪽 참조).

간도 소화에 관여한다. 담즙은 간에서 생산되고 소장으로 분비되어 지방을 유화시킨다. 담즙은 지방 분해 효소가 지방을 좀 더 쉽게 분해하도록 한다.

6. 소화될 수 없는 음식물만 대장에 도달한다. 대장에서 물이 혈액 속으로 흡수되고, 소화되지 않은 덩어리를 대변으로 배출한다.

8. 항문은 대변이 몸 밖으로 나가는 통로인 근육성 고리이다.

7. 대변은 몸 밖으로 배출될 때까지 직장에 머문다.

🔍 연동 운동

음식물은 연동 운동에 의해 소화계를 따라 이동한다. 식도와 장벽의 근육이 수축하여 음식물을 압착시키고, 수축의 파동이 소화계를 통과하여 반소화된 음식 덩어리를 밀어낸다.

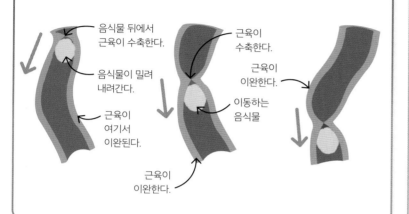

음식물 뒤에서 근육이 수축한다.

음식물이 밀려 내려간다.

근육이 여기서 이완된다.

근육이 수축한다.

근육이 이완한다.

이동하는 음식물

근육이 이완한다.

📌 핵심 요약

✓ 소화 중에 불용성의 큰 분자들은 작은 용해성 분자로 쪼개진다.

✓ 음식물 분자들은 입, 위 그리고 소장에서 쪼개진다.

✓ 용해성 음식물은 소장에서 혈액 속으로 흡수된다.

✓ 물은 대장에서 혈액으로 흡수된다.

✓ 소화되지 않은 음식물은 항문을 통해 몸 밖으로 배출된다.

🔍 물리적 소화

소화에는 물리적 소화(기계적 소화)와 화학적 소화(100-101쪽 참조) 두 유형이 있다. 물리적 소화는 음식물을 씹고 부수는 것과 같은 물리적인 과정을 통해 좀 더 작은 크기로 쪼개는 것으로, 주로 입에서 일어난다. 여기에는 위에서 음식물을 섞는 것과 지방의 큰 덩어리를 분해하는 담즙(101쪽 참조)의 작용도 포함된다.

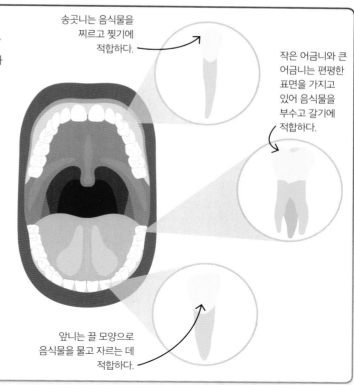

송곳니는 음식물을 찌르고 찢기에 적합하다.

작은 어금니와 큰 어금니는 편평한 표면을 가지고 있어 음식물을 부수고 갈기에 적합하다.

앞니는 끌 모양으로 음식물을 물고 자르는 데 적합하다.

이빨

입에서는 음식물을 씹어 좀 더 잘게 부순다. 쪼개진 음식물은 침과 섞인 후 목구멍으로 넘어가고, 식도를 따라 아래로 밀려 내려간다. 이빨은 네 종류가 있으며, 각 이빨은 각각 다른 역할을 수행한다.

소화 효소

효소에 의해 화학적 소화가 일어난다. 효소는 생물학적 촉매로 작용하는 단백질이다(67쪽 참조). 소화 효소는 큰 분자량의 영양소를 체내로 흡수되는 작은 크기의 용해성 분자로 분해한다.

핵심 요약

✓ 효소에 의해 화학적 소화가 일어난다.

✓ 탄수화물 분해 효소는 탄수화물을 포도당으로 분해한다.

✓ 단백질 분해 효소는 단백질을 아미노산으로 분해한다.

✓ 지방 분해 효소는 지방을 지방산과 글리세롤로 분해한다.

효소의 작용

효소는 침샘과 같은 분비샘과 위, 이자 및 소장의 세포로부터 만들어진다. 서로 다른 종류의 효소들이 다른 그룹의 영양소를 분해한다.

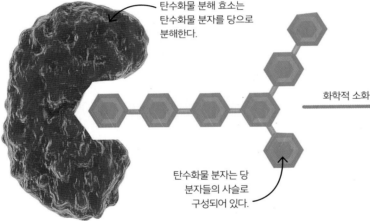

탄수화물 분해 효소는 탄수화물 분자를 당으로 분해한다.

탄수화물 분자는 당 분자들의 사슬로 구성되어 있다.

효소에 의해 탄수화물 분자가 작은 당 분자로 쪼개지면 이들은 혈액 속으로 흡수되어 체내에서 사용된다.

화학적 소화

탄수화물 분해 효소

탄수화물 소화는 입과 소장에서 일어난다. 탄수화물을 분해하는 효소를 탄수화물 분해 효소라고 한다. 탄수화물 분해 효소는 탄수화물을 단당류로 분해하며, 이들 단당류는 에너지를 생산하는 데 이용된다. 아밀라아제는 탄수화물 분해 효소의 한 종류로, 녹말을 당 분자로 분해한다.

🔍 최적의 효소 조건 유지하기

각 효소는 특정 pH에서 가장 잘 작동한다(69쪽 참조). 예를 들어 단백질 분해 효소인 펩신의 최적 pH는 2이다. 위에서 분비되는 염산은 펩신이 최대 속도로 작용할 수 있도록 해준다.

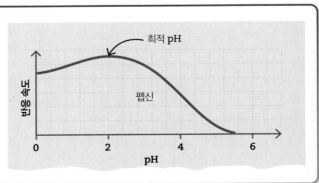

최적 pH

펩신

반응속도

pH

단백질 분해 효소

단백질 소화는 위와 소장에서 일어난다.
단백질을 분해하는 효소를 단백질 분해
효소라고 한다. 이 효소는 단백질을
아미노산으로 분해한다. 아미노산은
성장과 회복에 이용되는데, 인체에서는
약 20개의 아미노산이 사용된다.

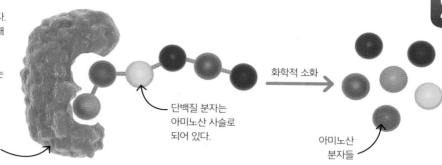

단백질 분해 효소는 단백질
분자를 아미노산으로
분해한다.

단백질 분자는
아미노산 사슬로
되어 있다.

화학적 소화

아미노산
분자들

지방 분해 효소

지방의 분해는 소장에서 일어난다. 지방은 에너지를 축적하고
절연에 사용된다. 지방을 분해하는 효소를 지방 분해 효소라고
한다. 이 효소는 지방을 지방산과 글리세롤로 분해한다.

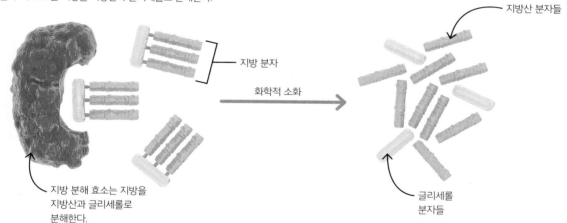

지방 분자

화학적 소화

지방산 분자들

지방 분해 효소는 지방을
지방산과 글리세롤로
분해한다.

글리세롤
분자들

🔍 지방의 분해

소장에서 효소는 알칼리성 조건에서 가장 잘
작용한다. 하지만 위로부터 음식물이 도달하면
강한 산성을 띤다. 담즙이 소장으로 분비되어
다음과 같은 두 가지 역할을 한다.

- 첫째, 알칼리성 액을 제공하여 산성 음식을
  중화한다.
- 둘째, 지방 덩어리를 유화시키는데, 이것은
  지방 덩어리를 수백의 아주 작은 방울로
  분해하여 지방 분해 효소가 작용할 좀 더
  넓은 표면적을 제공해 준다.

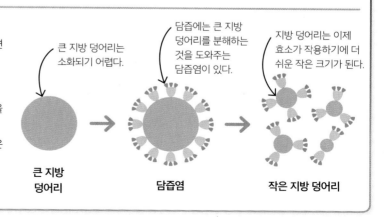

큰 지방 덩어리는
소화되기 어렵다.

담즙에는 큰 지방
덩어리를 분해하는
것을 도와주는
담즙염이 있다.

지방 덩어리는 이제
효소가 작용하기에 더
쉬운 작은 크기가 된다.

**큰 지방
덩어리**

담즙염

작은 지방 덩어리

음식의 흡수

소화를 통해 생성된 작은 영양소 분자들은 소장 벽을 통해서 혈액 속으로 이동한다. 이러한 과정을 흡수라고 한다. 그 후 이 분자들은 신체 내에서 필요한 곳으로 운반된다. 소화되지 않은 음식물이 몸 밖으로 배출되기 전에 영양소가 흡수될 수 있도록 하기 위해서 소장은 다양한 적응 형태를 가지고 있다.

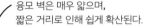

핵심 요약

✓ 영양소는 확산과 능동 수송에 의해 소장에서 혈액으로 흡수된다.

✓ 소장 내벽의 융모는 큰 표면적을 제공해 줌으로써 흡수를 용이하게 한다.

✓ 융모는 풍부한 혈액을 제공하여 확산을 극대화하며, 영양소를 혈액으로 운반한다.

소장의 구조

흡수 속도를 최대로 늘리기 위해 소장의 주름진 내벽은 그 길이가 5 m를 넘으며, 손가락 같은 융모로 덮여 있다. 이들은 소장의 표면적을 넓혀 영양소 흡수 속도를 극대화한다.

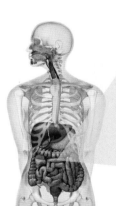

사람의 소화계

융모 벽은 매우 얇으며, 짧은 거리로 인해 쉽게 확산된다.

지방산과 글리세롤은 암죽관을 통해 흡수되며, 그 후 림프액으로 전달되어 혈관으로 들어간다.

소화된 영양소는 융모에서 확산을 통해 흡수된다.

단당류, 아미노산 및 다른 영양소들은 모세혈관으로 흡수되어 간으로 이동한다. 영양소는 확산과 능동 수송에 의해 혈액으로 흡수된다. 이들 영양소는 혈액에서 빠르게 제거됨으로써 낮은 농도로 유지되며, 이로 인해 확산이 더 빠르게 일어난다.

🔍 영양소의 흡수

소화된 영양소들이 필요로 하는 세포로 이동하는 것을 흡수라고 한다. 예를 들어 포도당은 에너지를 생산하기 위해 호흡해야 하는 세포로 확산해 간다.

간은 중요한 동화(합성) 기관이다.

● 간은 과도한 포도당을 다당류인 글리코겐으로 전환시켜 저장한다. 글리코겐은 에너지를 필요로 할 때 다시 포도당으로 전환된다.

● 간은 또한 과도한 아미노산을 탄수화물과 지방으로 전환시키며, 이때 노폐물로 요소가 만들어진다. 요소는 신장에 의해 걸러져 몸 밖으로 배출된다.

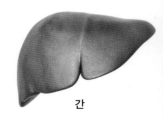

간

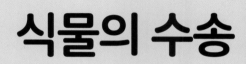

식물의 수송

수송 시스템

식물에서는 물관이라고 하는 아주 작은 관이 뿌리에서 줄기와 잎으로 물과 미네랄을 운반한다. 반면 체관은 포도당을 잎으로부터 식물의 나머지 부분으로 운반한다. 이 두 관은 세포가 연속적으로 이어진 파이프 형태로 만들어진 것으로, 이 관을 통해 액체가 운반된다.

핵심 요약

- ✓ 물과 미네랄은 물관을 통해 뿌리로부터 잎으로 운반된다.
- ✓ 체관은 용해된 당분을 식물 내에서 운반한다.
- ✓ 물관과 체관 조직은 함께 그룹을 형성하여 관다발이라고 하는 더 큰 구조가 된다.
- ✓ 증산 작용의 힘으로 물은 식물의 모든 부분으로 위를 향해 이동한다.
- ✓ 식물에서 합성된 당의 이동을 '수송'이라고 한다.

물관

물관은 죽은 세포들이 함께 연결된 것이다. 물관 세포에는 세포질이 없다. 물관은 용해된 물질과 광합성에 필요한 물을 식물의 모든 부분으로 위를 향해 운반한다. 물의 이러한 이동을 '증산 흐름'이라고 한다.

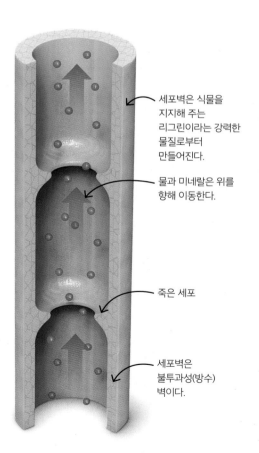

세포벽은 식물을 지지해 주는 리그린이라는 강력한 물질로부터 만들어진다.

물과 미네랄은 위를 향해 이동한다.

죽은 세포

세포벽은 불투과성(방수) 벽이다.

체관

체관은 끝벽에 작은 구멍이 있는 살아 있는 세포로 되어 있으며, 체판이라는 구조를 형성한다. 광합성에 의해 생산된 용해된 당이 세포벽을 통과하도록 해준다. 물질은 체관의 양방향으로 이동하는데, 이것을 '수송'이라고 한다.

물질이 양방향으로 흘러간다.

체판

🔍 잎, 줄기, 뿌리의 내부

물관과 체관이 모여 관다발을 형성한다. 관다발은 절단면에서 볼 수 있는 것처럼 뿌리, 줄기 및 잎 내부의 다양한 조직에서 발견된다.

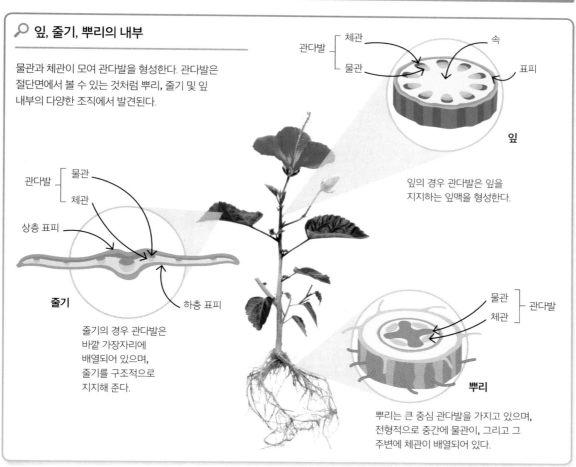

체관

속

관다발 ─┤ 물관

표피

잎

잎의 경우 관다발은 잎을 지지하는 잎맥을 형성한다.

관다발 ─┤ 물관 / 체관

상층 표피

줄기

하층 표피

줄기의 경우 관다발은 바깥 가장자리에 배열되어 있으며, 줄기를 구조적으로 지지해 준다.

물관 / 체관 ├─ 관다발

뿌리

뿌리는 큰 중심 관다발을 가지고 있으며, 전형적으로 중간에 물관이, 그리고 그 주변에 체관이 배열되어 있다.

🔍 식물을 통한 물의 이동

물관은 머리카락 한 가닥보다 더 가늘다. 셀러리를 염색약이 있는 용기에 넣어 하루 정도 놔두면 물관이 염색된 것을 볼 수 있다.

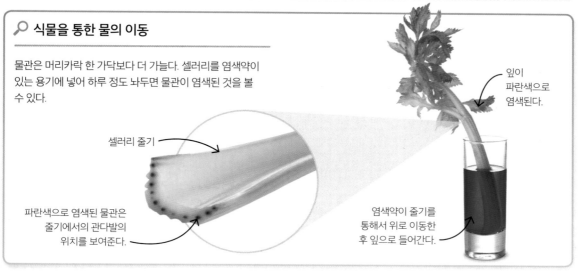

잎이 파란색으로 염색된다.

셀러리 줄기

파란색으로 염색된 물관은 줄기에서의 관다발의 위치를 보여준다.

염색약이 줄기를 통해서 위로 이동한 후 잎으로 들어간다.

증산 작용

식물은 뿌리를 통해 물을 흡수하고 증산 작용에 의해 잎에서 빠져나간다. 잎에서 물이 손실되면 식물 내로 더 많은 물을 끌어올리게 된다. 물의 증발을 통해 식물로 물을 계속 끌어올리는 것을 증산 작용이라고 한다.

물의 운반

식물이 잎을 통해 물이 빠져나가면 뿌리를 통해 보충된다. 뿌리로부터 잎으로 물이 끊임없이 흐르는 것을 '증산 흐름'이라고 한다.

핵심 요약

✓ 증산 작용은 잎에서의 증발로 동력이 생겨 물이 식물을 통해 위로 올라가는 현상이다.

✓ 식물은 잎의 기공을 열고 닫음으로써 증산 작용을 조절한다.

✓ 물은 물관을 통해 식물 내부로 이동한다.

물이 공기 중으로 증발한다.

엽육 세포는 습기가 있는 세포벽을 가지고 있다.

열린 기공

1. 기공은 물이 증발하는 잎의 아주 작은 구멍이다. 잎의 기공을 통해 이산화탄소가 들어가고, 산소는 밖으로 확산해 나간다.

2. 잎의 해면 조직 세포는 습한 필름으로 둘러싸여 있다. 이 습기가 증발하면 기공을 통해서 밖으로 나간다.

잎에서 물이 증발하면 물관을 통해 더 많은 물을 끌어올린다.

물은 줄기를 통해 올라온다.

물관

물은 삼투 현상에 의해 뿌리로 들어간다.

4. 뿌리는 흙으로 튀어나온 특수한 세포로 덮여 있다. 이들은 흙으로부터 물과 무기질을 흡수할 수 있는 넓은 표면적을 가지고 있다.

3. 물관은 줄기를 따라서 뻗어 있다. 잎에서 물이 빠져나가면 좀 더 많은 물이 물관을 통해서 올라와 엽육 세포로부터 손실된 물을 보충해 준다.

식물의 뿌리

식물의 뿌리는 흙으로부터 물과 미네랄의 흡수를 극대화하기 위해 적응되어 있다. 뿌리로부터 물을 얻는 것보다 잎에서 물의 손실이 더 크면 식물은 마르기 시작하며, 결국 죽게 된다.

📌 핵심 요약

✓ 식물의 뿌리털은 흙으로부터 물과 미네랄을 흡수하기 위해 넓은 표면적을 가지고 있다.

✓ 물은 삼투 현상에 의해 뿌리로 들어간다.

✓ 뿌리털 세포막은 능동 수송으로 미네랄을 흡수한다.

뿌리 네트워크

뿌리 표면에 있는 세포는 흙 속으로 뻗은 수백만 개의 작은 털로 덮여 있다. 이것을 통해 흙으로부터 물과 미네랄을 흡수한다. 물은 삼투 현상(52-53쪽 참조)에 의해 흡수되고, 미네랄은 능동 수송에 의해 흡수된다(56쪽).

시듦

물은 뿌리로부터 줄기와 잎으로 올라간다. 충분한 물이 없으면 식물 전체의 세포 내 액포가 쭈그러들고 식물을 세우기 위한 압력이 줄어들어 시들게 된다(53쪽 참조).

뿌리털

뿌리털은 흙 속으로 뻗어 식물이 물과 미네랄을 흡수하는 것뿐만 아니라, 식물을 땅속에 고정하는 역할도 한다.

뿌리털 세포

뿌리는 표피 세포층으로 덮여 있다. 뿌리털은 표피 세포가 길게 밖으로 돌출한 것이다. 뿌리털은 흙으로부터 물과 미네랄을 흡수하기 위해 넓은 표면적을 가지고 있다.

⚙️ 물과 미네랄은 어떻게 흡수되나?

물과 용해된 미네랄은 흙으로부터 뿌리털 세포에 의해 흡수된다. 이것들은 아주 작은 파이프 관 같은 물관에 도달할 때까지 세포에서 세포로 이동한다.

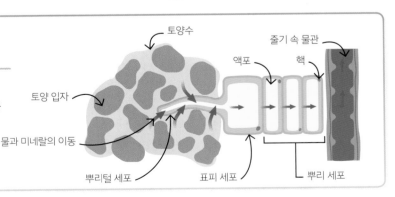

토양수 · 줄기 속 물관 · 액포 · 핵 · 토양 입자 · 물과 미네랄의 이동 · 뿌리털 세포 · 표피 세포 · 뿌리 세포

증산 작용의 속도

증산 작용의 속도, 즉 물이 얼마나 빨리 식물로부터 증발하느냐는 온도, 습도, 바람의 속도, 빛의 세기라는 네 가지 요인에 영향을 받는다.

핵심 요약

✓ 증산 작용은 물이 잎을 통해 식물에서 빠져나가는 과정이다.

✓ 밤에는 기공이 닫히기 때문에 대부분의 증산 작용은 밤보다는 낮에 일어난다.

✓ 증산 작용의 속도에 영향을 주는 요인은 온도, 습도, 바람의 속도, 빛의 세기이다.

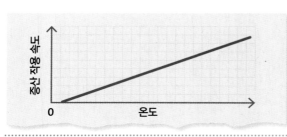

온도

온도가 올라가면 증산 작용의 속도도 증가한다. 물이 잎 세포에서 증발하여 기공을 통해 공기 중으로 빠져나가는 속도를 증가시키기 때문이다.

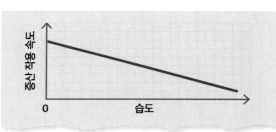

습도

습도는 공기 중의 수증기의 양이다. 습도가 낮으면 공기는 건조해지고 물이 쉽게 잎으로부터 증발하여 증산 작용의 속도가 증가한다.

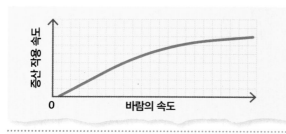

바람의 속도

바람의 속도가 증가하면 증산 작용의 속도도 증가한다. 잎 밖으로 확산하는 수증기가 바람에 의해서 빠르게 제거되기 때문이다

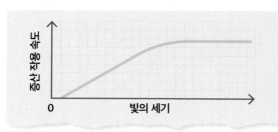

빛의 세기

빛의 세기가 강하면 광합성 속도를 증가시켜 기공이 열리도록 하여 잎 세포가 충분한 이산화탄소를 얻을 수 있다. 기공이 완전히 열리면 수증기가 더 쉽게 빠져나갈 수 있어 증산 작용의 속도를 증가시킨다. 또한 밝은 태양 빛은 잎의 온도를 높여 증산 작용의 속도를 증가시킨다.

증산 작용의 측정

흡수계를 이용하여 식물이 얼마나 빨리 물을 흡수하는지를 측정함으로써 증산 작용의 속도를 알 수 있다.

📌 **핵심 요약**

✓ 흡수계는 식물이 물을 흡수하는 속도를 측정하는 기구이다.

✓ 흡수계는 증산 작용 시 환경의 영향을 조사하기 위해서 사용할 수 있다.

흡수계는 어떻게 작동하나?

잎에서 물이 증발하면 물관을 통해 들어온 물로 보충된다. 식물에 유입된 물의 일부는 광합성에 사용되므로 모든 물이 증발되는 것은 아니다.

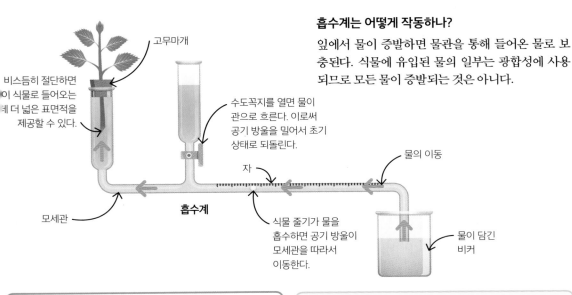

고무마개

비스듬히 절단하면 이 식물로 들어오는 데 더 넓은 표면적을 제공할 수 있다.

수도꼭지를 열면 물이 관으로 흐른다. 이로써 공기 방울을 밀어서 초기 상태로 되돌린다.

물의 이동

자

흡수계

모세관

식물 줄기가 물을 흡수하면 공기 방울이 모세관을 따라서 이동한다.

물이 담긴 비커

⚙️ 방법

1. 공기를 배출하기 위해 흡수계를 물속에 놓는다. 식물 줄기를 고무마개에 있는 구멍에 끼워넣는다.

2. 공기 방울이 생기도록 하기 위해서 모세관으로부터 물이 담긴 비커를 제거한다. 공기 방울이 생기면 물이 담긴 비커를 다시 놓는다.

3. 공기 방울이 자의 시작점에 도착할 때까지 기다렸다 스톱워치를 이용하여 공기 방울이 설정된 거리를 이동하는 시간을 측정한다.

4. 증산 작용에 영향을 주는 환경 요인 중 하나를 변경한 후에 측정을 반복한다. 예를 들어 빛의 세기를 증가시켜 흡수계를 창문 가까이에 놓는다.

🧮 증산 작용 속도 계산하기

공기 방울이 60초 동안 30 mm 이동한다면 다음과 같이 증산 작용 속도를 계산할 수 있다.

$$\text{증산 작용 속도} = \frac{\text{공기 방울의 이동 거리(mm)}}{\text{시간(초)}}$$

공식에 숫자를 기입한다. $\dfrac{30\,mm}{60초}$

답을 구하고 단위를 붙인다.

증산 작용 속도 = 0.5 mm/초

동물의 수송

순환계

대부분의 동물은 영양소와 산소를 몸의 모든 부분으로 운반하는 수송 시스템을 가지고 있다.

핵심 요약

✓ 사람은 이중 순환계를 가지고 있어 혈액이 온몸을 한 번 순환하는 동안 심장을 두 번 통과한다.

✓ 순환계는 몸의 모든 세포에 영양소와 산소를 운반한다. 또한 이산화탄소와 같은 노폐물을 운반한다.

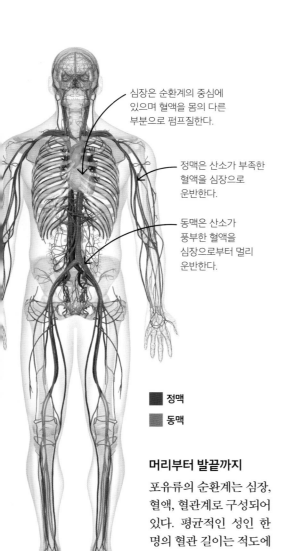

심장은 순환계의 중심에 있으며 혈액을 몸의 다른 부분으로 펌프질한다.

정맥은 산소가 부족한 혈액을 심장으로 운반한다.

동맥은 산소가 풍부한 혈액을 심장으로부터 멀리 운반한다.

■ 정맥
■ 동맥

머리부터 발끝까지

포유류의 순환계는 심장, 혈액, 혈관계로 구성되어 있다. 평균적인 성인 한 명의 혈관 길이는 적도에서 지구 둘레의 2배이다.

순환계의 형태

이중 순환계

사람과 다른 포유류는 이중 순환계를 가지고 있다. 이것은 혈액이 온몸을 한 번 순환하는 동안 심장을 두 번 통과한다는 것이다.

폐

첫 번째 순환

심장은 산소가 부족한 혈액을 폐로 펌프질한다. 혈액은 폐에서 산소를 얻어 심장으로 되돌아간다.

심장

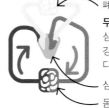

폐

두 번째 순환

심장은 산소가 풍부한 혈액을 좀 더 강한 압력으로 펌프질하여 몸의 다른 부분으로 보낸다.

심장

몸의 다른 부분

단일 순환계

어류와 같은 동물은 단일 순환계를 가지고 있다. 산소가 부족한 혈액이 심장을 거쳐 아가미로 이동한 후 산소를 얻는다.

아가미 모세혈관

심장

신체 모세혈관

■ 산소가 부족한 혈액
■ 산소가 풍부한 혈액

혈관

혈액은 동맥, 정맥 그리고 모세혈관이라는 세 종류의 혈관을 따라 흐른다. 이들은 관 구조의 복잡한 네트워크를 형성하여 영양소와 산소를 온몸의 세포로 전달한다.

핵심 요약

✓ 3개의 주요 혈관은 동맥, 정맥 그리고 모세혈관이다.
✓ 동맥은 혈액을 심장 밖으로 운반한다.
✓ 정맥은 혈액을 심장으로 운반한다.
✓ 모세혈관은 동맥과 정맥을 연결한다.

수송 시스템

혈액은 동맥을 통해 심장 밖으로 나가며, 정맥을 따라 심장으로 되돌아온다. 이러한 혈관들은 아주 작은 모세혈관으로 연결되어 몸의 구석구석으로 혈액을 전달한다.

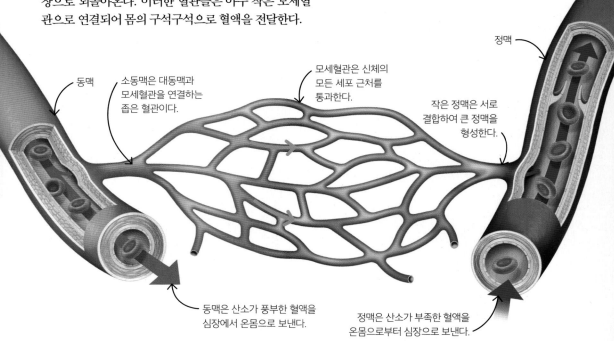

정맥

동맥

소동맥은 대동맥과 모세혈관을 연결하는 좁은 혈관이다.

모세혈관은 신체의 모든 세포 근처를 통과한다.

작은 정맥은 서로 결합하여 큰 정맥을 형성한다.

동맥은 산소가 풍부한 혈액을 심장에서 온몸으로 보낸다.

정맥은 산소가 부족한 혈액을 온몸으로부터 심장으로 보낸다.

🔢 혈류 속도 계산하기

혈액은 통과하는 혈관에 따라 다른 속도로 흐른다.

$$혈류\ 속도 = \frac{혈액의\ 부피}{시간(분)}$$

예: 3분 동안 1,866 ml의 혈액이 동맥을 통과할 때 혈류 속도는 다음과 같다.

$$혈류\ 속도 = \frac{1,866\ ml}{3분}$$
$$= 622\ ml/분$$

혈관의 구조

혈관은 기능에 따라 크기와 구조가 다양하다. 동맥과 정맥은 3개의 주요 층으로 되어 있으며, 모세혈관은 한 층의 세포로 된 벽으로 되어 있다.

핵심 요약

✓ 동맥은 높은 혈압을 견딜 수 있도록 두꺼운 근육층과 탄력적인 벽을 가지고 있다.

✓ 정맥은 혈액이 역류하지 않도록 판막을 가지고 있다.

✓ 모세혈관은 얇은 벽을 가지고 있어 물질이 혈액과 세포 사이를 쉽게 오갈 수 있다.

동맥

심장이 수축할 때 혈액을 매우 높은 압력으로 동맥을 통해 밀어낸다. 동맥은 이러한 압력을 견딜 수 있을 만큼 강해야 한다. 동맥은 두꺼운 근육층과 탄력성이 있는 층으로 되어 있어 혈액이 좁은 열린 구멍을 통과할 때 늘어나도록 되어 있다.

정맥

정맥은 혈액을 낮은 압력으로 심장으로 되돌아가게 하기 때문에 혈관 벽이 동맥처럼 두껍고 탄력적이지 않다. 혈액이 쉽게 심장으로 돌아가기 위해서는 정맥의 혈관 통로가 넓어야 한다. 정맥은 또한 판막을 이용하여 혈액이 한 방향으로 흐르게 한다.

모세혈관

모세혈관은 아주 좁은 혈관으로, 이 좁은 통로를 통해 신체의 모든 세포로 물질을 운반한다. 혈액이 이러한 모세혈관으로 들어가면 혈류 속도가 느려져 영양소, 산소 및 노폐물과 같은 물질들이 투과성 있는 얇은 벽을 통해 확산해 들어갈 수 있도록 한다.

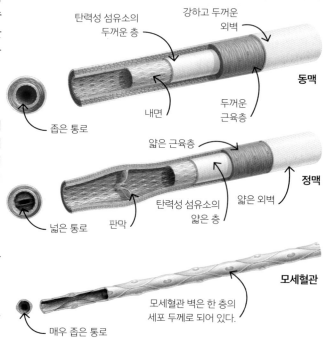

탄력성 섬유소의 두꺼운 층
강하고 두꺼운 외벽
동맥
내면
두꺼운 근육층
좁은 통로

얇은 근육층
정맥
탄력성 섬유소의 얇은 층
얇은 외벽
판막
넓은 통로

모세혈관
모세혈관 벽은 한 층의 세포 두께로 되어 있다.
매우 좁은 통로

⚙ 판막은 어떻게 작동하나?

정맥은 열리고 닫히는 덮개 같은 판막 구조를 가지고 있어 혈액이 한 방향으로 흐르도록 한다. 정맥은 혈액이 판막에 압력을 가할 때 열리며, 혈액이 역으로 흐를 때 닫힌다. 또한 정맥 주변 근육의 수축 작용이 혈액이 계속해서 앞으로 이동하도록 해준다. 오른쪽 그림은 종아리 정맥의 판막을 보여준다.

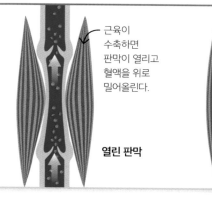

근육이 수축하면 판막이 열리고 혈액을 위로 밀어올린다.

근육이 이완하면 판막이 닫혀 혈액이 되돌아오는 것을 막는다.

열린 판막

닫힌 판막

혈액

혈액은 산소와 영양소를 공급하여 신체가 지속적으로 작동하도록 한다. 혈액은 수조 개의 세포와 혈장이라고 불리는 노르스름한 액체 내에서 떠다니는 무수한 물질로 구성된다.

혈액의 구성

혈장은 혈액의 대부분을 차지하며, 이 외에 세 종류의 혈구 세포인 적혈구, 백혈구, 혈소판이 있다.

핵심 요약

✓ 혈액의 네 가지 성분은 적혈구, 백혈구, 혈소판, 혈장이다.

✓ 적혈구는 헤모글로빈을 이용하여 산소를 운반한다.

✓ 백혈구(림프구와 식세포)는 병원체에 대항하여 방어 작용을 한다.

✓ 혈소판은 혈액을 응고시킨다.

✓ 혈장은 용해된 물질을 운반한다.

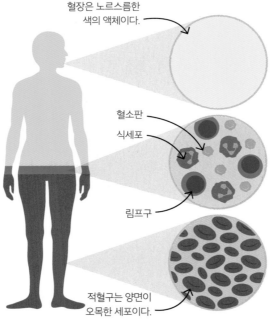

혈장은 노르스름한 색의 액체이다.

혈장
적혈구, 백혈구 및 혈소판은 주로 물 성분인 혈장 속에 떠 있다. 혈장 속에는 영양소, 노폐물(이산화탄소와 요소), 호르몬과 항체가 녹아 있으며, 이 물질들은 몸의 모든 세포로 전달된다.

혈소판
식세포

백혈구와 혈소판
주요 백혈구 세포로 림프구와 식세포(264–265쪽 참조)가 있다. 림프구는 병원체를 공격하는 항체를 생산하여 분비하며, 식세포는 병원체를 잡아먹어 파괴한다. 백혈구 세포는 핵을 가지고 있다. 혈소판은 핵이 없는 아주 작은 세포 조각으로, 함께 뭉쳐 혈액을 응고시킨다.

림프구

적혈구
적혈구 세포는 작고 유연한 원반 형태로 혈관을 통과한다. 적혈구는 양면이 오목하게 들어가 있는 형태이며, 핵이 없고 산소를 운반하는 헤모글로빈으로 차 있다.

적혈구는 양면이 오목한 세포이다.

🔍 산소의 운반

세포가 에너지를 방출하는 호흡을 하기 위해서는 산소가 필요하다. 적혈구 세포는 헤모글로빈 분자로 폐에서 산소를 얻어 몸의 모든 세포로 전달한다.

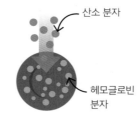

산소 분자

헤모글로빈 분자

1. 폐에서 산소가 혈액 속으로 확산해 들어간다. 산소는 헤모글로빈에 붙어 산화 헤모글로빈이 된다.

산화 헤모글로빈 분자

2. 산화 헤모글로빈 분자들이 몸 세포로 전달된다.

산소가 방출된다.

3. 모세혈관에서 산화 헤모글로빈이 산소와 헤모글로빈으로 나누어져 산소를 방출하면 몸의 세포가 산소를 흡수한다.

심장

사람의 심장은 혈액을 온몸으로 펌프질한다. 오른쪽 부분은
혈액을 폐로 펌프질하여 산소를 얻으며, 왼쪽 부분은 혈액을
펌프질하여 온몸으로 보낸다.

심장의 구조

심장은 위쪽에 2개의 작은 크기의 심방이 있고, 아래
쪽에는 2개의 심실이 있다. 심장의 내부 및 외부로 혈
액을 운반하는 네 종류의 주요 혈관은 대정맥, 대동맥,
폐동맥, 폐정맥이다. 심장 내부에 있는 판막은 혈액이
한 방향으로 흐르도록 해준다.

> **핵심 요약**
>
> ✓ 심장은 좌우 심방과 좌우 심실의 4개
>   공간으로 나누어져 있다.
> ✓ 심방은 혈액을 폐와 온몸으로부터 받는다.
> ✓ 심실은 혈액을 펌프질하여 심장 밖으로
>   보낸다.

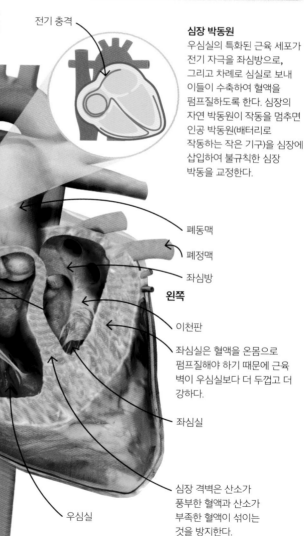

전기 충격

심장 박동원
우심실의 특화된 근육 세포가
전기 자극을 좌심방으로,
그리고 차례로 심실로 보내
이들이 수축하여 혈액을
펌프질하도록 한다. 심장의
자연 박동원이 작동을 멈추면
인공 박동원(배터리로
작동하는 작은 기구)을 심장에
삽입하여 불규칙한 심장
박동을 교정한다.

대정맥

대동맥

우심방

오른쪽

반월판

삼천판

폐동맥

폐정맥

좌심방

왼쪽

이천판

좌심실은 혈액을 온몸으로
펌프질해야 하기 때문에 근육
벽이 우심실보다 더 두껍고 더
강하다.

좌심실

심장 격벽은 산소가
풍부한 혈액과 산소가
부족한 혈액이 섞이는
것을 방지한다.

관상동맥

우심실

관상동맥
관상동맥은 심장 근육에 산소와
영양소를 공급한다. 관상동맥이 막히면
심장은 산소 공급이 차단되어 심장
마비를 일으킬 수 있다.

심장은 어떻게 작동하나?

모든 심장 박동은 1초보다도 더 짧은 주기를 가지고 있으며, 각 단계는 매우 정밀하게 조절된다. 각 주기 동안에 산소가 부족한 혈액은 심장의 오른쪽에서 폐로 밀어내고, 산소가 풍부한 혈액은 심장의 왼쪽을 통해서 온몸으로 밀어낸다.

조절된 심장 박동 단계

심장 박동은 심장에서 발생한 전기 자극에 의해 조절된다. 각 심장 박동은 세 단계로 구성된다. 근육이 수축할 때 각 실과 방은 좀 더 작아지며 혈액을 밀어낸다. 각 실과 방이 이완되면 다시 혈액으로 찬다.

> **핵심 요약**
>
> ✓ 심방이 수축하여 혈액을 심실로 보낸다.
> ✓ 심실이 수축하여 혈액을 심장 밖의 동맥으로 밀어낸다.
> ✓ 우심실은 산소가 부족한 혈액을 폐동맥을 통해 폐로 내보낸다.
> ✓ 좌심실은 산소가 풍부한 혈액을 대동맥을 통해 온몸으로 보낸다.

■ 산소가 부족한 혈액
■ 산소가 풍부한 혈액

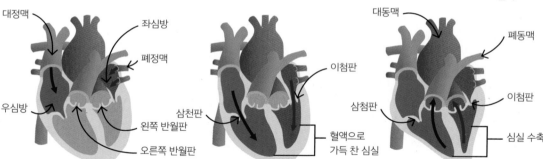
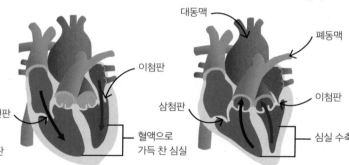

1. 심장 근육이 이완되면 심방은 대정맥과 폐정맥으로부터 오는 혈액으로 찬다. 반월판이 닫혀 혈액이 심실로 역류하는 것을 막는다.

2. 심방이 수축할 때 혈액은 삼첨판과 이첨판을 통해 심실로 밀려 내려간다.

3. 심실이 수축하면 반월판이 열리고 혈액이 폐동맥과 대동맥을 통해 심장 밖으로 내보내진다. 동시에 이첨판과 삼첨판이 닫힌다.

대정맥 / 좌심방 / 폐정맥 / 우심방 / 삼천판 / 왼쪽 반월판 / 오른쪽 반월판 / 이첨판 / 삼첨판 / 혈액으로 가득 찬 심실 / 대동맥 / 폐동맥 / 이첨판 / 심실 수축

🔢 심박출량 계산하기

심박출량은 좌심방에 의해 1분 동안 방출되는 혈액의 총 양이다. 심장 박동률(맥박과 같음)은 심장이 1분 동안 박동(bpm)하는 횟수이다. 다음 공식을 이용하여 심박출량을 계산할 수 있다.

> **심박출량 = 심장 박동수 × 1회 박출량**

예: 1분 동안 심장 박동수가 55 bpm이고, 이때 한 번 박동에 60 cm³의 혈액을 펌프질한다면, 심박출량은 다음과 같다.

$$심박출량 = 심장\ 박동수 \times 1회\ 박출량$$
$$= 55 \times 60$$
$$= 3,300\ cm^3/분$$

심장 박동수(심박수)

심장 박동수는 심장이 분당 몇 번 박동하는지를 나타내는 측정치이다. 휴식 상태의 심박수는 보통 분당 60~100(bpm)이다. 심박수는 나이, 성 및 건강 상태에 영향을 받는다.

맥박

심장의 근육이 매번 혈액을 펌프질하기 위해 수축할 때마다 혈액의 파동이 동맥을 따라 전파된다. 이러한 파동은 손목과 같이 동맥이 피부 표면 가까운 부위에서 특히 느낄 수 있다.

핵심 요약

- ✓ 심박수는 분당 심장 박동수의 측정치이다.
- ✓ 휴식 상태의 심박수는 나이, 성 및 건강 상태에 따라 다르다.
- ✓ 심박수는 심장 박동수와 같다.
- ✓ 사람의 심박수는 손목에서 동맥의 박동수를 확인함으로써 측정할 수 있다.

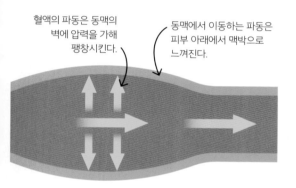

혈액의 파동은 동맥의 벽에 압력을 가해 팽창시킨다.

동맥에서 이동하는 파동은 피부 아래에서 맥박으로 느껴진다.

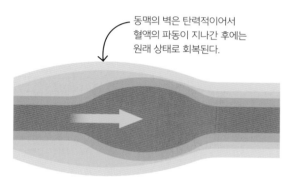

동맥의 벽은 탄력적이어서 혈액의 파동이 지나간 후에는 원래 상태로 회복된다.

⚙ 맥박수 측정

심장이 펌프질할 때마다 맥박을 느낄 수 있기 때문에 맥박수는 심박수와 같으며, 따라서 운동과 같은 요인들에 의해 영향을 받는다.

1. 맥박은 손가락 2개를 이용하여 측정할 수 있다. 검지와 중지 손가락을 손목 안쪽에 올려놓고 맥박이 느껴질 때까지 피부를 누른다.

2. 30초 동안 느껴지는 맥박수를 센다. 이 숫자에 2를 곱하여 분당 심장 박동수를 계산한다. 적어도 3회 반복하여 평균값을 계산한다.

🔍 심장 소리

정상적인 심장 박동은 '두-근' 하는 소리를 만들어낸다. 이 소리는 혈액의 역류를 막기 위해 심장 판막이 닫히면서 발생한다. '두'는 심실에서 심방으로 혈액이 역류하는 것을 막기 위해 삼첨판과 이첨판이 닫힐 때 나는 소리이고, '근'은 반월판이 닫힐 때 나는 소리이다.

청진기를 이용하여 심장의 박동을 들을 수 있다.

심장 박동수의 변화

운동을 하여 근육이 좀 더 활동을 할 경우 심장 박동수가 증가한다. 심장이 아드레날린이라고 하는 호르몬에 의해 자극을 받을 때도 심장 박동수가 증가한다. 아드레날린은 흥분하거나, 화가 나거나, 두려워할 때 혈류로 분비된다.

심장 박동수와 운동
격렬한 운동 중에는 심장이 빠르게 박동한다. 이로 인해 체내로 운반되는 혈액의 양이 증가하고, 세포에 도달하는 시간도 빨라진다. 다음 그래프는 걷기와 달리기를 섞어서 할 때 사람의 심장 박동수가 어떻게 변하는지를 보여준다.

핵심 요약

- ✓ 심장 박동수는 운동 강도에 따라 증가한다.
- ✓ 심장이 빠르게 박동하면 산소가 더 많은 혈액을 근육으로 보낸다.
- ✓ 흥분하거나, 화가 나거나, 두려워할 때 아드레날린은 심장 박동수를 더 빠르게 증가시킨다.

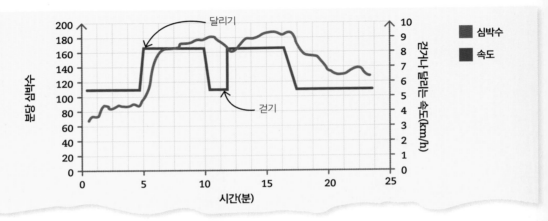

⚙ 운동에 따른 심박수 변화 측정

운동을 격하게 하면 심박수도 더 빨라진다. 규칙적으로 운동을 하는 사람은 건강이 더 좋아지고, 안정 시 심박수가 좀 더 낮아지는 경향이 있다. 또한 이들의 심박수는 운동 후에 좀 더 빠르게 안정 시 심박수로 돌아온다. 심박수가 운동과 함께 어떻게 변화하는지 알기 위해 맥박을 측정함으로써 확인할 수 있다. 손목 안쪽에서 맥박수를 측정한다(117쪽 참조).

1. 적어도 5분 동안 편안하게 앉아 있는다. 그런 다음 30초 동안 맥박수를 측정한다.

2. 2분 정도 걷거나 점프하는 등 약간 가벼운 운동을 한다. 그 후에 맥박수를 측정한다.

3. 휴식 후에 2분 동안 좀 더 강도 높은 운동을 한다. 그 후에 맥박수를 측정한다.

4. 측정한 맥박수를 2배 곱하여 분당 심박수를 구한다. 표에 결과를 기록한다. 심박수는 다양한 값을 보여준다.

분당 맥박수(회)	
앉아 있기	70
걷기	85
뛰기	105

림프계

림프계는 체내에서 림프라고 하는 액체를 운반하는 혈관망
이다. 림프절이라는 조직 덩어리가 림프계 곳곳에 흩어져 있
다. 림프절은 림프구를 포함하고 있으며, 이 세포들이 병원
체와 싸운다.

핵심 요약

✓ 림프계에 의해 운반되는 액체를 림프라고
한다.

✓ 림프계는 림프를 혈액으로 되돌려 준다.

✓ 림프에는 림프구가 포함되어 있다.

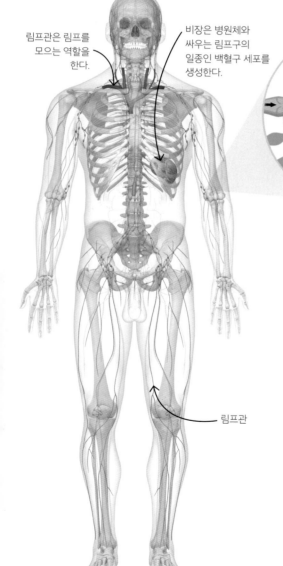

림프관은 림프를
모으는 역할을
한다.

비장은 병원체와
싸우는 림프구의
일종인 백혈구 세포를
생성한다.

새로운 백혈구 세포는
림프절에서 만들어진다.
이러한 세포는 병을 유발하는
병원체로부터 우리 몸을
방어한다.

림프액

림프관

림프의 이동

체내에서 림프를 이동시키
는 펌프질은 없다. 대신에 림
프관은 액체가 한 방향으로 흘러
가게 하는 판막을 가지고 있다. 림프관
주변(예: 다리)의 근육이 수축할 때 림프관을
밀어 림프액이 이동한다.

⚙ 림프관

모든 신체 세포는 조직과 모세혈관으로부터 흘러나오는
액체로 둘러싸여 있다. 림프계는 이러한 액체를 모아서 혈류로
되돌려 준다. 림프가 림프계를 따라서 이동할 때 림프절에
의해서 걸러지고, 림프절에서는 병원체를 스크린하여
발견되면 이를 공격한다.

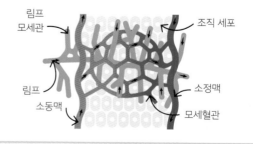

림프
모세관

조직 세포

림프

소정맥

소동맥

모세혈관

폐

호흡계에 속하는 폐는 가스 교환에서 중요한 역할을 한다. 숨을 들이마시면 공기로부터 산소가 혈액 속으로 들어오고, 숨을 내뱉으면 노폐물인 이산화탄소가 혈액 밖으로 빠져나간다.

핵심 요약

✓ 공기는 대부분 코로 들어가서 기관, 기관지, 기관세지를 거쳐 폐포에 도달한다.

✓ 가스 교환은 폐포에서 일어난다.

✓ 가스 교환 표면은 산소가 혈액으로 들어가고 이산화탄소가 혈액에서 빠져나가는 영역이다.

호흡계

흡입된 공기는 기관으로 들어가고, 기관은 기관지라고 하는 2개의 관으로 나누어진다. 2개의 스펀지 같은 폐 내부에서 이 기관지는 좀 더 작은 기관세지로 나누어진다.

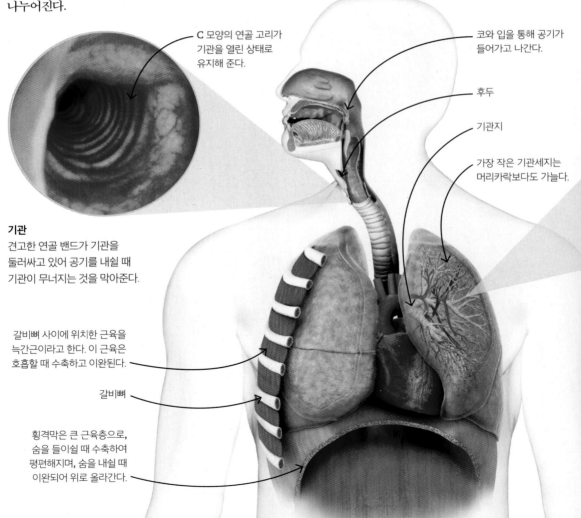

C 모양의 연골 고리가 기관을 열린 상태로 유지해 준다.

코와 입을 통해 공기가 들어가고 나간다.

후두

기관지

가장 작은 기관세지는 머리카락보다도 가늘다.

기관

견고한 연골 밴드가 기관을 둘러싸고 있어 공기를 내쉴 때 기관이 무너지는 것을 막아준다.

갈비뼈 사이에 위치한 근육을 늑간근이라고 한다. 이 근육은 호흡할 때 수축하고 이완된다.

갈비뼈

횡격막은 큰 근육층으로, 숨을 들이쉴 때 수축하여 평편해지며, 숨을 내쉴 때 이완되어 위로 올라간다.

가스 교환

모든 생명체는 혈액으로 가스가 들어오고 나가는 폐와 같은 가스 교환 표면을 가지고 있다. 각 기관세지의 끝에는 아주 작은 공기주머니인 폐포가 있어 가스 교환이 일어난다. 산소가 폐포로부터 혈액으로 들어가고, 이산화탄소는 혈액에서 폐로 나간다. 산소와 이산화탄소는 확산에 의해 이동한다(51쪽 참조).

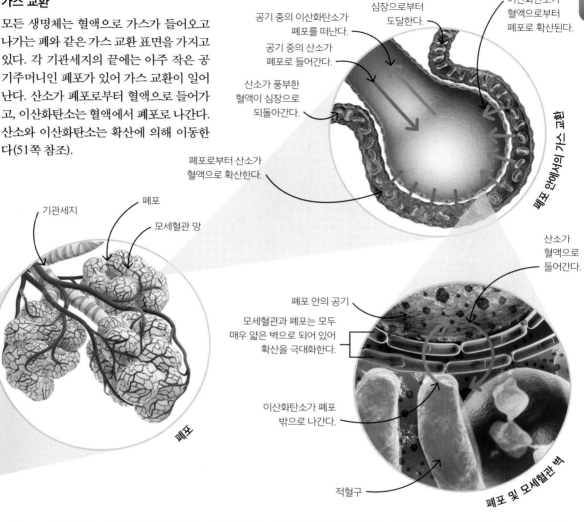

공기 중의 이산화탄소가 폐포를 떠난다.

산소가 부족한 혈액이 심장으로부터 도달한다.

이산화탄소가 혈액으로부터 폐포로 확산된다.

공기 중의 산소가 폐포로 들어간다.

산소가 풍부한 혈액이 심장으로 되돌아간다.

폐포로부터 산소가 혈액으로 확산한다.

폐포 안에서의 가스 교환

기관세지

폐포

모세혈관 망

폐포

산소가 혈액으로 들어간다.

폐포 안의 공기

모세혈관과 폐포는 모두 매우 얇은 벽으로 되어 있어 확산을 극대화한다.

이산화탄소가 폐포 밖으로 나간다.

적혈구

폐포 및 모세혈관 벽

🔍 물고기에서의 가스 교환

물고기에서 가스 교환 표면은 아가미이다. 아가미는 많은 아가미 필라멘트로 구성되어 있는데, 이 구조는 확산을 통한 가스 교환 표면적을 증가시킨다. 이는 사람의 폐에서 수많은 폐포가 가스 교환을 증가시키는 것과 같다.

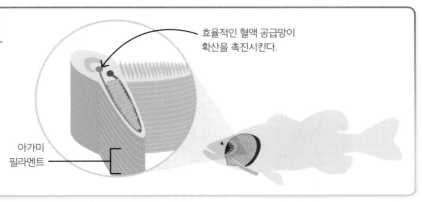

효율적인 혈액 공급망이 확산을 촉진시킨다.

아가미 필라멘트

호흡

숨을 들이쉬면 산소가 풍부한 공기가 폐로 들어가 혈액으로 산소가 공급된다. 숨을 내쉬면 공기는 산소가 부족하지만 혈액으로부터 방출된 더 많은 이산화탄소(노폐물)가 포함되어 있다.

들숨과 날숨

호흡은 흉강의 부피를 증가 및 감소시키기 위해 일련의 근육이 함께 작용함으로써 조절된다. 이들은 차례로 공기를 폐 안으로 들어오게 하고, 또 나가게 한다.

📌 **핵심 요약**

- ✓ 공기를 마시는 것을 들숨이라고 한다.
- ✓ 갈비뼈, 늑간근 및 횡경막이 호흡을 조절한다.
- ✓ 공기는 압력과 부피의 차이로 인해 폐로 들어가고 폐 밖으로 나간다.
- ✓ 끈적한 점액이 먼지와 입자들을 잡아준다.
- ✓ 공기 통로 벽에 있는 섬모 세포가 먼지와 점액에 잡힌 미생물을 제거한다.

들숨

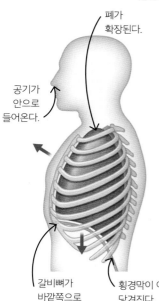

폐가 확장된다.

공기가 안으로 들어온다.

갈비뼈가 바깥쪽으로 움직인다.

횡격막이 아래쪽으로 당겨진다.

1. 갈비뼈 사이의 바깥쪽 근육이 수축한다. 이로써 갈비뼈가 위쪽을 향해 올라가고 바깥쪽으로 이동한다.

2. 동시에 횡격막의 근육이 수축한다. 이로써 반구형 모양의 횡격막이 아래로 당겨지면 편평해진다.

3. 흉강의 부피가 증가하면 흉강 내부의 압력을 폐 밖의 압력 아래로 떨어뜨린다. 공기가 폐 안으로 들어온다.

날숨

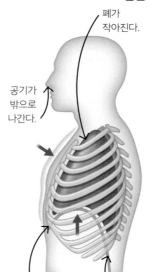

폐가 작아진다.

공기가 밖으로 나간다.

갈비뼈가 안쪽으로 움직인다.

횡격막이 위로 올라가 반구형이 된다.

1. 갈비뼈 사이의 안쪽 근육이 수축하여 갈비뼈가 아래로 움직인다.

2. 횡격막 근육이 이완되어 되돌아간다.

3. 흉강의 부피가 감소한다. 이것이 흉강 내부의 압력이 폐 밖의 압력보다 높아지게 한다. 공기가 폐 밖으로 나간다.

🔍 섬모 및 점액

공기를 들이마시면 코털이 먼지 입자와 미생물을 붙잡는다. 기관과 기관지 내벽에는 미세한 털과 같은 섬모 세포와 점액을 분비하는 세포가 있다. 이들이 함께 작용하여 먼지 입자와 미생물이 폐로 들어가는 것을 방지한다.

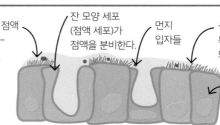

점액 / 잔 모양 세포(점액 세포)가 점액을 분비한다. / 먼지 입자들 / 섬모가 점액을 목구멍까지 되돌려 보낸다. / 섬모로 된 세포

운동이 호흡에 미치는 영향

운동을 하는 동안에는 더 빠르고 깊게 호흡을 한다. 이렇게 하면 더 많은 산소가 체내로 흡수되고, 더 많은 이산화탄소가 제거된다. 추가적인 산소는 근육 세포에서 호흡량 증가에 대응하는 데 사용된다.

호흡의 깊이와 속도 변화

휴식 상태에서 폐의 안팎으로 이동하는 공기의 부피는 약 $500\,cm^3$이다. 다음 그래프는 운동 중 공기의 부피가 어떻게 변하는지 보여준다. 운동 중에는 들이쉬고 내쉬는 공기의 부피(호흡의 깊이)가 증가하며, 호흡 속도 또한 증가한다. 분당 더 많은 숨을 쉬게 되면 호흡은 더 빨라진다.

📌 핵심 요약

- ✓ 운동을 하는 동안 호흡 속도와 깊이가 증가한다.
- ✓ 수축하는 근육 세포가 더 빠르게 호흡하기 위해서는 추가적인 산소가 필요하다.
- ✓ 호흡 속도는 분당 호흡의 수를 세어 측정할 수 있다.

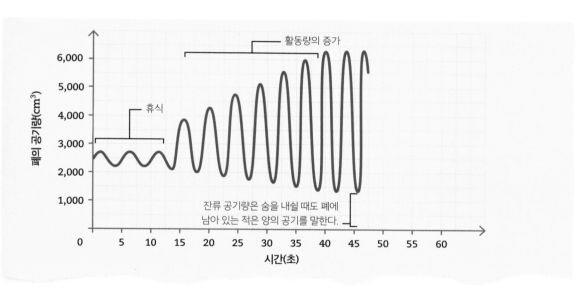

🔍 호흡 속도 측정

사람의 호흡 속도는 분당 호흡의 수를 세어 측정할 수 있다. 건강한 성인의 휴식기 분당 호흡 수는 12~18 정도이다.

1. 휴식 중일 때 분당 호흡 수를 센다. 3회 반복해서 평균 호흡 속도를 측정한다.

2. 1분 동안 연습한 후 다시 호흡 속도를 측정한다. 운동을 더 열심히 할수록 호흡 속도가 빨라지는 것을 알 수 있다.

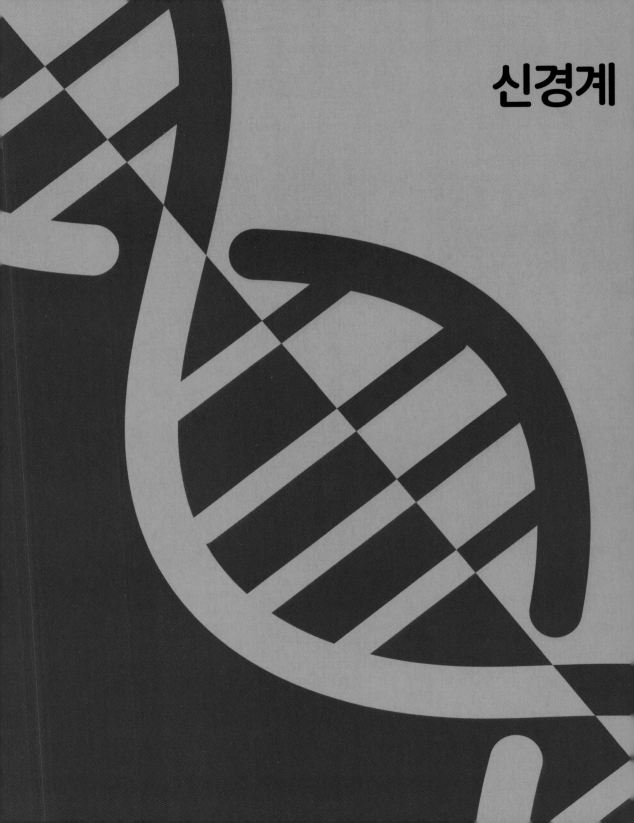
신경계

자극과 반응

생물이 생존하기 위해서는 변화하는 환경에 반응해야 한다. 예를 들어 동물은 포식자로부터 도망을 가거나 먹이를 찾아야 한다. 생물체에 반응을 유발하는 변화를 자극이라고 한다.

핵심 요약

✓ 자극이란 생물이 감지하고 반응하는 모든 변화를 말한다.

✓ 수용기는 자극을 감지하는 감각 기관의 세포이다.

✓ 효과기는 자극에 반응하는 근육이나 분비샘과 같은 몸의 부분이다.

✓ 신경계, 호르몬 혹은 두 시스템을 통해 수용기가 효과기로 신호를 보낸다.

1. 올빼미와 같은 포식자의 존재는 쥐에게 강력한 자극이 된다.

2. 쥐는 눈의 수용기를 이용하여 빛과 같은 자극을 감지한다. 수용기는 뇌에 신호를 보내 눈에서 어떻게 반응해야 하는지 결정한다.

3. 쥐의 뇌가 다리와 같은 신체의 효과기로 신호를 보내면 효과기가 반응을 한다. 쥐는 도망가거나 숨는 등 반응을 한다.

🔍 수용기와 효과기

동물이 자극을 감지하는 데 이용되는 주요 수용기는 감각 기관이다. 쥐의 경우 수용기로는 눈, 귀, 수염, 코, 입이 있다. 효과기는 쥐가 도망가기 위해서 이용하는 근육뿐만 아니라 신체 내부의 분비샘도 해당한다. 예를 들어 포식자가 나타나면 쥐의 부신이 아드레날린이라는 호르문을 분비하여 쥐가 갑작스런 공격에 대응할 준비를 하도록 한다.

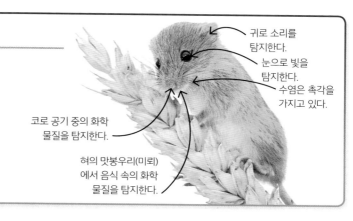

귀로 소리를 탐지한다.

눈으로 빛을 탐지한다.

수염은 촉각을 가지고 있다.

코로 공기 중의 화학 물질을 탐지한다.

혀의 맛봉우리(미뢰)에서 음식 속의 화학 물질을 탐지한다.

신경계

동물의 신경계는 환경에서의 변화를 탐지하여 빠르게
반응하도록 해준다. 신경계는 신경 세포로 구성되어 있
으며, 전기 자극을 매우 빠른 속도로 몸으로 운반한다.

핵심 요약

✓ 감각 기관에는 특정 자극에 반응하는 수용기라고
하는 신경 세포가 있다.

✓ 중추신경계에는 뇌와 척수가 있으며, 신경계의
컨트롤 센터 역할을 한다.

✓ 신경은 중추신경과 몸의 나머지 부분 사이에
전기적인 자극을 운반한다.

⚙ 신경계는 어떻게 작동하나?

인간의 눈에서 빛을 감지하는 세포와 같은 감각
신경이 주변 환경의 변화를 감지한다. 그런 다음
뇌나 척수로 전기 신호를 보내 중추신경계(CNS)를
형성한다. 중추신경계는 신경계의 컨트롤 센터로,
정보를 분석해서 어떻게 반응해야 할지를 결정한다.
그 후 운동 신경을 통해 전기적 신호를 근육과 같은
효과기로 보낸다.

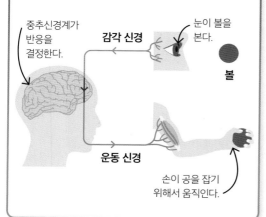

중추신경계가 반응을 결정한다.

감각 신경

눈이 볼을 본다.

볼

운동 신경

손이 공을 잡기 위해서 움직인다.

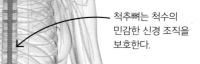

뇌는 인간의 신경계에서 가장 큰 기관이다.

신경은 전기 신호를 몸의 모든 부분으로 운반하는 커다란 신경 다발이다.

척추뼈는 척수의 민감한 신경 조직을 보호한다.

뇌는 척수를 통해 말초신경계로 연결된다.

■ 중추신경계(CNS)
■ 말초신경계

인간의 신경계

인간의 신경계는 2개의 주요 부분으로 되어 있다. 중추신경계는 뇌와 척수로 되어 있고, 말초신경계는 중추신경계 밖의 모든 신경으로 구성되어 있다.

신경 세포

신경계를 구성하는 세포를 뉴런 혹은 신경 세포라고 한다. 이들은 정보를 감각 기관에서 중추신경계로, 그리고 중추신경계로부터 근육과 분비샘으로 운반한다. 정보는 신경 자극이라고 하는 전기적인 신호로 전달된다.

핵심 요약

✓ 신경 세포가 운반하는 전기적인 정보를 신경 신호 혹은 신경 자극이라고 한다.

✓ 주요한 세 가지 신경 세포로 감각 신경, 운동 신경, 연계 신경이 있다.

축삭은 신경 자극을 핵이 있는 세포체로부터 먼 쪽으로 운반한다.

수상돌기는 들어오는 신경 자극을 세포체로 운반한다.

미엘린 수초는 축삭의 일부분을 감싸 절연시킴으로써 전기 신호가 빠르게 이동하도록 해준다.

세포체

핵

뇌세포

인간의 뇌는 천억 개의 신경 세포로 구성되어 있으며, 각각은 많은 다른 신경에 연결되어 있다.

시냅스는 신경 세포 사이의 연결점이다.

🔍 **신경 세포의 형태**

신경 세포는 1 m보다 길 수 있다. 신경 세포에는 세 가지 유형이 있으며, 각각은 신경계의 다른 부분에서 발견된다.

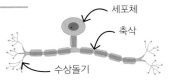

세포체

축삭

수상돌기

감각 신경은 빛과 같은 자극을 탐지하여 전기적인 신호를 CNS로 보낸다.

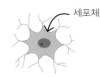

세포체

연계 신경은 감각 신경으로부터의 신호를 운동 신경으로 전달한다.

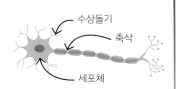

수상돌기

축삭

세포체

운동 신경은 감각 신경으로부터의 신호를 효과기 기관으로 운반한다.

시냅스

신경은 시냅스라고 하는 연결점에서 서로 연결된다. 신경 자극은 이웃하는 신경 세포 사이에 매우 작은 틈이 있어 직접 시냅스를 통과할 수 없다. 대신에 신경 전달 물질이라는 화학 물질을 통해 신호가 시냅스를 통과한다.

핵심 요약

✓ 신경 세포는 시냅스라는 연결점을 통해 연결된다.

✓ 전기 신호가 시냅스에 도달하면 이 신호는 신경 전달 물질이라는 화학 물질의 방출을 자극한다.

✓ 신경 전달 물질은 신호를 받는 신경 세포의 수용기에 붙어 새로운 신경 자극을 유도한다.

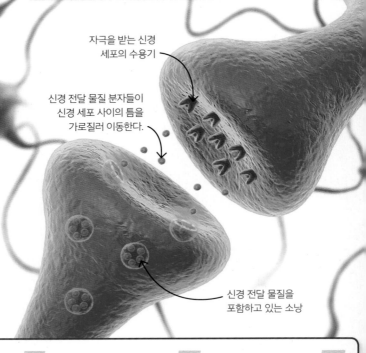

자극을 받는 신경 세포의 수용기

신경 전달 물질 분자들이 신경 세포 사이의 틈을 가로질러 이동한다.

신경 전달 물질을 포함하고 있는 소낭

만나는 지점

시냅스는 두 신경 세포의 연결점이다. 신경 자극은 신경 전달 물질이라는 화학 물질의 방출을 유도하며, 이 물질은 시냅스를 통해 이동하여 신호를 받는 신경 세포에 새로운 전기 자극을 유발한다. 이로 인해 전기 신호가 계속해서 신경계를 따라 이동한다.

🔍 신경 전달 물질

신경 전달 물질은 신경 세포의 진행 방향 끝에서만 만들어지므로 신경 자극은 시냅스를 가로질러 한 방향으로만 통과한다. 신경계에 영향을 주는 약물은 신경 전달 물질과 수용기를 방해함으로써 작용한다.

전기 신호는 틈을 가로질러 갈 수 없다.

1. 전기 자극은 신경 세포의 말단에 도달할 때까지 신경 세포를 따라서 이동한다.

신경 전달 물질은 틈을 가로질러 간다.

2. 신경 신호가 소낭으로부터 신경 전달 물질의 방출을 자극한다. 이 신경 전달 물질은 이웃하는 신경 세포 사이의 좁은 틈을 따라 확산된다.

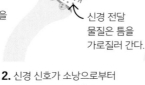

신호가 계속해서 이동한다.

수용기

3. 신경 전달 물질은 다음 세포의 수용기에 붙어 새로운 전기 신호를 유발한다.

반사궁

우리는 손이 통증을 일으키는 물체에 닿으면 생각할 틈도 없이 즉시 손을 뗀다. 이것을 반사 작용이라고 한다. 반사 작용은 반응 시간을 줄이기 위해 뇌를 우회하여 체내의 지름길을 지나가는 신경 신호에 의해 조절된다. 이러한 회로를 반사궁이라고 한다.

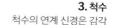

핵심 요약

✓ 반사 작용에서는 보통 뇌가 관여하지 않는다.
✓ 반사궁은 반사 작용을 유발하는 신경 신호에 의해 일어나는 회로이다.
✓ 척수가 많은 반사 작용을 조절한다.

통증 반사

회피 반사는 가장 빠른 반사 반응 중 하나이다. 회피 반사는 통증을 유발하는 것이나 매우 특이하거나 기대하지 않았던 감각을 느끼면 재빠르게 영향을 받은 신체 부위를 떼는 것이다.

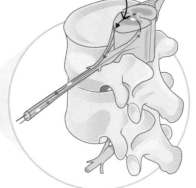

3. 척수
척수의 연계 신경은 감각 신경으로부터 자극을 받아서 이 자극을 운동 신경으로 전달한다.

2. 수용기
피부에 있는 수용기 세포가 자극을 감지한다. 이 수용기 세포는 자극이 감각 신경을 따라서 척수로 이동하도록 해준다.

1. 자극
선인장의 가시가 피부를 찌른다. 이것을 자극이라고 한다.

4. 효과기
운동 신경이 신경 자극을 팔의 근육 (효과기)으로 보내면 근육이 수축하여 통증을 유발하는 것으로부터 손을 뗀다.

🔍 반사 작용

반사 작용은 신경 신호를 뇌로 보낼 필요가 없기 때문에 보통의 자발적인 반응보다도 더 빠르다. 자극에 대해서 몸이 반응한 후에야 자극을 느낄 수 있다. 많은 반사 작용은 해로운 것으로부터 자신을 보호하기 위해 일어난다.

투쟁 또는 도피 반응은 독사와 같은 위험한 자극에 대한 반응이다. 심장 박동이 빨라지고 호흡이 가빠져서 위험으로부터 도망치게 한다.

눈깜빡임 반사 작용은 빠르게 이동하는 물체가 얼굴로 다가오면 눈꺼풀을 단단하게 닫는 것이다. 이 반사 작용은 눈에 상처가 나지 않도록 보호해 준다.

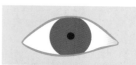

동공은 밝은 빛에서는 자동적으로 수축하고, 어둠 속에서는 다시 커진다. 이러한 반사 작용은 눈의 내부에 있는 빛에 민감한 세포가 손상되는 것으로부터 보호해 준다.

반응 시간 측정

반응 시간은 사람이 자극에 반응하는 데 걸리는 시간을 말한다.
자와 간단한 수학을 이용하여 반응 시간을 측정할 수 있다.

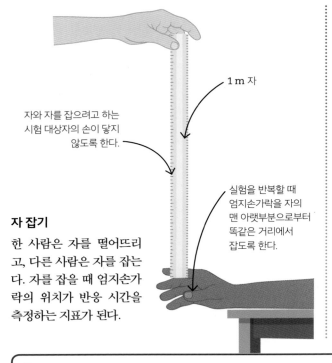

1 m 자

자와 자를 잡으려고 하는
시험 대상자의 손이 닿지
않도록 한다.

실험을 반복할 때
엄지손가락을 자의
맨 아랫부분으로부터
똑같은 거리에서
잡도록 한다.

자 잡기

한 사람은 자를 떨어뜨리
고, 다른 사람은 자를 잡는
다. 자를 잡을 때 엄지손가
락의 위치가 반응 시간을
측정하는 지표가 된다.

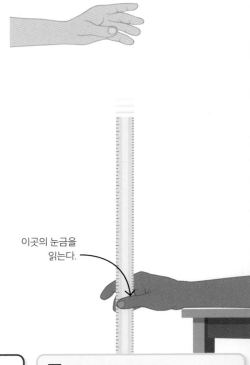

이곳의 눈금을
읽는다.

⚙ 방법

1. 실험 대상자는 똑바로 앉아서 테이블 위 편평한 표면에 팔을 올려놓는다.

2. 1 m 자를 잡고 자의 숫자 0이 실험자의 엄지와 검지 사이에 오도록 한다.
이때 실험 대상자의 손이 자에 닿지 않도록 한다.

3. 실험 대상자에게 자가 떨어질 때 자를 잡을 준비를 하도록 한다.
단, 자가 떨어질 것이라는 어떤 힌트도 주지 않는다.

4. 시간을 달리하여 자를 놓는다.

5. 실험 대상자의 엄지손가락 위치의 숫자를 읽고 기록한다.

6. 이 실험을 활용하여 다른 사람들의 반응 시간을 비교하거나, 한 사람의
다양한 시간대별 반응 시간을 비교할 수 있다.

🖩 반응 시간 계산하기

다음 공식을 이용하여 센티미터로 떨어진
거리(d)를 초 단위의 반응 시간(t)으로
전환시킨다.

$$t = \sqrt{\frac{d}{500}}$$

좀 더 정확한 결과를 얻기 위하여 실험을 여러
번 반복한다. 매 실험으로부터 얻은 거리 값을
더한 후 총 실험 횟수로 나누어 평균 거리를
구한다.

뇌

인간의 뇌는 복잡한 회로로 연결된 천억 개의 뉴런으로 되어 있다. 뇌는 의식적인 사고, 기억, 언어 및 감정을 포함하는 정신적인 과정을 조절한다. 또한 뇌는 몸의 근육 운동뿐만 아니라 호흡과 같은 무의식적인 과정을 조절한다.

뇌의 영역

뇌는 여러 영역으로 구성되어 있으며, 각각은 특정한 기능을 수행한다. 뇌의 외부 표면에 있는 주름은 뇌의 표면적을 증가시켜 신경 세포에 더 많은 공간을 제공하며, 뇌의 정보 처리 능력을 증가시킨다.

📌 **핵심 요약**

✓ 뇌는 척수와 함께 중추신경계를 구성한다.

✓ 뇌는 언어와 기억 같은 많은 복잡한 과정을 조절한다.

✓ 뇌의 각 부분은 각기 다른 기능을 수행한다.

🔍 **좌우 반구의 뇌**

위에서 보면 대뇌는 거울상처럼 보이는 2개의 반구로 되어 있다. 일부 기능은 하나의 반구에 의해서만 조절된다. 예를 들어 우반구는 신체 왼쪽에 있는 근육을 조절한다. 하지만 대부분의 기능에 대해서는 두 반구가 함께 작용한다. 한쪽이 손상이 되면 다른 반구가 종종 상실된 조직의 역할을 대신 수행한다.

시상 하부는 체온, 수분 균형 및 일부 호르몬의 분비를 조절한다.

뇌하수체는 성장과 같은 여러 신체 기능에 영향을 주는 호르몬을 저장하고 분비한다.

대뇌는 뇌의 주름진 겉부분을 말한다. 대뇌는 학습과 기억과 같은 복잡한 과정에 중요한 역할을 한다.

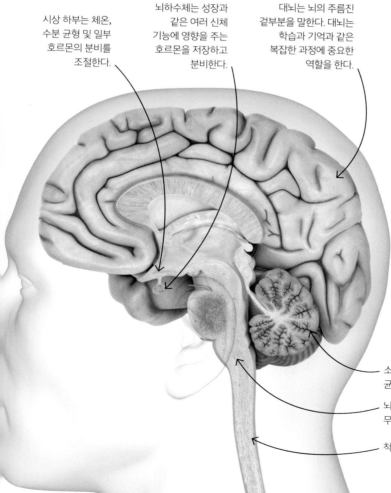

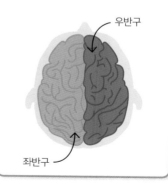

우반구

좌반구

소뇌는 근육을 조정하여 신체의 움직임과 균형을 조절한다.

뇌간은 심장 박동과 호흡 속도 같은 무의식적인 활동을 조절한다.

척수와 뇌는 중추신경계를 구성한다.

뇌에 대한 연구

뇌는 인체에서 가장 복잡한 기관이다. 뇌를 연구하는 과학자들은 기억과 같은 특정 기능을 담당하는 뇌의 영역을 찾고자 노력해 왔다. 하지만 많은 정신적인 기능은 뇌의 여러 영역이 함께 작용하는 것으로 알려져 있다.

fMRI 뇌 스캔

인간 뇌의 기능적인 자기공명영상(fMRI) 스캔은 말을 할 때의 작은 활동 영역을 보여준다. 뇌 스캐너는 과학자들이 말하기와 같은 복잡한 정신 기능에 뇌의 각 부위가 어떻게 기여하는지 조사할 수 있도록 해준다. 또한 뇌졸중, 뇌종양 혹은 다른 뇌 질환에 의해 생긴 뇌 손상을 탐지하는 데도 뇌 스캐너를 사용할 수 있다.

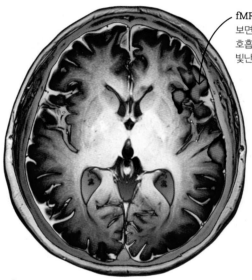

fMRI 스캔 사진을 보면 뇌에서 활발하게 호흡하는 영역이 밝게 빛난다.

핵심 요약

✓ 과거에 뇌를 연구하는 과학자들은 뇌에 손상을 입은 사람들을 연구하는 데 의존하였다.

✓ 오늘날 뇌 스캐너는 정신적인 작업을 수행하는 동안 건강한 뇌의 어떤 영역이 활성화되는지를 밝혀낼 수 있다.

✓ 많은 정신 기능은 뇌의 여러 영역이 함께 작용하여 발휘된다.

🔎 뇌 기능 연구

과학자들은 뇌의 기능을 탐구하기 위하여 다양한 방법을 이용한다. 각 방법에는 장단점이 있다.

뇌 손상

과거에 뇌 과학자들은 질병이나 부상으로 뇌에 손상을 입은 환자를 찾아 뇌 손상이 기억과 같은 정신 기능에 어떠한 영향을 주는지 알아보는 방법으로 연구를 하였다.

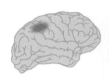

뇌 스캔

과학자와 의사들은 여러 종류의 스캐닝 기기를 이용하여 뇌의 영상을 찍는다. 이러한 영상은 어떤 뇌세포가 가장 활발하게 호흡을 하는지, 따라서 가장 열심히 작동하는지 보여준다.

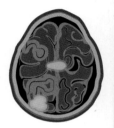

전극

과학자들은 전극을 이용하여 뇌의 표면을 자극하는 방법으로 뇌의 어느 부분이 근육을 조절하는지 규명할 수 있었다. 하지만 이 기술은 뇌 수술 중에만 사용 가능하다.

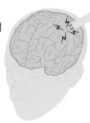

뇌파

뇌파(EEG) 기기는 전 뇌에 걸쳐 퍼지는 전기 활동의 약한 파동을 감지한다. 과학자들은 뇌파를 이용하여 수면 중 꿈꾸는 동안 뇌에서 어떤 일이 일어나는지 연구한다.

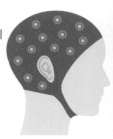

신경계 손상

신경계가 손상되면 기억 손실에서부터 감각을 하지 못하는 것까지 많은 문제들이 발생한다. 일부 신경은 손상된 후에 다시 성장하지만, 중추신경계에 대한 손상은 종종 영구적인 손상으로 남는다.

핵심 요약

✓ 감각 신경이 손상되면 감각을 잃는다.
✓ 운동 신경이 손상되면 움직일 수 없게 된다.
✓ 중추신경계는 손상된 후에 재생되지 않는다.

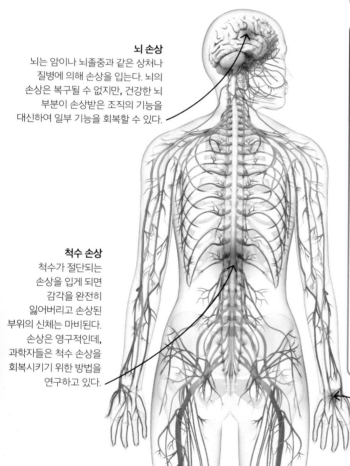

뇌 손상
뇌는 암이나 뇌졸중과 같은 상처나 질병에 의해 손상을 입는다. 뇌의 손상은 복구될 수 없지만, 건강한 뇌 부분이 손상받은 조직의 기능을 대신하여 일부 기능을 회복할 수 있다.

척수 손상
척수가 절단되는 손상을 입게 되면 감각을 완전히 잃어버리고 손상된 부위의 신체는 마비된다. 손상은 영구적인데, 과학자들은 척수 손상을 회복시키기 위한 방법을 연구하고 있다.

감마 나이프 수술

뇌종양은 뇌에서 성장하는 암이다. 뇌종양은 주변의 건강한 조직에 손상을 주지 않고 외과적으로 제거하는 것이 어렵다. 뇌종양을 치료하기 위한 하나의 방법은 감마 나이프를 이용하는 것이다. 환자가 기기에 누워 서로 다른 각도에서 약 200개의 감마선을 종양에 집중 조사한다. 이 감마선 양은 종양에 치명적이지만 주변의 다른 뇌 조직에는 해를 끼치지 않는다.

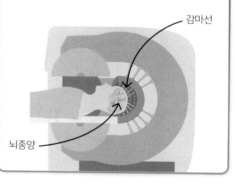

감마선

뇌종양

말초신경계 손상
운동 신경이 손상되면 신경에 붙어 있는 근육을 움직일 수 없으며, 반면에 감각 신경이 손상되면 감각이 상실된다.

신경계

신경계의 어떤 부분은 질병이나 상처에 의해 손상받을 수 있다. 중추신경계에 대한 손상은 말초신경계의 손상보다 더 큰 장애를 초래한다.

눈

사람의 눈은 카메라와 매우 비슷하게 작동한다. 눈은 곡면의 투명한 렌즈를 이용하여 포획한 빛을 뒤쪽 표면에 있는 빛 감지 필름인 망막에 초점을 맞추어 이미지를 형성한다.

핵심 요약

✓ 눈은 빛을 모아서 상을 만든다.

✓ 눈에 있는 빛을 감각하는 수용기 세포가 빛에 반응하면 신경 자극이 뇌로 보내진다.

✓ 한 세트의 근육은 얼마나 많은 양의 빛이 눈으로 들어가야 하는지 조절하며, 또 다른 세트의 근육은 렌즈의 초점 능력을 조절한다.

눈의 안쪽

눈의 안쪽에 있는 대부분의 구조는 빛이 통과할 수 있도록 투명하다. 빛이 눈의 뒤쪽에 있는 망막에 도달하면 빛은 감각 세포를 자극한다. 신경 자극은 뇌로 전달되어 상이 만들어진다.

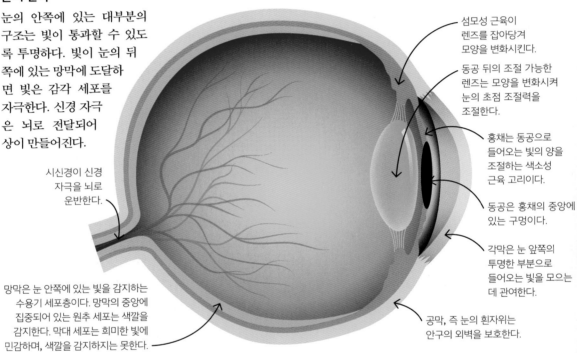

섬모성 근육이 렌즈를 잡아당겨 모양을 변화시킨다.

동공 뒤의 조절 가능한 렌즈는 모양을 변화시켜 눈의 초점 조절력을 조절한다.

홍채는 동공으로 들어오는 빛의 양을 조절하는 색소성 근육 고리이다.

동공은 홍채의 중앙에 있는 구멍이다.

각막은 눈 앞쪽의 투명한 부분으로 들어오는 빛을 모으는 데 관여한다.

시신경이 신경 자극을 뇌로 운반한다.

망막은 눈 안쪽에 있는 빛을 감지하는 수용기 세포층이다. 망막의 중앙에 집중되어 있는 원추 세포는 색깔을 감지한다. 막대 세포는 희미한 빛에 민감하며, 색깔을 감지하지는 못한다.

공막, 즉 눈의 흰자위는 안구의 외벽을 보호한다.

홍채 반사

홍채는 근섬유 고리로 원형과 방사형 두 가지 패턴으로 배치되어 있다. 원형 근섬유가 수축하면 동공이 수축해 좀 더 적은 빛이 눈으로 들어오고, 방사형 근섬유가 수축하면 동공이 넓어져 더 많은 빛이 눈으로 들어온다. 동공의 크기는 눈으로 들어오는 빛의 양에 따라 자동적으로 변한다.

수축된 원형 근섬유

수축된 방사형 근섬유

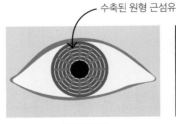

수축된 동공

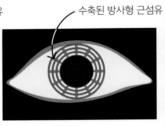

확장된 동공

시각

눈은 상을 맺기 위해서 물체로부터 발산하는 빛을 굴절시켜 망막의 한 점에 수렴시킨다. 이것을 초점 조절이라고 한다. 초점 조절의 대부분은 각막에 의해 이루어진다. 미세한 조절은 보는 물체가 가까이 있는지, 멀리 있는지에 따라 조절성 렌즈에 의해 이루어진다.

핵심 요약

✓ 각막과 렌즈는 빛이 망막으로 집중되도록 한다.

✓ 섬모성 근육이 수축하고 이완하여 렌즈의 모양과 초점 조절력을 변화시킨다.

✓ 렌즈는 가까운 물체에 초점을 맞추기 위해 더 두꺼워지고, 먼 물체에 초점을 맞추기 위해 더 얇아진다.

망막에 상 맺기

빛은 각막과 렌즈를 통과할 때 굴절한다. 광선은 눈의 내부에서 교차하며, 물체의 명확하면서도 뒤집힌 모습을 망막에 투영한다. 시신경이 이 정보를 뇌로 운반하면 뇌는 상을 똑바로 뒤집는다.

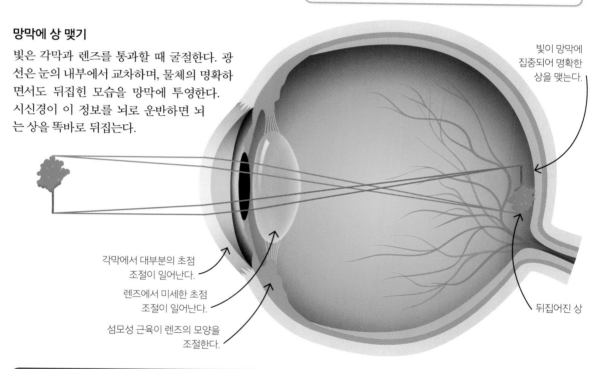

빛이 망막에 집중되어 명확한 상을 맺는다.

각막에서 대부분의 초점 조절이 일어난다.

렌즈에서 미세한 초점 조절이 일어난다.

섬모성 근육이 렌즈의 모양을 조절한다.

뒤집어진 상

🔍 가까운 물체와 먼 물체 보기

눈의 렌즈는 다른 거리에 있는 물체에 초점을 맞추기 위해 모양을 변화시켜야 한다. 렌즈 모양은 섬모성 근육에 의해 조절된다. 이 근육이 수축하면 렌즈는 두꺼워져 가까이 있는 물체에 초점을 맞추고, 근육이 이완되면 렌즈가 얇아져 먼 거리에 있는 물체에 초점을 맞춘다.

두꺼운 렌즈

망막에 초점이 맞춰진 빛

가까운 물체 보기

얇은 렌즈

망막에 초점이 맞춰진 빛

먼 물체 보기

근시

근시라고 하는 시력 결함을 가지고 있으면 먼 거리의 물체가 흐리게 보인다. 안구가 너무 길거나 렌즈나 각막이 과도하게 굽어져 빛을 너무 강하게 집중시키면 근시가 생길 수 있다.

📌 **핵심 요약**

✓ 근시에서는 먼 거리의 물체가 흐리게 보인다.

✓ 근시에서는 빛이 망막의 앞에서 초점을 맞춘다.

✓ 오목 렌즈(안쪽으로 휘어짐)로 근시를 교정할 수 있다.

근시 교정

근시에서는 빛이 망막에 도달하기 전에 초점을 맞춘다. 오목 렌즈로 빛이 눈에 들어오기 전에 발산하도록 하여 근시를 교정한다.

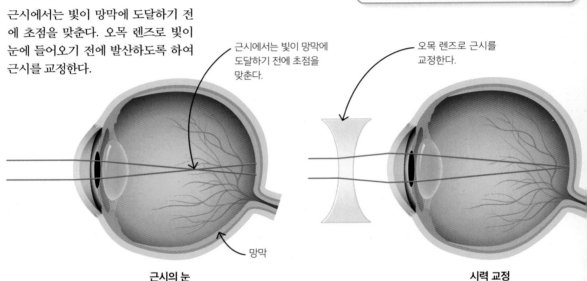

근시에서는 빛이 망막에 도달하기 전에 초점을 맞춘다.

오목 렌즈로 근시를 교정한다.

망막

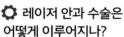

근시의 눈

시력 교정

⚙️ **레이저 안과 수술은 어떻게 이루어지나?**

근시, 원시 및 난시와 같은 시력 결함은 레이저 안과 수술을 통해서 교정할 수 있다. 근시를 교정하는 가장 일반적인 기술 중 하나는 각막의 모양을 재조정해 덜 굽어지도록 함으로써 초점 조절력을 약화시키는 것이다.

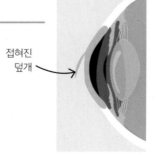

접혀진 덮개

1. 각막 앞쪽에 작은 덮개를 자르고 측면으로 접어올린다.

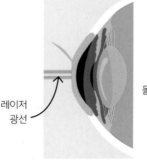

레이저 광선

2. 컴퓨터로 조절되는 레이저 광선을 쏘아 각막 조직의 일부를 태워 각막의 곡률을 줄인다.

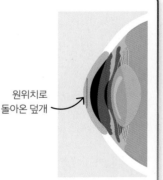

원위치로 돌아온 덮개

3. 덮개를 원위치로 되돌려 덮은 후 아물도록 한다.

원시

원시라고 하는 시력 결함을 가지고 있으면 가까이에 있는 물체가 흐리게 보인다. 안구가 너무 짧거나 렌즈 혹은 각막이 충분히 굽어지지 않아 빛이 충분히 굴절되지 못하기 때문에 생긴다. 또한 노화가 진행되면 렌즈가 뻣뻣해져 원시를 유발할 수 있다.

> ### 핵심 요약
>
> ✓ 원시에서는 가까이에 있는 물체가 흐리게 보인다.
>
> ✓ 원시에서는 빛이 망막의 뒤쪽에 초점을 맞춘다.
>
> ✓ 볼록 렌즈(바깥쪽으로 휘어짐)로 원시를 교정할 수 있다.

원시 교정

원시에서는 초점이 망막 뒤에 있어 망막의 상이 흐리게 보인다. 볼록 렌즈로 빛이 눈으로 들어오기 전에 안쪽으로 굴절시켜 시력을 교정한다.

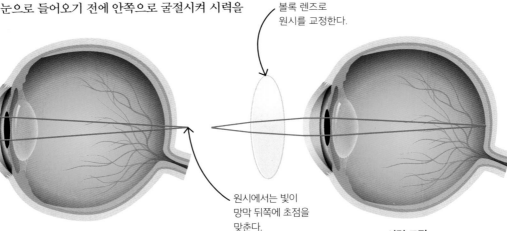

볼록 렌즈로 원시를 교정한다.

원시에서는 빛이 망막 뒤쪽에 초점을 맞춘다.

원시의 눈

시력 교정

⚙ 렌즈 삽입 수술

원시와 난시 같은 시력 결함은 눈에 렌즈를 삽입하는 수술로 교정할 수 있다. 자연 렌즈를 절개를 통해 제거하고 합성 렌즈를 그 자리에 끼워넣는다. 또 다른 방법으로 합성 렌즈를 자연 렌즈의 앞에 끼워넣는 방법이 있다.

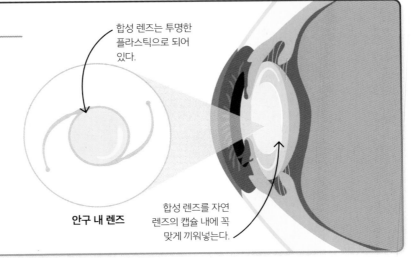

합성 렌즈는 투명한 플라스틱으로 되어 있다.

안구 내 렌즈

합성 렌즈를 자연 렌즈의 캡슐 내에 꼭 맞게 끼워넣는다.

난시

난시는 각막의 표면이나 렌즈가 고르지 못해 생기는 시력 결함이다. 이로 인해 수평면으로 이동하는 광선과 같은 일부 광선에만 초점을 맞추며, 결과적으로 상이 희미하게 보인다.

난시 교정

난시는 빛의 초점을 적절하게 집중시키지 못해 망막에 상을 제대로 맺지 못하며, 이로 인해 시야가 흐릿하게 된다. 이 문제점을 해결하기 위해 균질하지 않은 렌즈를 이용하여 한 방향의 빛을 여러 방향으로 굴절시킨다.

핵심 요약

✓ 난시에서는 렌즈의 반구형 모양의 각막이 균일하게 둥글지 않고 약간 타원형이다.

✓ 눈의 초점 조절력은 들어오는 빛의 방향에 따라 다르다.

✓ 난시에서는 어떤 거리에서 보더라도 상이 희미하게 보인다.

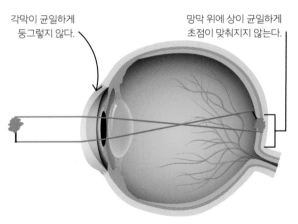

각막이 균일하게 둥글지 않다.

망막 위에 상이 균일하게 초점이 맞춰지지 않는다.

난시의 눈

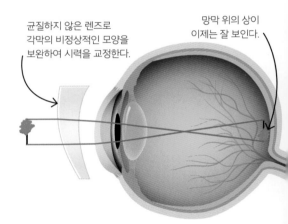

균질하지 않은 렌즈로 각막의 비정상적인 모양을 보완하여 시력을 교정한다.

망막 위의 상이 이제는 잘 보인다.

시력 교정

🔍 난시 검사

난시는 어떤 방향의 빛이 부정확하게 초점을 맞추기 때문에 생긴다. 어떤 방향이 잘못되었는지 알아보는 방법으로 태양 방사형 차트가 이용되는데, 이 차트는 자전거 바퀴의 살처럼 배열된 선들로 구성되어 있다. 난시의 경우 어떤 방향에서의 선들은 명확하게 잘 보이지만, 다른 방향에서의 선들은 희미하게 보인다.

정상적인 눈으로 보이는 선들

수직 방향에서는 희미하게 보인다.

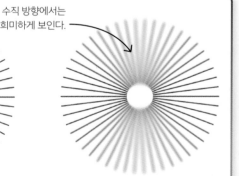

난시의 눈으로 보이는 선들

귀

소리는 귀를 통해서 전달되는 보이지 않는 파동이다. 귀는 이러한 파동을 모아서 증폭한 후 액체로 찬 내이로 전달한다. 그곳에서 감각 세포가 반응하여 신경 자극을 뇌로 보낸다.

귀 내부

귀는 눈에 보이는 외이, 중이, 그리고 내이의 세 부분으로 되어 있다. 중이와 내이의 섬세한 구조는 두개골 뼈의 빈 공간 안에 자리 잡고 있다. 소리는 중이를 통해 아주 작은 뼈의 진동으로 전달되고, 내이를 통해 액체의 진동으로 전달된다.

📌 핵심 요약

✓ 소리 파동은 귀를 통해서 이동하는 보이지 않는 진동이다.

✓ 외이는 소리 파동을 모아서 중이와 내이로 전달한다.

✓ 내이에 있는 감각 세포가 소리를 탐지하여 신경 자극을 뇌로 보낸다.

🔍 달팽이관 이식

달팽이관 이식을 통해 청력을 회복할 수 있다. 외부 마이크로폰은 소리를 인식해서 그것을 피부 아래에 이식한 수신기로 전달되는 신호로 바꾼다. 그러면 수신기는 달팽이관을 관통하는 작은 전선을 따라 전기 자극을 내보낸다. 이것이 달팽이관에 있는 감각 세포를 자극하면 이 신호가 뇌로 전달된다.

송신기
마이크로폰

외이는 소리 파동을 모아서 귓구멍으로 보낸다.

귓구멍

소리 파동이 고막을 때리면 고막이 진동한다.

중이의 뼈가 고막과 함께 진동하며 움직임을 증폭시킨다.

진동은 내이에 있는 액체로 찬 달팽이관을 통해 전달된다.

달팽이관 내부의 수용기 세포는 소리를 탐지하여 신호를 뇌로 보낸다.

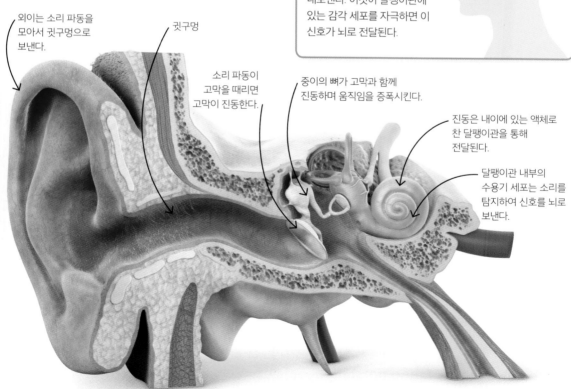

온도 조절

신경계는 체온을 37℃로 일정하게 유지한다. 이 온도에서
효소가 가장 활발하게 작용한다. 체온이 올라가거나 떨어
지면 신경계가 신호를 효과기 기관에 보내 정상적인 체온
으로 회복시킨다.

📌 핵심 요약

- ✓ 신체 내부의 환경을 일정하게 유지하는
  것을 항상성이라고 한다.
- ✓ 체온은 음성 되먹임(피드백)에 의해서
  조절된다.
- ✓ 뇌의 시상 하부가 온도를 조절한다.

피부

피부는 여러 가지 방법으로 온도의 변화에
대응한다. 피부는 체온이 상승할 때는 과
도한 열을 방출하며, 체온이 낮아질 때
는 열을 보존한다. 추운 날씨에는 몸
을 떨면서 열을 방출하는데, 이는
신체 근육이 빠르게 수
축하도록 하는 반사
에 해당한다.

체온이 낮아지면 털이
세워져 피부 근처에
공기를 가두어
보온한다. 저체온은
오한을 유발한다.

모발기립근이 털을
세우거나 눕힌다.

체온이 너무 높거나
낮으면 온도
수용기가 이를
감지하여 신경
자극을 뇌로 보낸다.

체온이 올라가면
피부의 혈관이
확장되고, 이로써 더
많은 혈액이 피부 표면
가까이에서 흘러 열이
빠져나가도록 해준다.
추운 날씨에는 혈관이
수축하여 체온이
유지되도록 한다.

땀샘은 피부
밖으로 땀을 방출한다.

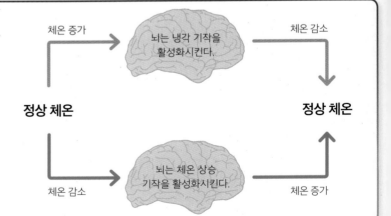

⚙ 신체의 온도 조절 장치

체온은 뇌의 시상 하부에서 감지되고
조절된다. 체온이 너무 높으면 시상
하부는 체온을 떨어뜨리는 효과기로 신경
자극을 보낸다. 체온이 너무 낮으면 시상
하부는 체온을 올리는 효과기로 신경
자극을 보낸다. 변화에 대한 반응을
뒤집어 되돌리는 것을 음성 되먹임
(피드백)이라고 한다.

체온 증가 → 뇌는 냉각 기작을 활성화시킨다. → 체온 감소

정상 체온 → → **정상 체온**

체온 감소 → 뇌는 체온 상승 기작을 활성화시킨다. → 체온 증가

호르몬

내분비계

내분비계는 신경계와 함께 작용하여 신체를 조절하고 조율한다. 내분비샘은 호르몬이라는 화학 물질을 혈액으로 분비하고, 호르몬은 혈액을 타고 표적 기관으로 이동하여 작용한다.

핵심 요약

✓ 내분비계는 몸을 조절하고 조율한다.

✓ 내분비계는 호르몬을 혈액으로 분비하는 분비샘으로 구성되어 있다.

✓ 호르몬은 표적 기관에 영향을 미친다.

✓ 호르몬은 일반적으로 신경 자극보다는 더 느리게 작용하지만, 더 넓은 지역에 더 긴 영향을 미친다.

내분비샘

내분비샘은 호르몬을 합성하여 혈액으로 분비하는 기관이다. 내분비샘은 몸의 많은 부위에서 발견되며, 함께 내분비계를 구성한다.

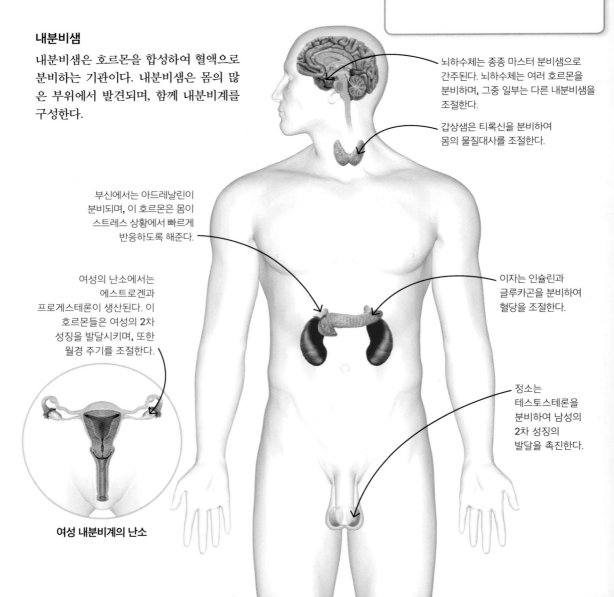

뇌하수체는 종종 마스터 분비샘으로 간주된다. 뇌하수체는 여러 호르몬을 분비하며, 그중 일부는 다른 내분비샘을 조절한다.

갑상샘은 티록신을 분비하여 몸의 물질대사를 조절한다.

부신에서는 아드레날린이 분비되며, 이 호르몬은 몸이 스트레스 상황에서 빠르게 반응하도록 해준다.

여성의 난소에서는 에스트로겐과 프로게스테론이 생산된다. 이 호르몬들은 여성의 2차 성징을 발달시키며, 또한 월경 주기를 조절한다.

이자는 인슐린과 글루카곤을 분비하여 혈당을 조절한다.

정소는 테스토스테론을 분비하여 남성의 2차 성징의 발달을 촉진한다.

여성 내분비계의 난소

항상성

항상성은 몸의 내부 환경을 일정하게 유지하는 것이다. 항상성은 효소 작용과 모든 신체 기능에 가장 적합한 조건을 제공한다. 인간의 경우 항상성은 혈당, 체온 및 물의 수준을 조절하는 것을 포함한다.

핵심 요약

✓ 항상성은 신체의 내부 환경을 일정하게 유지하는 것이다.

✓ 많은 항상성 제어 시스템에서는 음성 되먹임이 포함되어 있다.

✓ 혈당, 체온 및 물의 수준은 음성 되먹임을 통해 유지된다.

물의 수준

사람의 몸에서 물의 수준은 음성 되먹임에 의해 조절된다. 물의 수준이 너무 낮으면 몸은 물의 수준을 높이기 위해 작용한다. 항상 이러한 주기가 작동하여 물의 최적 수준을 유지한다.

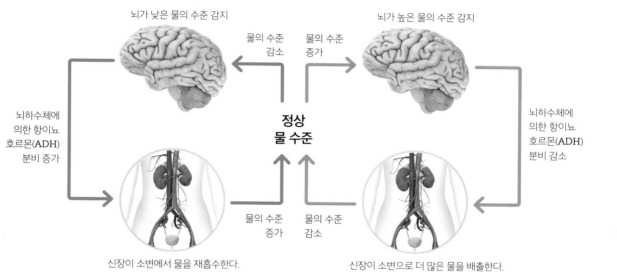

뇌가 낮은 물의 수준 감지

뇌가 높은 물의 수준 감지

물의 수준 감소

물의 수준 증가

뇌하수체에 의한 항이뇨 호르몬(ADH) 분비 증가

뇌하수체에 의한 항이뇨 호르몬(ADH) 분비 감소

정상 물 수준

물의 수준 증가

물의 수준 감소

신장이 소변에서 물을 재흡수한다.

신장이 소변으로 더 많은 물을 배출한다.

🔍 음성 되먹임 시스템

신체는 혈당, 체온 및 물의 수준을 조절하기 위하여 음성 되먹임으로 각각의 수준을 지속적으로 모니터링한다. 이들의 수준이 너무 올라가거나 떨어지면 호르몬이나 신경 자극이 이들의 수준을 정상으로 되돌려 놓는다.

혈당
인슐린과 글루카곤 호르몬은 혈액 속 포도당의 농도를 조절한다. 혈당이 너무 높으면 인슐린이 방출되어 혈당을 낮추고, 너무 낮으면 글루카곤이 방출되어 혈당을 높인다.

체온
체온이 37°C 이상 올라가면 뇌가 신경 자극을 보내 땀이 방출되도록 하고, 피부 표면으로 혈액의 흐름을 증가시킨다.

인슐린과 글루카곤

인간의 세포는 호흡하기 위해 끊임없이 포도당을 필요로 한다. 혈액 속 포도당의 농도는 이자에 의해 모니터링되고 조절된다. 이러한 기작이 없다면 식후 혈당 수준이 급격하게 올라가거나, 몇 시간 후에는 혈당 수준이 너무 낮아져 산소 호흡하는 데 어려움이 있다.

핵심 요약

- ✓ 혈당은 이자에 의해 모니터링되고 조절된다.
- ✓ 이자는 인슐린과 글루카곤을 방출한다.
- ✓ 인슐린은 혈당 수준을 떨어뜨린다.
- ✓ 글루카곤은 혈당 수준을 증가시킨다.

음성 되먹임 시스템

식사 후처럼 혈당 수치가 상승하면 이자는 인슐린을 분비한다. 이로써 신체 세포는 혈액으로부터 포도당을 흡수하고, 간은 포도당을 글루코겐으로 전환하여 저장한다. 그러면 혈당 수치가 낮아진다. 운동 후처럼 혈당 수치가 너무 낮아지면 이자는 글루카곤을 분비한다. 글루카곤은 간이 글리코겐을 다시 포도당으로 변환하게 하며, 혈당 수치를 높인다.

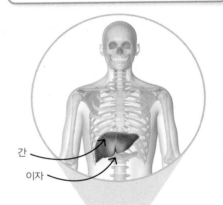

간

이자

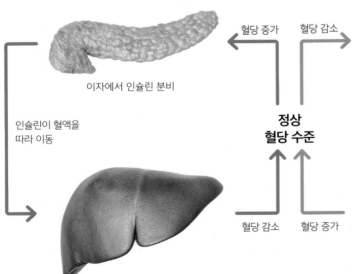

혈당 증가 　 혈당 감소

이자에서 인슐린 분비 　　　　　　　이자에서 글루카곤 분비

인슐린이 혈액을
따라 이동

**정상
혈당 수준**

글루카곤이
간으로 이동

혈당 감소 　 혈당 증가

간은 포도당을 글리코겐으로
전환시키고 신체 세포가 포도당을
흡수한다.

간은 글루코겐을 포도당으로
전환시킨다.

당뇨병

당뇨병은 신체의 혈당 조절 시스템이 적절하게 작동하지 못하는 질환이다. 혈당 수준이 매우 높아지며, 이 수준을 낮추려면 인슐린 주사를 통해 낮춰야 할 수도 있다. 당뇨병에는 제1형과 제2형 두 가지 형태가 있다.

핵심 요약

✓ 당뇨병은 비정상적으로 높은 혈당 수치를 유발한다.

✓ 제1형 당뇨병을 가지고 있는 사람은 인슐린을 합성하지 못한다.

✓ 제1형 당뇨병은 인슐린 주사를 통해 조절할 수 있다.

✓ 제2형 당뇨병에 걸린 사람의 경우 세포가 인슐린에 적절하게 반응하지 못한다.

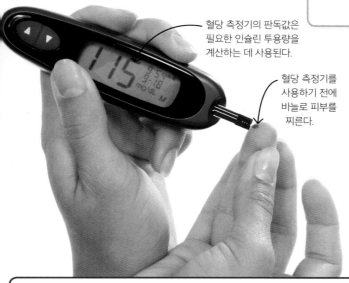

혈당 측정기의 판독값은 필요한 인슐린 투용량을 계산하는 데 사용된다.

혈당 측정기를 사용하기 전에 바늘로 피부를 찌른다.

당뇨병으로 살아가기

당뇨병 환자 중에는 하루에 4~10회 혈액 샘플을 채취하여 혈당 수치를 확인해야 하는 경우도 있다. 제1형 당뇨병은 어린 시절에 시작되며, 이자가 인슐린 생산을 멈춘다. 혈당을 건강한 수준으로 유지하기 위해서는 규칙적으로 인슐린 주사를 맞아야 한다. 제2형 당뇨병은 보통 성인에서 시작되며, 이자가 인슐린을 분비하지만 신체의 세포가 호르몬에 대한 저항성을 갖는다. 제2형 당뇨병은 몸무게를 줄이거나 식단을 조절하여 치료할 수 있다.

🔍 포도당 수준

오른쪽 그래프는 당뇨병 환자 (빨간색)와 정상인(녹색)의 혈당 수준을 보여준다. 정상인의 혈당 수준은 변동하지만 좁은 범위 내에서 유지되는 반면, 당뇨병 환자의 혈당 수준은 급격하게 올라간다. 혈당을 좁은 범위 내에서 유지하기 위해서는 규칙적으로 인슐린 주사를 맞아야 한다. 인슐린 주사를 맞더라도 혈당이 완전히 정상인처럼 조절되지는 않지만, 환자가 활동적인 삶을 살아갈 수 있도록 해준다.

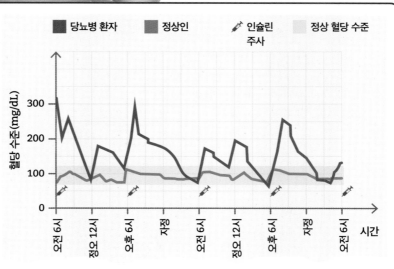

콩팥

콩팥은 신체의 수분 균형을 유지함으로써 항상성 유지에 중요한 역할을 하며, 또한 신체로부터 독성 노폐물을 제거한다. 콩팥은 소변을 생성함으로써 이 두 가지 역할을 한다. 소변은 물, 요소 및 과도한 무기질 이온과 같은 노폐물을 포함하고 있다.

핵심 요약

✓ 요소는 간에서 과도한 아미노산의 분해로부터 만들어진 독성 물질이다.

✓ 콩팥은 혈액을 걸러 요소와 다른 노폐물을 제거한다.

✓ 콩팥은 소변으로 물의 양을 조절하여 수분 균형을 유지한다.

✓ 소변은 요소, 물 및 다른 노폐물을 포함하고 있다.

소변의 생성

매분 혈액의 약 1/4이 콩팥을 통과하는데, 콩팥은 과도한 물이나 요소와 같은 노폐물을 걸러준다. 요소는 간에서 아미노산의 분해로 만들어진다. 콩팥은 소변이 방광에 도달하기 전에 물의 일부를 흡수한다. 콩팥이 흡수하는 물의 양은 다양하며, 항이뇨 호르몬(ADH)에 의해 조절된다. ADH는 몸이 적절한 수분 함량을 유지하도록 해준다 (143쪽 참조).

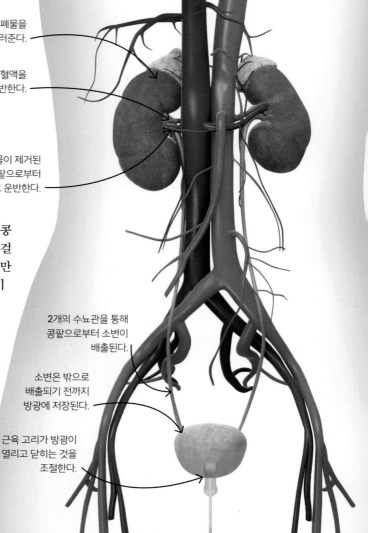

콩팥은 혈액에서 노폐물을 밖으로 걸러준다.

신동맥은 혈액을 콩팥으로 운반한다.

신정맥은 노폐물이 제거된 혈액을 콩팥으로부터 몸으로 운반한다.

2개의 수뇨관을 통해 콩팥으로부터 소변이 배출된다.

소변은 밖으로 배출되기 전까지 방광에 저장된다.

근육 고리가 방광이 열리고 닫히는 것을 조절한다.

⚙ 혈액의 여과

1. 콩팥 내부의 혈관은 미세한 혈관망으로 갈라져 있다.

2. 혈액이 사구체를 통해서 지나갈 때 물, 포도당, 염 및 요소 같은 작은 분자들은 컵 모양처럼 생긴 보먼주머니로 빠져나간다. 혈액 세포와 단백질 같은 큰 분자들은 너무 커서 빠져나가지 못하기 때문에 혈액 속에 남아 있다.

3. 다음에는 선택적인 재흡수가 일어난다. 보먼주머니의 액체는 혈관에 의해 둘러싸인 세뇨관을 통해 배출된다. 이때 포도당, 일부 미네랄 이온 및 다양한 양의 물이 세뇨관에서 혈관으로 재흡수된다. 좀 더 많은 물이 재흡수되어야 한다면, ADH가 세뇨관 벽의 투과성을 증가시켜 더 잘 통과할 수 있도록 해준다.

4. 남아 있는 노폐물은 수집관을 통해서 배출되며, 궁극적으로는 방광으로 운반된다.

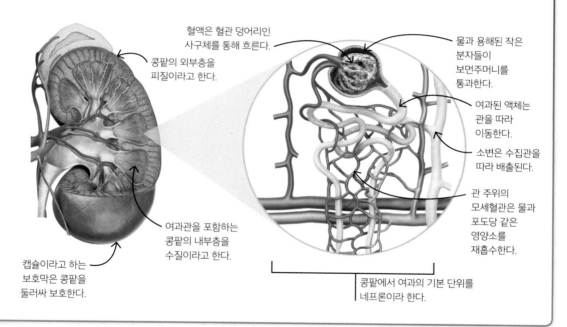

혈액은 혈관 덩어리인 사구체를 통해 흐른다.

콩팥의 외부층을 피질이라고 한다.

물과 용해된 작은 분자들이 보먼주머니를 통과한다.

여과된 액체는 관을 따라 이동한다.

소변은 수집관을 따라 배출된다.

관 주위의 모세혈관은 물과 포도당 같은 영양소를 재흡수한다.

여과관을 포함하는 콩팥의 내부층을 수질이라고 한다.

캡슐이라고 하는 보호막은 콩팥을 둘러싸 보호한다.

콩팥에서 여과의 기본 단위를 네프론이라 한다.

🔍 콩팥 결함의 치료

콩팥은 질병이나 부상으로 영구적으로 손상을 입을 수 있다. 콩팥 결함은 콩팥 이식이나 투석으로 치료할 수 있다. 투석기는 신체의 콩팥처럼 작용하는데, 환자의 혈액이 투석기로 흘러가며 투석액에 의해 둘러싸인 반투과성 막을 통과한다. 투석액은 혈액과 동일한 농도의 유용한 물질을 포함하고 있다. 요소와 같은 해로운 노폐물은 혈액에서 투석액으로 확산해 빠져나간다. 포도당이나 다른 유용한 물질은 투석액에도 혈액에서와 동일한 농도로 되어 있어 혈액 밖으로 확산해 나가지 않는다.

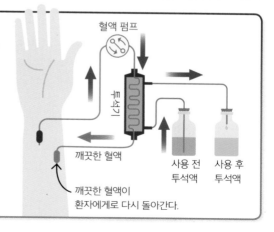

혈액 펌프

투석기

깨끗한 혈액

사용 전 투석액

사용 후 투석액

깨끗한 혈액이 환자에게로 다시 돌아간다.

남성의 사춘기

사춘기 때 남성 호르몬은 남성의 신체에서 많은 변화를 가져온다. 남성 호르몬인 테스토스테론은 수염, 중저음의 목소리 같은 남성의 2차 성징을 발달시킨다. 테스토스테론은 2개의 정소로부터 만들어진다.

핵심 요약

✓ 테스토스테론은 정소에 의해서 생산된다.

✓ 테스토스테론 양이 증가하면 남성의 2차 성징이 발달한다.

✓ 남성의 2차 성징으로는 수염, 중저음이 목소리, 성기와 정소의 발달이 있다.

남성의 2차 성징

남성의 사춘기는 보통 9~15세 사이에 시작되며, 여성보다는 약간 늦게 시작된다.

🔍 목소리는 어떻게 갈라지나?

사춘기 때 여러 변화가 일어나면서 남성의 목소리가 중저음으로 바뀐다. 코와 목의 내부 공간이 더 커져 목소리가 공명할 공간이 늘어난다. 후두는 더 넓어지고 두꺼워져 그 안에 있는 성대는 좀 더 길게 자란다. 성대는 진동할 때 소리를 내는데, 이로써 성대가 더 느리게 진동하여 더 낮은 음을 만들어낸다. 사춘기 때는 후두가 매우 빠르게 발달하여 성대를 늘리면 팽팽하게 조여진 기타 줄과 비슷한 높은 음, 터지는 소리, 그리고 갈라지는 소리가 나온다.

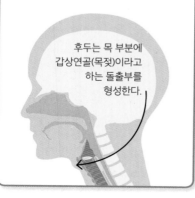

후두는 목 부분에 갑상연골(목젖)이라고 하는 돌출부를 형성한다.

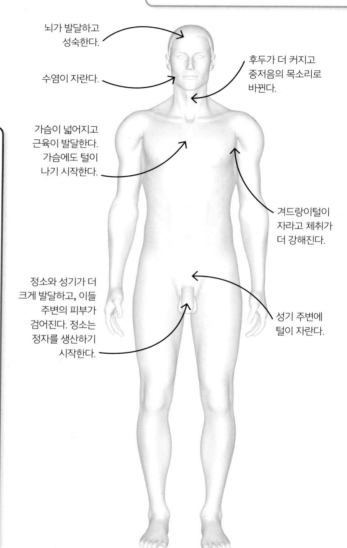

뇌가 발달하고 성숙한다.

수염이 자란다.

후두가 더 커지고 중저음의 목소리로 바뀐다.

가슴이 넓어지고 근육이 발달한다. 가슴에도 털이 나기 시작한다.

겨드랑이털이 자라고 체취가 더 강해진다.

정소와 성기가 더 크게 발달하고, 이들 주변의 피부가 검어진다. 정소는 정자를 생산하기 시작한다.

성기 주변에 털이 자란다.

여성의 사춘기

사춘기 때 여성 호르몬은 여성의 신체에서 많은 변화를 가져온다. 난소에서 분비되는 에스트로겐은 여성의 2차 성징의 발달을 가져와 가슴이 커지고 엉덩이가 더 넓어진다. 이러한 변화는 여성의 신체가 임신과 출산에 적합하도록 해준다.

핵심 요약

✓ 에스트로겐의 양이 증가하면 여성의 2차 성징이 발달한다.

✓ 에스트로겐이 난소에서 생산된다.

✓ 여성의 2차 성징으로는 가슴의 발달, 넓어진 엉덩이, 월경의 시작이 있다.

여성의 2차 성징

에스트로겐의 분비가 증가하면 여성의 사춘기가 시작된다. 여성의 사춘기는 8~14세 사이에 시작된다.

왜 여드름이 생기나?

여드름은 남성과 여성 모두에게 영향을 주며, 특히 사춘기 때 심해진다. 털이 자라는 모낭이 피지라고 하는 기름 성분에 의해 막힐 때 여드름이 생긴다. 여드름은 피부에 윤활유처럼 작용하여 피부를 보호하지만, 사춘기 때는 너무 많이 만들어지는 경향이 있다. 과도한 피지는 박테리아로 감염된 막을 형성하며, 이로 인해 염증이 생기고 부풀어올라 뽀루지가 생긴다.

1. 피지샘으로 나온 피지가 모공을 막는다.

피지샘

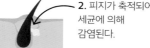

2. 피지가 축적되어 세균에 의해 감염된다.

3. 세균 감염으로 염증이 생기면 뽀루지가 생긴다.

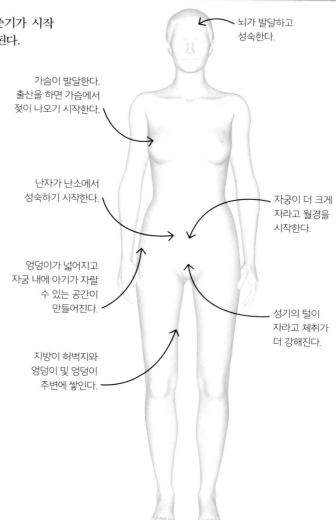

뇌가 발달하고 성숙한다.

가슴이 발달한다. 출산을 하면 가슴에서 젖이 나오기 시작한다.

난자가 난소에서 성숙하기 시작한다.

자궁이 더 크게 자라고 월경을 시작한다.

엉덩이가 넓어지고 자궁 내에 아기가 자랄 수 있는 공간이 만들어진다.

성기의 털이 자라고 체취가 더 강해진다.

지방이 허벅지와 엉덩이 및 엉덩이 주변에 쌓인다.

월경 주기

사춘기 때 여성은 월경을 시작한다. 한 달에 한 번 자궁 내벽이 떨어져 질을 통해서 밖으로 나온다. 그런 후에 신체는 임신에 대비하기 위하여 많은 변화를 겪게 되는데, 이러한 일련의 사건들을 월경 주기라고 한다. 월경 주기의 단계는 호르몬에 의해 조절된다.

월경 주기의 단계

월경 주기는 약 28일 동안 지속되는데, 주기 내 각 단계의 길이나 시간은 개인에 따라 다를 수 있다.

핵심 요약

- ✓ 월경 주기는 약 28일이다.
- ✓ 월경 주기는 에스트로겐, 프로게스테론, 여포 자극 호르몬(FSH), 황체 형성 호르몬(LH)에 의해서 조절된다.
- ✓ 주기 동안 자궁 내벽이 몸에서 떨어져 나간다.
- ✓ 주기의 약 14일쯤에 배란이 일어나면 난자는 난소로부터 방출된다.

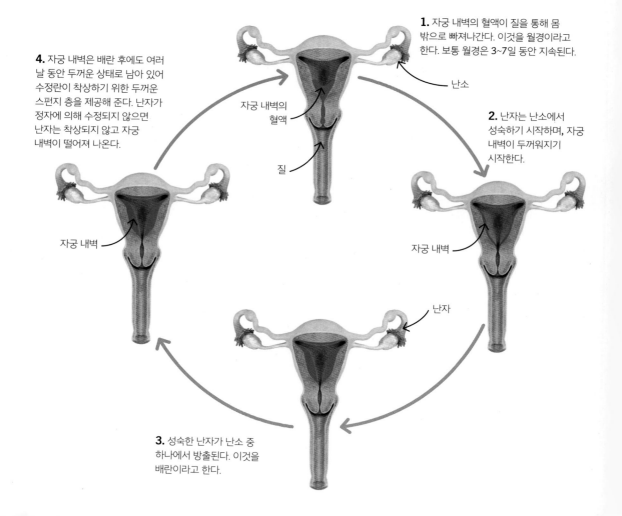

1. 자궁 내벽의 혈액이 질을 통해 몸 밖으로 빠져나간다. 이것을 월경이라고 한다. 보통 월경은 3~7일 동안 지속된다.

난소

2. 난자는 난소에서 성숙하기 시작하며, 자궁 내벽이 두꺼워지기 시작한다.

자궁 내벽

4. 자궁 내벽은 배란 후에도 여러 날 동안 두꺼운 상태로 남아 있어 수정란이 착상하기 위한 두꺼운 스펀지 층을 제공해 준다. 난자가 정자에 의해 수정되지 않으면 난자는 착상되지 않고 자궁 내벽이 떨어져 나온다.

자궁 내벽의 혈액

질

자궁 내벽

난자

3. 성숙한 난자가 난소 중 하나에서 방출된다. 이것을 배란이라고 한다.

호르몬과 월경 주기

월경 주기는 에스트로겐, 프로게스테론, 여포 자극 호르몬(FSH), 황체 형성 호르몬(LH)의 상호작용에 의해서 조절된다. 주기를 통해서 이러한 호르몬의 양은 몸과의 상호작용 및 호르몬 간의 상호작용에 의해 증가하거나 감소한다. 수정이 일어나지 않으면 네 종류의 호르몬의 양이 감소하고, 이로 인해 자궁 내벽이 몸으로부터 떨어져 밖으로 배출되고 주기가 다시 시작된다.

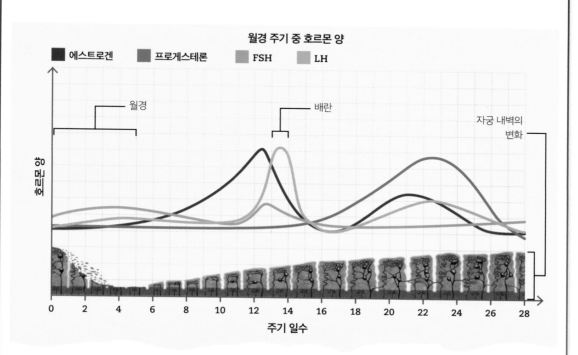

월경 주기 중 호르몬 양

월경 주기와 호르몬

호르몬	합성 장소	효과
에스트로겐	난소	자궁 내벽을 두껍게 만든다. 높은 수준의 호르몬 양은 하나 이상의 난자 성숙을 억제하기 위해 FHS 생산을 억제하며 LH 방출을 촉진한다.
프로게스테론	난소	자궁 내벽을 유지하며 FSH와 LH의 분비를 억제한다. (임신한 경우 더 이상의 난자가 만들어지지 않는다.)
여포 자극 호르몬(FSH)	뇌하수체	난소에서 난자가 성숙하도록 하며, 난소의 에스트로겐 분비를 촉진한다.
황체 형성 호르몬(LH)	뇌하수체	배란을 촉진한다. (난자 방출)

피임약

임신을 피하기 위한 기술을 피임이라고 한다. 여러 형태의 피임 방법이 있다. 호르몬을 이용한 피임약은 월경 주기를 방해하는 반면, 콘돔과 같은 차단 방법은 정자가 난자와 만나지 못하도록 한다.

핵심 요약

- ✓ 임신을 억제하기 위한 기술을 피임이라고 한다.
- ✓ 호르몬을 이용한 방법은 월경 주기를 방해한다. 이러한 방법 중에는 피임약과 일부 자궁 내 피임 기구(IUD)가 있다.
- ✓ 정자와 난자가 만나지 못하게 하는 차단 방법에는 콘돔과 페서리(격막)가 있다.
- ✓ 불임 수술은 여성의 나팔관을 자르거나 남성의 정관을 잘라 봉합하는 것이다.

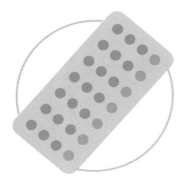

호르몬성 피임약
호르몬성 피임약은 낮은 용량의 에스트로겐과 프로게스테론을 포함한다. 이들은 뇌하수체에서 여포 자극 호르몬 (FSH)의 분비를 억제하여 난자가 성숙하지 못하거나 방출되지 못하도록 한다. 호르몬은 또한 자궁 내벽이 발달하는 것을 억제한다.

콘돔을 남성의 성기에 끼운다.

콘돔
콘돔은 남성의 성기에 끼우는 얇은 라텍스 풍선이다. 콘돔은 정액을 모아 정자가 여성의 질로 들어가는 것을 막는다. 콘돔은 성병을 예방하는 기능도 있다.

자궁 속의 IUD

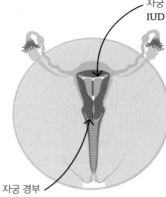

자궁 경부

자궁 내 피임 기구
자궁 내 피임 기구(IUD)는 자궁 내부에 삽입되는 작은 장치이다. 일부 IUD는 구리 코일을 가지고 있으며, 구리는 정자에 독성이 있다. 다른 것들은 프로게스테론을 방출함으로써 작용한다. 프로게스테론은 자궁 경부에서 생산되는 점액을 진하게 하여 정자가 난자에 도달하지 못하도록 하며, 또한 자궁 내막의 증식을 막아 착상을 방해한다.

나팔관을 잘라 봉합하거나 클립으로 고정하여 난자가 지나가지 못하도록 한다.

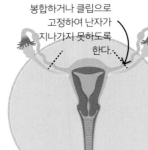

불임 수술
불임 수술은 수술을 통해 아기를 갖지 못하도록 하는 것을 의미한다. 여성에서는 나팔관을 자르거나 묶어 난자가 자궁에 도달하는 것을 막고, 남성에서는 정관을 잘라 봉합하여 정자가 정액으로 들어가지 못하도록 한다.

페서리(격막)
페서리는 성교 전에 여성의 자궁 경부에 장치하는 얇은 고무 모자이다. 페서리는 정자가 자궁으로 들어가는 것을 막는다. 정자를 죽이는 살정제와 함께 사용하기도 한다.

불임 치료

어떤 사람들은 임신을 하는 데 어려움을 겪는다. 불임은 남성의 경우 정관이 막혀 있거나 정자의 수가 적을 때, 여성의 경우 나팔관이 막혀 있거나 미성숙 난자 때문에 발생한다. 체외수정(IVF) 시술로 이러한 사람들이 임신하도록 도울 수 있다.

체외수정(IVF) 시술

체외수정 시술의 경우 난소에서 난자를 꺼내 시험관에서 정자와 수정시켜 배아를 만들고, 건강한 배아가 만들어지면 엄마의 자궁에 착상시킨다. 어떤 경우에는 세포 내 정자 주입 기술을 사용하기도 한다. 이것은 정자가 난자를 자연적으로 통과하는 것이 아니라 하나의 정자를 직접 난자 세포에 주사하는 것이다.

핵심 요약

- ✓ 남성의 불임은 정관이 막히거나 정자 수가 적은 것이 원인일 수 있다.
- ✓ 여성의 불임은 나팔관이 막히거나 난자가 성숙하지 못한 것이 원인일 수 있다.
- ✓ 불임을 치료하기 위해 체외수정(IVF) 시술을 이용한다.
- ✓ 체외수정(IVF) 시술에서는 난자가 시험관에서 정자를 만나 수정을 하고, 그 결과 생긴 배아를 자궁에 착상시킨다.

핵

난자 세포

주사기 바늘

정자 세포

세포 내 정자 주입

🔍 체외수정 시술의 단계

1. 임신을 도와주는 약을 복용하기도 한다. 이 약에는 난소에서 많은 난자가 성숙하도록 자극하는 호르몬이 있다.

2. 여성의 난소에서 많은 난자를, 그리고 남성으로부터는 정액을 채취한다.

3. 정자와 난자를 페트리 접시에서 섞은 후 수 시간 동안 놔둔다.

4. 수정란이 분열하여 배아를 형성하는지 모니터링한다.

5. 5일 후쯤 가장 좋은 배아를 골라 여성의 자궁에 착상시킨다. 배아가 성공적으로 착상하면 배아는 아기로 자란다.

아드레날린

우리 몸은 위협을 당하거나 두려워할 때 부신에서 아드
레날린 호르몬이 분비된다. 이 호르몬은 투쟁 또는 도피
반응을 일으켜 몸이 위험 상황에 대비하도록 한다.

📌 **핵심 요약**

✓ 아드레날린 호르몬은 위협을
당하거나 두려울 때 부신으로부터
분비된다.

✓ 아드레날린은 투쟁 또는 도피
반응을 일으킨다.

✓ 아드레날린은 동공 확장, 호흡 및
심장 박동의 증가, 경각심을
불러일으키는 등 많은 신체적인
변화를 초래한다.

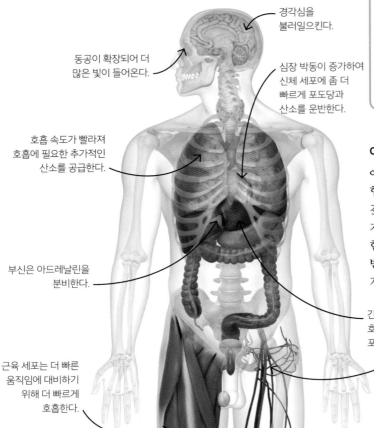

경각심을
불러일으킨다.

동공이 확장되어 더
많은 빛이 들어온다.

심장 박동이 증가하여
신체 세포에 좀 더
빠르게 포도당과
산소를 운반한다.

호흡 속도가 빨라져
호흡에 필요한 추가적인
산소를 공급한다.

부신은 아드레날린을
분비한다.

근육 세포는 더 빠른
움직임에 대비하기
위해 더 빠르게
호흡한다.

아드레날린의 효과

아드레날린은 신체의 여러 부위에 영
향을 준다. 이 호르몬으로 인해 호흡이
깊어지고 심장 박동은 더 빠르고 강해
져 뇌와 근육에 산소와 포도당을 전달
한다. 이러한 변화는 생존을 위해 빠른
반응이 필수적인 상황에서 몸이 빠르
게 활동하도록 해준다.

간의 글리코겐이
호흡에 필요한
포도당으로 전환된다.

혈액은 소화계로부터
멀어지고 다리에 있는
커다란 대퇴 근육을
향해 운반된다.

🔍 **두려움에 대한 반응**

아드레날린은 많은 동물의 몸에서 만들어져 위협을 느끼거나 화가 날
때 갑작스런 활동에 대비하도록 해준다. 투쟁 또는 도피 반응 또한
신경계를 활성화시키며 전체적으로 신체에 영향을 준다. 예를 들어
털을 가지고 있는 동물에서 신경 자극은 털을 솟게 하여 동물이 좀 더
크고 위협적으로 보이게 한다. 인간의 경우에도 같은 반사 현상이
발생하는데, 두려움을 느낄 때 소름이 돋는다.

고양이는
놀라면 털이
솟는다.

티록신

티록신은 목에 있는 갑상샘에서 분비되는 호르몬으로, 몸에서 에너지를 이용하는 물질대사 속도를 조절한다. 티록신은 세포 내 호흡 속도와 분자들의 분해 및 합성 속도에 영향을 준다.

핵심 요약

✓ 티록신은 갑상샘에서 분비되는 호르몬이다.

✓ 티록신은 몸의 물질대사 속도를 조절한다.

✓ 시상 하부는 뇌하수체에서 갑상샘 자극 호르몬(TSH)의 분비를 자극한다. 이 호르몬은 갑상샘이 티록신을 분비하도록 한다.

티록신의 생산

몸이 좀 더 많은 에너지를 필요로 할 때 뇌의 시상 하부가 뇌하수체를 자극하면 갑상샘 자극 호르몬(TSH)이 분비된다. TSH는 혈액을 통해 갑상샘에 도달하면 티록신의 분비를 유발한다. 이후 티록신은 몸의 물질대사 속도를 높여 세포에 더 많은 에너지를 제공한다.

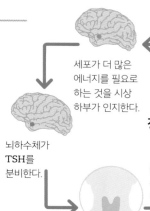

시상 하부는 에너지 사용과 혈액 속 티록신의 양을 모니터링한다. 티록신의 양이 감소하거나 몸이 에너지를 필요로 하면 시상 하부는 뇌하수체를 자극하여 TSH를 분비한다.

뇌하수체가 TSH를 분비하면 이 호르몬은 혈액을 타고 갑상샘으로 이동한다.

갑상샘은 티록신을 분비하여 몸의 물질대사 속도를 높인다.

🔍 음성 되먹임 시스템

음성 되먹임 시스템은 신체의 물질대사 속도를 안정적으로 유지시켜 준다. 세포에 충분한 에너지가 있으면 티록신 생산이 멈추며 물질대사 속도가 느려진다. 대사 속도가 너무 느려지면 이로 인해 티록신 분비가 촉진되고 물질대사 속도가 다시 빨라진다.

물질대사 속도가 느려진다.

물질대사 속도가 빨라진다.

세포가 더 많은 에너지를 필요로 하는 것을 시상 하부가 인지한다.

세포가 충분한 에너지를 가지고 있는 것을 시상 하부가 감지한다.

정상적인 물질대사 속도

뇌하수체가 TSH를 분비한다.

뇌하수체가 TSH 분비를 멈춘다.

물질대사 속도가 빨라진다.

물질대사 속도가 느려진다.

갑상샘이 티록신을 분비한다.

갑상샘이 티록신 분비를 멈춘다.

식물 호르몬

식물은 호르몬을 이용하여 빛과 중력 같은
자극에 반응한다. 옥신 호르몬은 식물이 자
라는 방향에 영향을 주어 식물의 싹이 빛을
향해 자라게 하고, 뿌리는 아래쪽으로 자라
도록 한다.

굴성

식물은 빛과 중력에 대응하여 성장 방향을 변
화시킨다. 빛에 반응하여 성장하는 것을 굴광
성, 중력에 반응하여 성장하는 것을 굴지성이
라고 한다. 식물의 싹은 빛을 향해 자라기 때
문에 양성 굴광성이라고 하고, 중력으로부터
멀어지기 때문에 음성 굴지성이라고 한다. 식
물의 뿌리는 빛과는 반대 방향으로 자라기 때
문에 음성 굴광성이라고 하고, 중력을 향해
자라기 때문에 양성 굴지성이라고 한다.

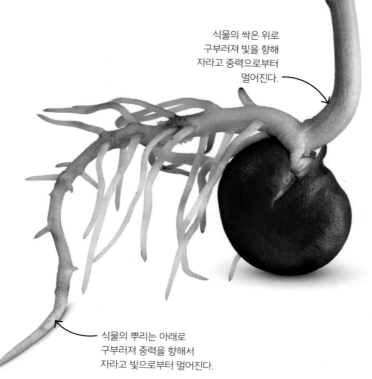

식물의 싹은 위로
구부러져 빛을 향해
자라고 중력으로부터
멀어진다.

식물의 뿌리는 아래로
구부러져 중력을 향해서
자라고 빛으로부터 멀어진다.

 핵심 요약

✓ 옥신은 식물이 빛과 중력에 반응하는
  방향을 조절한다.

✓ 굴광성은 빛의 방향에 반응하여 성장하는
  현상이다.

✓ 굴지성은 중력의 방향에 반응하여
  성장하는 현상이다.

🔍 옥신

굴성은 옥신 호르몬에 의해 조절된다. 옥신은
성장 중인 새싹이나 뿌리의 끝에서 만들어져
식물 전체로 확산된다. 옥신은 새싹에서
세포들이 신장되도록 하여 성장을 촉진하고,
뿌리에서는 성장을 억제한다.

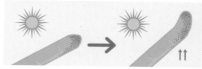

식물의 싹에서 옥신은 그림자가 생기는 쪽으로
이동한다.

식물의 싹이 옆으로 자라면 옥신은 중력의
영향으로 아래쪽에 농축된다. 여기에서 세포들이
길어지고 싹이 위로 자란다.

뿌리에서는 옥신이 중력의 영향으로 아래쪽에
농축된다. 이곳에서는 옥신이 성장을 억제하며
뿌리가 아래로 굽는다.

뿌리가 빛에 노출되면 옥신이 아래쪽에 농축된다.
옥신은 뿌리가 위로 성장하는 것을 억제하고
대신에 아래로 자라도록 한다.

식물 호르몬의 이용

식물 호르몬은 농부나 정원사에게 매우 유용할 수 있다. 과일의 숙성을 촉진하거나 늦추고, 씨앗을 발아시키거나 꽃봉오리의 개화를 유도하고, 잡초를 제거하는 데 사용할 수 있다.

과일의 숙성

에틸렌은 식물이 과일을 숙성시키기 위해서 생산하는 기체 형태의 호르몬이다. 에틸렌은 세포벽을 분해하며 녹말을 당으로 전환시켜 과일을 달게 만든다. 바나나에서 자연적으로 나오는 에틸렌은 같은 바구니에 담겨 있는 다른 과일을 빨리 익게 한다. 과일 업자들은 바나나가 익지 않은 상태에서 수확하여 팔기 전에 에틸렌을 이용하여 익힌다.

핵심 요약

✓ 옥신은 잡초를 제거하고, 과일의 숙성을 늦추며, 씨앗이 없는 과일의 성장을 촉진시키는 데 사용한다.

✓ 에틸렌은 과일의 숙성을 촉진시키는 데 사용한다.

✓ 지베렐린은 씨앗과 꽃봉오리의 휴면 상태를 종료시키는 데 사용한다.

바나나는 녹색에서 노란색으로, 익으면 갈색으로 바뀐다.

유용한 호르몬

식물 호르몬은 다양한 용도로 사용된다. 농부나 정원사들이 사용하는 일부 호르몬은 자연 화합물이지만, 자연산 호르몬의 효과를 모방한 합성 화합물도 있다.

합성 옥신은 종종 잡초를 죽이는 제조체로 사용된다. 또한 과일의 숙성을 지연시키며, 수분되지 않은 꽃으로부터 만들어진 씨 없는 과일을 성숙시키는 데도 활용된다.

지베렐린은 씨앗과 꽃봉오리의 휴면 상태를 종료시키는 호르몬으로, 씨앗의 성장과 꽃의 개화를 유도한다. 일부 꽃과 씨 없는 포도와 같은 과일에 지베렐린을 뿌리면 더 크게 자란다.

싹에 대한 빛의 효과

호르몬은 식물이 성장을 시작하자마자 환경에 반응하도록 해준다. 다음 실험은 씨앗이 발아한 후에 싹이 자라는 방식을 탐구한 것이다.

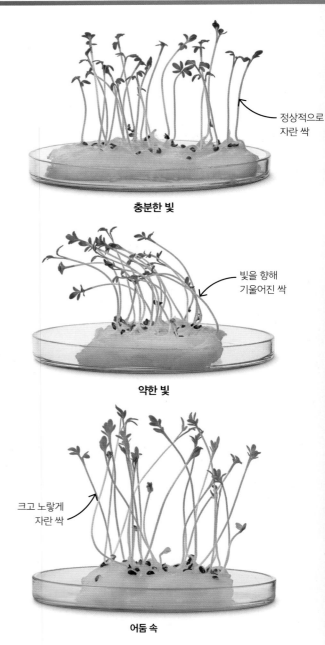

정상적으로 자란 싹

충분한 빛

빛을 향해 기울어진 싹

약한 빛

크고 노랗게 자란 싹

어둠 속

방법

1. 페트리 접시에 면 조각을 넣고 같은 양의 물로 적신다.

2. 각 접시 속에 있는 면 조각에 같은 수의 겨자 씨나 산채 씨를 올려놓고 따뜻한 곳에 놓아둔다. 발아할 때까지 약 2~3일 동안 매일 물을 준다.

3. 씨앗이 발아하면 각 접시에 같은 수의 싹이 있도록 여분의 싹을 제거한다.

4. 자를 이용하여 각 싹의 높이를 측정하여 값을 기록한다.

5. 접시 하나를 창가와 같이 밝은 곳에 놓는다. 다른 접시는 창가에서 멀리 떨어진 빛이 약한 곳에 둔다. 세 번째 접시는 어둠 속에 둔다.

6. 싹에 물을 주고 적어도 5일 동안 매일 싹의 키를 잰다.

7. 매일 각 접시에서 자란 싹의 평균 키를 계산하고 성장 방향의 차이를 기록한다.

결과

창가 쪽에서 자란 싹은 정상적으로 자라지만, 창가에서 멀리 떨어진 곳에서 자란 싹은 빛을 향해 굽는다. 이것을 굴성이라고 하며 옥신 호르몬에 의해 야기된다(156쪽 참조). 어둠 속에서 키운 싹은 빛에 도달하기 위한 노력의 일환으로 비정상적으로 크게 자란다. 하지만 빛이 없으면 녹색의 엽록소를 만들지 못해 잎이 노랗게 된다.

생식

유성 생식

유성 생식은 부모 양쪽의 활동에 의해 새로운 자손을 만들어 내는 과정이다. 부모 각각으로부터 다른 유전자 조합이 만들어져 모든 자손은 유전적으로 달라진다. 이러한 다양성 덕분에 유성 생식으로 만들어진 집단은 새로운 질병의 출현과 같은 변화에 더 잘 적응할 수 있다.

핵심 요약

✓ 유성 생식은 부모 양쪽을 필요로 한다.

✓ 남녀 생식 세포는 융합하여 접합자를 만드는데, 이것을 수정이라고 한다.

✓ 유성 생식에 의해서 만들어진 자손은 모두 유전적으로 다르며 변이를 만들어 낸다.

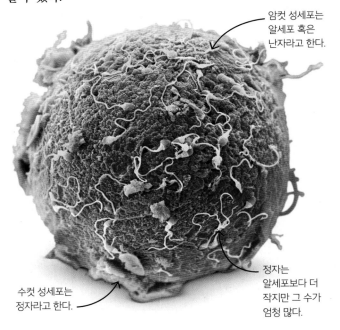

암컷 성세포는 알세포 혹은 난자라고 한다.

정자는 알세포보다 더 작지만 그 수가 엄청 많다.

수컷 성세포는 정자라고 한다.

성세포

성세포는 세포 분열의 일종인 감수 분열에 의해 만들어지며(46쪽 참조), 이 과정에 의해 각 성세포는 체세포 염색체 수의 반(반수체)을 갖는다. 정자와 난자가 융합하여 접합자를 형성하면 염색체는 핵에서 만나 다시 체세포 염색체 수(이배체)를 회복한다. 각 배아는 모계 및 부계 유전자의 다른 조합에 의해 만들어져 유전적으로 다양해진다.

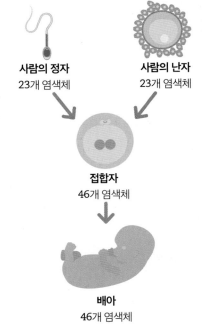

사람의 정자
23개 염색체

사람의 난자
23개 염색체

접합자
46개 염색체

배아
46개 염색체

수정

유성 생식에 의해 성세포(생식 세포)라고 하는 특별한 세포가 만들어진다. 동물에서 암컷 성세포는 난자, 수컷 성세포는 정자라고 한다. 정자가 난자를 만나면 서로 융합하는데, 이를 수정이라고 한다. 수정란은 접합자라고 하며 새로운 개체로 발생한다.

정자 세포

동물과 일부 식물은 정자라고 하는 수컷 성세포를 만든다. 정자는 꼬리를 이용하여 난자를 향해 헤엄쳐 간다.

정자는 긴 꼬리를 이용하여 난자를 향해 헤엄쳐 간다.

머리에는 염색체가 있다.

미토콘드리아는 이동에 필요한 에너지를 제공한다.

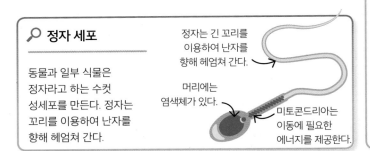

무성 생식

무성 생식은 부모 중 하나로부터 새로운 개체가 만들어지는 과정이다. 무성 생식은 미생물과 식물, 많은 작은 동물에서 흔하게 일어난다. 무성 생식으로 태어난 모든 자손은 유전적으로 동일할 뿐만 아니라, 처음 떨어져 나왔던 부모 중 하나와도 동일하다.

핵심 요약

✓ 무성 생식에 의해 태어난 자손은 유전적으로 모두 동일하다.

✓ 좋은 성장 조건에서는 무성 생식에 의해 빠르게 자손이 증가한다.

효모의 출아

효모는 한 개의 세포로 된 균류로, 출아로 알려진 무성 생식 방식에 의해 매우 빠르게 증식할 수 있다.

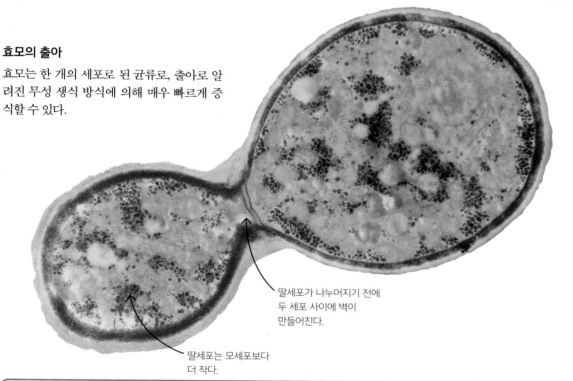

딸세포가 나누어지기 전에 두 세포 사이에 벽이 만들어진다.

딸세포는 모세포보다 더 작다.

🔍 무성 생식의 장점

무성 생식은 유성 생식에 비해 많은 장점을 가지고 있다. 부모 중 하나만 필요하다면 교미 상대자를 찾을 필요가 없다. 무성 생식은 유성 생식보다 더 빨라 좋은 조건에서는 생물이 빠르게 번식하도록 해준다. 하지만 다양한 자손을 생산하는 유성 생식과는 달리 무성 생식은 유전적으로 동일한 클론을 생산한다. 이 생식 방법은 집단의 모든 구성원이 같은 질병이나 환경에서의 변화에 똑같이 취약하게 만든다.

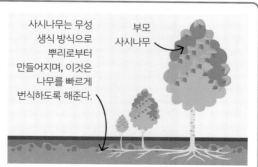

사시나무는 무성 생식 방식으로 뿌리로부터 만들어지며, 이것은 나무를 빠르게 번식하도록 해준다.

부모 사시나무

꽃

꽃은 꽃을 피우는 식물, 즉 현화식물의 생식 기관이다. 많은 꽃들은 수분 매개자인 작은 동물을 끌어들이기 위해 화려한 색을 띠고 있다. 이러한 동물들은 꽃의 수컷 성세포(꽃가루)를 다른 꽃의 암컷 성세포(암술)로 운반한다.

수분

꽃의 수컷 부분을 수술이라고 한다. 수술의 꼭대기에는 수컷 성세포인 꽃가루라고 하는 가루 형태의 물질이 있다. 수분 매개 동물이 우연히 이러한 꽃가루를 몸에 묻혀 다른 꽃으로 운반하면 꽃가루가 암술머리에 떨어져 수분이 일어난다.

🔖 핵심 요약

✓ 꽃은 현화식물의 생식 기관이며 암수 성세포를 만든다.

✓ 수분은 수컷 성세포인 꽃가루를 암꽃 성세포로 운반하는 과정이다.

✓ 꽃이 씨를 맺기 위해서는 수분이 되어야 한다.

⚙ 수분(수정)

꽃가루 알갱이가 암술머리에 떨어지면 씨방까지 내려가는 작은 관이 자라난다. 수컷 성세포의 핵은 관을 따라 이동하여 밑씨에서 암컷 성세포 핵과 융합되어 수정된다. 꽃의 암꽃 부분은 열매로 발전하며, 밑씨는 씨앗이 되고, 씨방 벽은 열매의 바깥 부분이 된다.

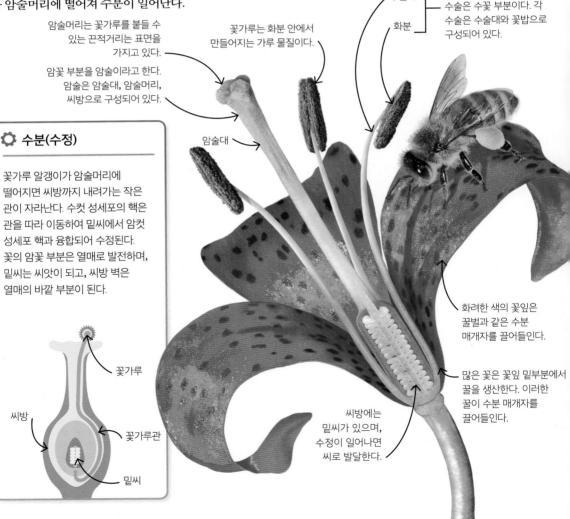

암술머리는 꽃가루를 붙들 수 있는 끈적거리는 표면을 가지고 있다.

암꽃 부분을 암술이라고 한다. 암술은 암술대, 암술머리, 씨방으로 구성되어 있다.

꽃가루는 화분 안에서 만들어지는 가루 물질이다.

수술대

화분

수술은 수꽃 부분이다. 각 수술은 수술대와 꽃밥으로 구성되어 있다.

암술대

화려한 색의 꽃잎은 꿀벌과 같은 수분 매개자를 끌어들인다.

많은 꽃은 꽃잎 밑부분에서 꿀을 생산한다. 이러한 꿀이 수분 매개자를 끌어들인다.

씨방에는 밑씨가 있으며, 수정이 일어나면 씨로 발달한다.

꽃가루

씨방

꽃가루관

밑씨

바람에 의한 수분

풀과 같은 많은 식물의 꽃은 동물이 아닌 바람에 의해 수분된다. 바람으로 수분되는 꽃은 수분 매개자를 끌어들이지 않기 때문에 향기를 뿜거나, 화려한 색깔을 보이거나, 꿀을 생산할 필요가 없다. 이들은 공기 중으로 떠다니는 아주 작은 꽃가루를 대량으로 생산한다.

📌 **핵심 요약**

✓ 일부 꽃은 동물보다는 바람에 의해 수분된다.

✓ 바람으로 수분되는 꽃은 작고 색이 화려하지 않다.

✓ 바람으로 수분되는 꽃은 수많은 작은 꽃가루를 생산한다.

꽃밥은 풀꽃의 밖에 매달려 있어 공기 중으로 꽃가루를 방사한다.

풀꽃송이

풀꽃은 바람에 의해 수분된다. 풀꽃송이는 많은 작은 꽃들이 밀집되어 있는데, 이들은 보통 식물의 꼭대기에 있어 땅보다 높은 곳에서 더 강한 바람을 받을 수 있다.

바람으로 수분되는 꽃가루는 공기 중에 떠다닌다.

🔍 **풀 낱꽃**

풀의 꽃머리는 아주 작은 많은 낱꽃들의 꽃다발로 되어 있다. 이들은 꽃 밖에 매달려 있는 큰 꽃밥을 가지고 있어 꽃가루를 공기 중으로 퍼뜨린다. 깃털 모양의 암술머리도 꽃의 바깥쪽으로 달려 있어 바람에 실려온 꽃가루가 붙는다.

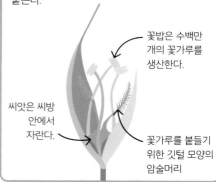

꽃밥은 수백만 개의 꽃가루를 생산한다.

씨앗은 씨방 안에서 자란다.

꽃가루를 붙들기 위한 깃털 모양의 암술머리

구분	동물에 의한 수분	바람에 의한 수분
암술	크고 색이 화려하다.	작고 색이 선명하지 않다.
꽃밥	꽃의 내부에 있다.	꽃의 외부에 있다.
암술머리	꽃의 내부에 있으며 끈적끈적하다.	꽃의 외부에 있으며 깃털 모양이다.
꽃가루	동물에 달라붙으며, 수천 개로 끈적끈적하고 가시가 있다.	바람에 의해 운반되며, 수백만 개로 아주 작고 부드럽다.
향기와 꿀	향기와 꿀이 있다.	향기와 꿀이 없다.

동물에 의해 매개되는 꽃(충매화)과 바람에 의해 매개되는 꽃(풍매화) 비교

열매

수분이 된 후 꽃잎이 떨어지고, 씨방은 열매로 자라며, 그 안에서 씨앗이 자란다. 일부 열매는 화려한 색깔과 단맛의 과육을 가지고 있어 씨앗을 퍼뜨리는 동물을 유혹한다. 이러한 열매는 견과류, 꼬투리, 날개(프로펠러) 또는 다른 구조로 발달할 수 있다.

📌 **핵심 요약**

✓ 열매는 꽃의 씨방으로부터 형성되며, 씨앗을 포함하고 있다.

✓ 일부 열매는 달고 먹을 수 있는 과육을 가지고 있어 씨앗을 퍼뜨리는 동물을 유혹한다.

토마토의 내부

토마토는 하나의 씨방으로부터 만들어진 단순 열매이면서 많은 씨앗을 포함하고 있다. 씨앗은 미끈미끈한 젤리 같은 과육에 들어 있어 제거하기 어렵기 때문에 동물은 과육과 함께 씨를 삼킨다. 후에 이러한 씨앗은 동물의 대변과 함께 밖으로 배출되는데, 보통 원래 토마토가 있던 곳으로부터 먼 곳에 배출된다.

열매는 꽃자루(줄기)로 식물에 붙어 있다.

씨방 벽은 과육으로 발달한다.

화려한 색깔과 단맛의 과육이 동물을 유혹하여 씨앗을 퍼뜨린다.

씨앗은 씨방 안에서 발달한다.

⚙ **열매는 어떻게 만들어지나?**

열매가 형성되기 시작하면 씨방 벽에 녹말과 같은 영양분을 축적하는데, 처음에는 매우 딱딱하다. 열매가 익으면 녹말은 설탕으로 변하며, 씨방은 부드러워지고 표면의 색깔이 바뀐다. 이러한 모든 변화는 동물을 더 잘 유혹하게 만든다.

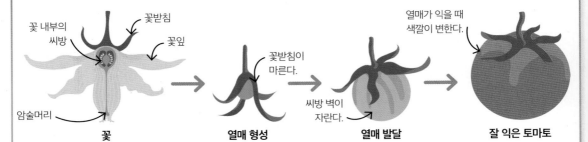

꽃 내부의 씨방

꽃받침

꽃잎

암술머리

꽃

꽃받침이 마른다.

열매 형성

씨방 벽이 자란다.

열매 발달

열매가 익을 때 색깔이 변한다.

잘 익은 토마토

씨앗 분산

부모 식물과 매우 가까이 사는 싹은 서로 간에 그리고 부모 식물과도 공간, 빛, 물 및 영양분을 차지하기 위해 경쟁을 한다. 대부분의 씨앗은 부모 식물로부터 멀리 이동하는 데 도움이 되는 특징이 있어 경쟁을 피한다. 씨앗이 퍼지는 것을 분산이라고 한다.

📌 핵심 요약

✓ 식물은 씨앗을 분산시켜 공간, 빛, 물 및 영양소에 대한 경쟁을 피한다.

✓ 식물은 동물, 바람, 물 또는 폭발적으로 터지는 방법을 이용해 씨앗을 분산시킨다.

✓ 동물은 소화되지 않는 열매의 씨앗을 대변으로 퍼뜨린다.

바람으로 날려 보내기

민들레꽃은 약 150개의 작은 씨앗을 생산하며, 각각은 바람을 따라 이동할 수 있도록 고운 털이 있는 낙하산 형태를 하고 있다.

깃털이 있는 낙하산 형태가 씨앗이 공기 중을 떠다닐 수 있게 해준다.

딱딱한 껍질이 씨앗을 보호한다.

⚙ 씨앗은 어떻게 퍼지나?

씨앗은 바람, 동물, 물의 도움이나 폭발적으로 터지는 방법에 의해 퍼진다.

날개

플라타너스 씨앗은 회전하도록 해주는 날개 (프로펠러)가 있어 바람에 의해 날아갈 때 떨어지는 속도가 느려진다.

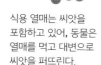

식용 열매는 씨앗을 포함하고 있어, 동물은 열매를 먹고 대변으로 씨앗을 퍼뜨린다.

토끼털에 붙은 우엉 씨앗

갈고리

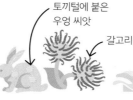

우엉 씨앗은 아주 작은 갈고리 형태로 되어 있어 동물의 털에 붙어 운반된다.

껍질 안에 하나의 큰 씨앗을 가지고 있는 코코넛은 물에 떠다니면서 다른 해변에 정착하여 발아한다.

일부 식물의 꼬투리는 폭발적으로 터지면서 씨앗을 부모 식물로부터 멀리 날려보낸다.

씨앗

씨앗은 배아와 영양분을 포함하고 있는 캡슐이다. 씨앗은 빛의 조건이 맞춰질 때까지 몇 달 동안 휴면 상태로 있다.

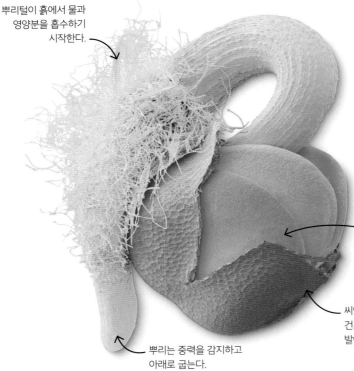

뿌리털이 흙에서 물과 영양분을 흡수하기 시작한다.

뿌리는 중력을 감지하고 아래로 굽는다.

발아

적절한 조건에서 씨앗은 발아 과정을 통해 새로운 식물로 자란다. 발아하기 위해서 씨앗은 물, 산소, 온기 세 가지를 필요로 한다. 물은 씨앗이 부풀어 열리도록 하고, 산소는 세포가 호흡하도록 해준다. 또한 온기는 효소를 활성화시켜 축적된 씨앗의 녹말을 단당류로 분해하여 어린 식물에 영양분을 제공한다.

떡잎(씨앗 잎)은 씨앗 내부의 영양분 저장소 역할을 한다.

씨앗 껍질은 배아를 보호하고 건조하지 않도록 해준다. 씨앗이 발아할 때 껍질이 벌어진다.

🔍 씨앗 내부

씨앗은 배아라고 하는 아주 작은 어린 식물을 포함하고 있으며, 뿌리와 첫 번째 진짜 잎이 있는 싹이 만들어진다. 씨앗은 또한 많은 영양분을 씨앗의 잎 형태, 즉 떡잎으로 저장하고 있다.

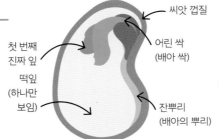

씨앗 껍질

첫 번째 진짜 잎

떡잎 (하나만 보임)

어린 싹 (배아 싹)

잔뿌리 (배아의 뿌리)

콩과식물 같은 쌍떡잎식물에서는 씨앗을 거의 꽉 채우는 2개의 떡잎이 만들어진다.

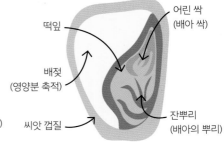

떡잎

어린 싹 (배아 싹)

배젖 (영양분 축적)

씨앗 껍질

잔뿌리 (배아의 뿌리)

옥수수 씨앗과 같은 외떡잎식물은 하나의 떡잎을 갖는다. 외떡잎식물은 배젖이라는 추가적인 영양분 저장소로부터 에너지를 얻는다.

발아에 영향을 주는 요인

씨앗은 적절한 조건이 주어지면 발아하기 시작한다. 다음 실험을 통해 물, 산소, 온기 세 가지 요인이 발아에 미치는 영향을 조사할 수 있다.

발아하는 냉이

실험을 위해 목화솜 위에 냉이 씨앗을 넣은 4개의 시험관을 준비한다. 첫 번째 시험관에는 씨앗과 함께 물, 산소, 온기를 제공하고, 다른 시험관에는 이들 중 하나씩만 빼고 제공한다.

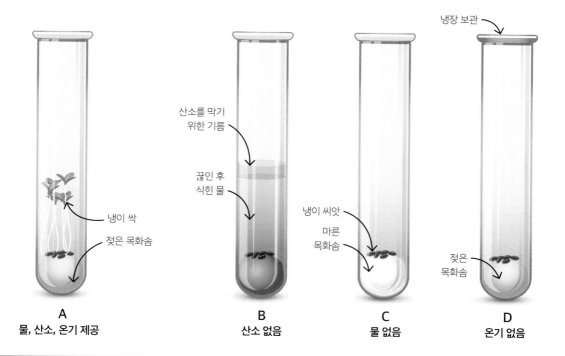

A 물, 산소, 온기 제공 · 냉이 싹 · 젖은 목화솜

B 산소 없음 · 산소를 막기 위한 기름 · 끓인 후 식힌 물

C 물 없음 · 냉이 씨앗 · 마른 목화솜

D 온기 없음 · 냉장 보관 · 젖은 목화솜

방법

1. A, B, C, D로 표시된 4개의 시험관 바닥에 목화솜과 6개의 냉이 씨앗을 각각 넣는다.

2. 시험관 A와 D에 물을 넣어 목화솜을 적신다.

3. 끓인 후 식힌 물을 시험관 B에 반쯤 찰 때까지 붓는다. 그 위에 식물성 기름을 부어 얇은 층을 만든다.

4. 시험관 A, B, C를 따뜻한 곳에 두고, 시험관 D를 차가운 곳에 둔다.

5. 3~5일 동안 시험관을 관찰한다. 시험관 A와 D의 목화솜이 마르면 물을 조금 더 넣어준다.

결과

씨앗은 물, 산소, 온기가 있는 시험관 A에서만 발아한다. 이는 세 가지 조건이 발아에 필수적이라는 것을 알려준다. 물은 씨앗이 부풀어 올라 싹이 껍질을 뚫고 나오는 데 필요하고, 산소는 세포가 호흡하는 데 필요하다. 또한 온기는 효소를 활성화시켜 씨앗에 축적된 녹말을 설탕으로 분해하는 데 필요하다.
시험관 B는 물을 끓여 산소를 없앤 것으로, 기름층은 공기 중에 있는 산소가 안으로 들어오는 것을 막아준다.

식물의 무성 생식

많은 식물은 부모 중 하나로부터 유전적으로 동일한 자손을 만들어 내는 무성 생식을 통해 자손을 늘린다. 무성 생식은 식물이 빠르게 수를 늘리고 퍼져가도록 해준다.

천손초

마다가스카르의 천손초는 잎의 가장자리에 아주 작은 새끼 식물들을 생산하며, 각각은 뿌리와 잎을 가지고 있다. 이들은 부모로부터 떨어져 뿌리를 내리고 새로운 식물로 자란다.

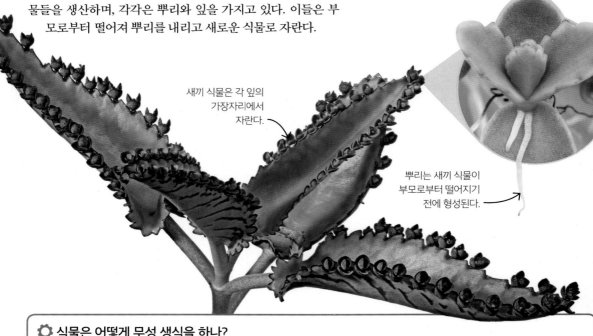

새끼 식물은 각 잎의 가장자리에서 자란다.

뿌리는 새끼 식물이 부모로부터 떨어지기 전에 형성된다.

📌 **핵심 요약**

✓ 무성 생식에는 부모 중 하나만 필요하다.

✓ 자손은 자신을 태어나게 했던 부모 중 하나와 유전적으로 동일하다.

✓ 식물은 다양한 무성 생식 방법으로 증식한다.

⚙️ **식물은 어떻게 무성 생식을 하나?**

식물은 다양한 방법으로 무성 생식을 한다. 다음은 가장 흔한 방법들이다.

수평줄기

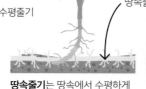

땅속줄기

덩이줄기

씨앗

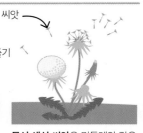

수평줄기는 땅바닥을 따라 자라면서 뿌리를 내려 새로운 식물을 만든다. 딸기는 이런 방법으로 증식한다.

땅속줄기는 땅속에서 수평하게 자라는 줄기로 새로운 싹을 만들어 증식한다. 대나무는 이러한 방법으로 증식한다.

덩이줄기는 땅속에 덩이로 영양분을 저장한다. 이들은 아래쪽에 있는 싹으로부터 새로운 식물을 만들어 낸다.

무성 생식 씨앗은 민들레와 같은 일부 현화식물로부터 만들어진다. 이 씨앗은 부모를 복제한 개체로 자란다.

곤충의 생활사

곤충은 알로 시작해서 날개가 없는 새끼로 부화한다. 많은 곤충은 변태라고 하는 극적인 변화 과정을 거쳐 성체로 성숙한다.

핵심 요약

✓ 완전 변태는 곤충이 성숙할 때 극적으로 모습이 변화하는 과정이다.

✓ 번데기는 곤충의 생활사 중에서 움직임이 없는 단계이다.

✓ 불완전 변태는 곤충이 발달할 때 점진적으로 모습이 변화하는 과정이다.

1. 수컷과 암컷 무당벌레는 교미를 통해 생식한다.

2. 암컷 무당벌레는 교미 후에 잎에 알을 낳는다.

3. 유충(날개 없는 새끼)이 알 밖으로 나온다.

무당벌레 생활사

무당벌레, 나비, 파리와 같은 곤충의 생활사에는 완전 변태라고 하는 극적인 변화가 일어난다. 유충은 성체와 전혀 다르게 생겼으며, 날개가 없다. 유충에서 성체로의 발달은 생활사 중 움직임이 없는 번데기 때 일어난다.

6. 성체 무당벌레가 번데기로부터 나온다.

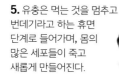

5. 유충은 먹는 것을 멈추고 번데기라고 하는 휴면 단계로 들어가며, 몸의 많은 세포들이 죽고 새롭게 만들어진다.

4. 유충은 성장할 때 여러 번 탈피한다.

🔍 불완전 변태

메뚜기와 잠자리 같은 곤충은 날개 없는 어린 애벌레로 알에서 깨어난다. 이 애벌레는 모습이 성체와 비슷하다. 이들은 성장하면서 여러 번 탈피를 하며, 마지막 탈피 후에 날개가 생긴다. 이처럼 애벌레로부터 성체로 천천히 변화하는 것을 불완전 변태라고 한다.

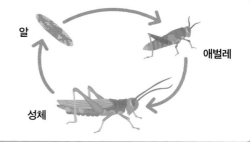

알

애벌레

성체

양서류의 생활사

양서류는 생애의 일부분은 물속에서, 일부분은 육지에서 살아가는 동물이다. 많은 양서류는 변태라고 하는 극적인 변화를 거쳐 육지 생활을 준비한다.

핵심 요약

✓ 양서류는 생애의 일부분은 물속에서, 일부분은 육지에서 보낸다.

✓ 많은 양서류는 성숙할 때 변태라고 하는 극적인 변화를 겪는다.

✓ 양서류의 물속 어린 개체를 올챙이라고 한다.

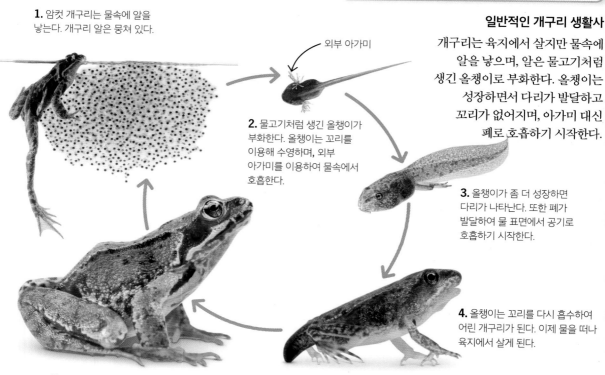

1. 암컷 개구리는 물속에 알을 낳는다. 개구리 알은 뭉쳐 있다.

외부 아가미

2. 물고기처럼 생긴 올챙이가 부화한다. 올챙이는 꼬리를 이용해 수영하며, 외부 아가미를 이용하여 물속에서 호흡한다.

일반적인 개구리 생활사

개구리는 육지에서 살지만 물속에 알을 낳으며, 알은 물고기처럼 생긴 올챙이로 부화한다. 올챙이는 성장하면서 다리가 발달하고 꼬리가 없어지며, 아가미 대신 폐로 호흡하기 시작한다.

3. 올챙이가 좀 더 성장하면 다리가 나타난다. 또한 폐가 발달하여 물 표면에서 공기로 호흡하기 시작한다.

4. 올챙이는 꼬리를 다시 흡수하여 어린 개구리가 된다. 이제 물을 떠나 육지에서 살게 된다.

5. 성체 개구리는 육지에서 살지만 교미를 위해 물로 돌아간다.

🔍 아가미와 폐

어린 올챙이는 공기를 들이마셔 산소를 얻을 수 없다. 대신에 깃털처럼 생긴 아가미를 이용하여 물로부터 산소를 얻고 이산화탄소를 방출한다. 개구리 종의 올챙이는 10주 정도 되면 피부가 외부 아가미 위로 자라 내부 아가미가 된다. 물은 입으로 흡입되어 아가미를 통과하여 지나간다. 올챙이가 어린 개구리가 되면 아가미는 폐로 대체된다.

물속에서 호흡하기 위한 깃털 모양의 외부 아가미

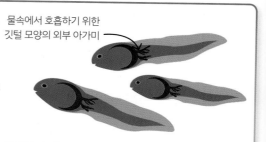

조류의 생활사

어미 몸 안에서 발달하는 포유류와는 달리, 새끼 조류는 보통 둥지에 낳은 알 속에서 자란다. 부화한 후에는 부모에 의존하여 보살핌을 받는다.

📌 **핵심 요약**

✓ 새들은 알 속에서 자란다.

✓ 대부분의 새끼 조류는 부화한 후에 부모의 보살핌을 받는다.

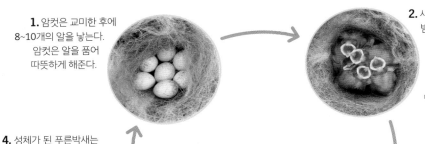

1. 암컷은 교미한 후에 8~10개의 알을 낳는다. 암컷은 알을 품어 따뜻하게 해준다.

2. 새가 부화할 때는 도움을 받지 못하며, 깃털도 없고 눈도 뜨지 못한 상태이다. 부모가 번갈아 가며 하루에 수백 마리의 애벌레를 잡아 새끼에게 먹인다.

푸른박새의 생활사

푸른박새와 같은 명금류는 나무 위의 둥지에서 어린 새끼를 키운다. 새끼는 도움 없이 태어나며 날 수 없지만, 빠르게 성장하여 3주 정도 되면 날 수 있다.

4. 성체가 된 푸른박새는 노래를 부르며 짝을 찾는다. 암컷은 솜이나 깃털, 거미줄 같은 부드러운 것들로 둥지를 만든다.

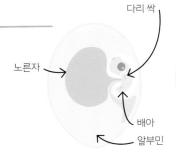

3. 새는 빠르게 성장하며 며칠 안에 깃털이 자란다. 날 정도로 충분히 커지면 둥지를 떠난다.

🔍 알

새의 알에는 발생 중인 배아에 제공할 영양분과 물이 포함되어 있다. 알은 어미 새의 몸 안에서 하나의 세포로 시작하여 정자를 만나 수정한다. 수정 후에는 세포가 어미 몸에서 영양분을 흡수하여 크기가 커지며, 알 주변의 껍질이 발달한다.

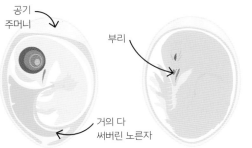

다리 싹
공기 주머니
부리
노른자
배아
알부민
거의 다 써버린 노른자

5일쯤에는 배아의 다리가 형성되기 시작한다. 노른자와 알부민은 배아에 영양을 제공하고 완충 역할을 한다.

12일쯤에는 다리, 골격 및 기관이 발달한다. 부드러운 솜털이 새끼를 덮는다.

21일쯤에 새끼는 공기주머니로부터 첫 호흡을 한다. 새끼는 뒤척이며 노력한 끝에 껍질을 깨고 나온다.

포유류의 생활사

대부분의 포유류는 생활사의 첫 부분을 어미의 몸속에서 보낸다. 태어난 후에 새끼 포유류는 어미의 젖을 먹는다.

📌 **핵심 요약**

✓ 대부분의 포유류는 생활사의 첫 부분을 어미의 몸속에서 보낸다.

✓ 새끼 포유류는 어미의 젖을 먹는다.

쥐의 생활사

쥐는 교미 3주 후에 5~8마리의 새끼를 낳는다. 새끼는 털 없이 태어나며 앞을 못 보지만, 빠르게 자라나 2주가 지나면 털이 생긴다. 8주쯤 되면 성적으로 성숙해져 교미를 하게 된다.

1. 태어난 쥐는 앞을 못 보며, 털이 없고, 어미에게 의존한다. 이들은 어미 배의 젖샘에서 만들어지는 영양가 있는 젖을 먹는다.

4. 포유류 태아는 암컷의 자궁에서 발달한다. 영양분과 산소가 태반을 통해 어미의 혈액으로부터 태아의 혈액으로 이동한다.

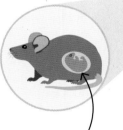

태아를 가지고 있는 자궁

3. 완전히 자라면 짝을 찾아 교미를 하고 자손을 낳는다. 포유류는 정자와 난자가 암컷의 몸 안에서 결합을 하는 체내 수정을 한다.

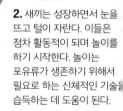

2. 새끼는 성장하면서 눈을 뜨고 털이 자란다. 이들은 점차 활동적이 되며 놀이를 하기 시작한다. 놀이는 포유류가 생존하기 위해서 필요로 하는 신체적인 기술을 습득하는 데 도움이 된다.

🔍 유대류와 단공류

대부분의 포유류는 어미의 몸 안에서 초기 발달 단계를 완성하지만, 일부 포유류는 주로 어미 몸 밖에서 발달한다. 이러한 것들에는 유대류와 단공류가 있다. 대부분의 포유류와 같이 유대류와 단공류는 어린 새끼를 젖으로 키운다.

캥거루와 같은 **유대류**는 매우 작고 아직 발생이 완성되지 않은 상태에서 태어난다. 이들은 어미의 몸에 있는 주머니에서 초기 발생 단계를 완성한다.

단공류는 알을 낳는 특이한 포유류이다. 고슴도치처럼 생긴 오리너구리와 바늘두더지가 여기에 포함된다.

남성 생식계

인간의 생식에서는 정자가 여성의 몸속으로 들어간 후 난자와 결합하여 수정이 일어난다. 정자는 남성 생식 기관에서 만들어져 성교 중에 여성 생식 기관으로 들어간다.

핵심 요약

✓ 정자는 정소에서 만들어진다.
✓ 정자는 성교 중에 여성의 몸속으로 들어간다.

남성의 성 기관

정자는 둥그렇게 생긴 2개의 정소 내에서 만들어진다. 성교 중에 정낭과 전립선으로부터 나온 분비액이 정자와 섞여 정액을 만듦으로써 정자가 헤엄치며 이동할 수 있는 환경을 제공해 준다. 정자는 더 낮은 온도에서 잘 만들어지기 때문에 고환은 몸 밖에 주머니처럼 붙어 있어 체온보다 낮은 온도를 유지한다. 성교 중에 정자는 남성 성기를 통해 여성의 몸속으로 들어간다.

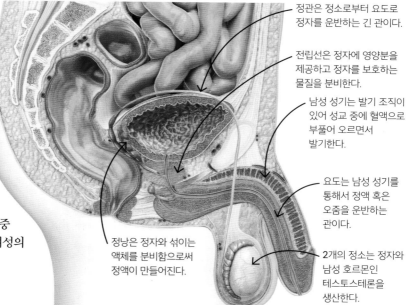

정관은 정소로부터 요도로 정자를 운반하는 긴 관이다.

전립선은 정자에 영양분을 제공하고 정자를 보호하는 물질을 분비한다.

남성 성기는 발기 조직이 있어 성교 중에 혈액으로 부풀어 오르면서 발기한다.

요도는 남성 성기를 통해서 정액 혹은 오줌을 운반하는 관이다.

2개의 정소는 정자와 남성 호르몬인 테스토스테론을 생산한다.

고환은 정소를 보호하는 피부 주머니이다.

정낭은 정자와 섞이는 액체를 분비함으로써 정액이 만들어진다.

🔍 인간의 정자 세포

정소는 매일 1억 개 이상의 정자를 생산한다. 정자는 정액 속의 영양분을 이용하여 힘차게 경주하면서 난자에 도달하여 수정한다. 정자의 머리 앞부분에는 첨체라고 하는 소낭이 있으며, 그곳에 분해 효소를 담고 있다. 정자가 난자를 만나면 첨체가 터지고, 그 속에 있던 효소가 난자를 둘러싸고 있는 막에 구멍을 낸다. 그러면 정자의 핵이 난자로 들어가 수정을 한다.

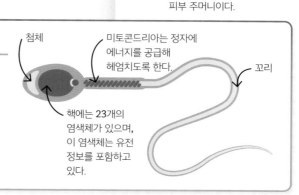

첨체

미토콘드리아는 정자에 에너지를 공급해 헤엄치도록 한다.

꼬리

핵에는 23개의 염색체가 있으며, 이 염색체는 유전 정보를 포함하고 있다.

여성 생식계

여성 생식계는 난자를 생산한다. 난자가 정자와 수정한 후 자궁
속에서 발달한다.

📌 **핵심 요약**

✓ 여성의 성세포를 알 혹은
   난자라고 한다.

✓ 2개의 난소로부터 난자와
   여성 호르몬이 생산된다.

✓ 수정이 일어나면 수정란은
   자궁에서 태아로 발달한다.

여성의 성 기관

성 성숙기부터 약 50세 전후까지 매달 한 번씩
난자가 난소 중 하나에서 배출된다. 난자가 수
란관에 도달하면 정자를 만나 수정될 수 있다.
수정이 되면 배아는 수란관을 따라 자궁으로
이동하여 부드러운 자궁 내벽으로 파고들어
발생을 계속한다.

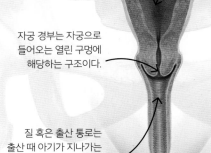

자궁은 탄력적인
근육성 기관으로
발달 중인 태아가
자라는 곳이다.

2개의 난소에서 난자가
만들어진다. 난소는 또한
에스트로겐과
프로게스테론이라는
성호르몬을 생산한다.

난소에서 배란된
난자는 수란관을
따라 이동하여
자궁에 도달한다.

자궁 경부는 자궁으로
들어오는 열린 구멍에
해당하는 구조이다.

질 혹은 출산 통로는
출산 때 아기가 지나가는
근육성 통로이다.

🔍 인간의 난자 세포

난자는 0.2 mm 정도의 크기로 인간의 몸에서 가장 큰 세포이다.
난자는 많은 양의 세포질을 포함하고 있어 발생하는 배아의
영양분으로 사용된다. 젤리의 바깥 부분은 투명대로 세포막을
둘러싸고 있다. 수정이 일어나면 젤리층에 변화가 일어나 더
이상의 정자가 들어오지 못한다.

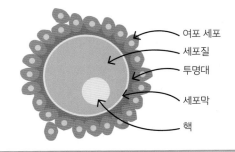

여포 세포

세포질

투명대

세포막

핵

인간의 수정

정자와 난자의 결합을 수정이라고 한다. 수정이 일어나면 접합자라고 하는 수정란이 만들어진다. 접합자는 배아라고 불리는 공 모양의 세포 덩어리로 발달하여 자궁벽에 착상한다.

자궁 내부에서 발생하는 일

성교 후에 정자는 자궁의 액체를 헤엄쳐 통과해 수란관에 도착하여 난자와 만난다. 수정 확률을 높이기 위해 수컷의 정액은 수억 개의 정자를 포함하고 있다. 여성의 몸은 보통 매달 하나의 난자를 방출한다. 수많은 정자가 수란관에 도달하여 하나의 난자와 수정을 시도하며, 그중에서 하나의 정자만이 수정에 성공할 수 있다.

핵심 요약

✓ 정자와 난자가 결합하여 접합자를 만드는 것을 수정이라고 한다.

✓ 접합자는 분열을 하면서 배아로 발달한다.

✓ 배아는 자궁 내벽에 착상을 한다.

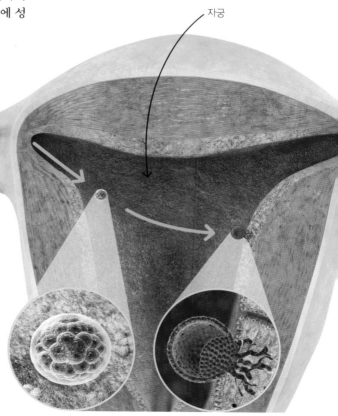

난자 세포

수란관

난소는 난자를 가지고 있으며 난자를 방출한다.

자궁

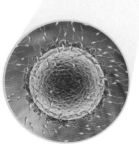

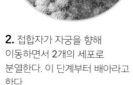

1. 수많은 정자 중 하나의 정자 머리가 난자 세포막을 뚫고 들어간다. 정자와 난자의 핵이 결합하여 46개의 염색체를 갖는 접합자가 만들어진다.

2. 접합자가 자궁을 향해 이동하면서 2개의 세포로 분열한다. 이 단계부터 배아라고 한다.

3. 배아는 세포 분열을 계속하여 많은 세포로 구성된 공 모양의 세포 덩어리가 된다.

4. 며칠 후 배아는 수란관 섬모의 작용으로 자궁에 도달한다. 배아는 자궁 내벽의 부드러운 조직을 파고 들어가는데, 이것을 착상이라고 한다.

임신

수정란이 발생 과정을 통해 태어나기까지 약 40주 걸린다. 이러한 기간을 임신 또는 임신 기간이라고 한다.

핵심 요약

✓ 태반은 태아에게 산소와 영양분을 제공하고 노폐물을 제거해 준다.

✓ 산모의 혈액과 태아의 혈액은 섞이지 않는다.

✓ 대부분의 태아 기관들은 임신 초기 단계에 만들어진다.

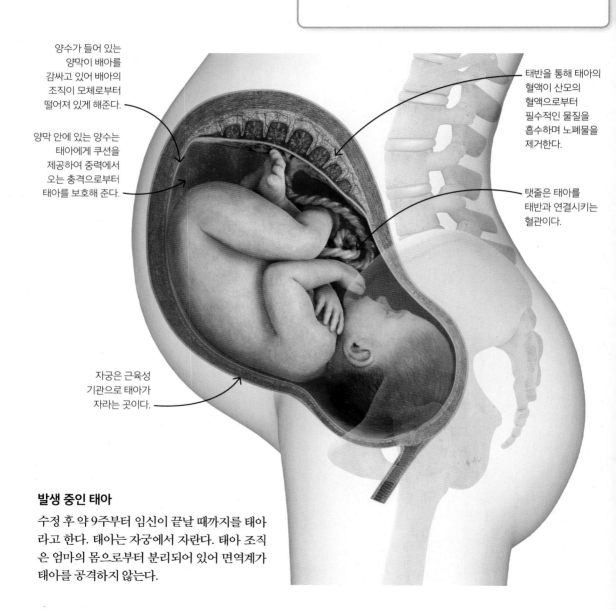

양수가 들어 있는 양막이 배아를 감싸고 있어 배아의 조직이 모체로부터 떨어져 있게 해준다.

양막 안에 있는 양수는 태아에게 쿠션을 제공하여 중력에서 오는 충격으로부터 태아를 보호해 준다.

태반을 통해 태아의 혈액이 산모의 혈액으로부터 필수적인 물질을 흡수하며 노폐물을 제거한다.

탯줄은 태아를 태반과 연결시키는 혈관이다.

자궁은 근육성 기관으로 태아가 자라는 곳이다.

발생 중인 태아

수정 후 약 9주부터 임신이 끝날 때까지를 태아라고 한다. 태아는 자궁에서 자란다. 태아 조직은 엄마의 몸으로부터 분리되어 있어 면역계가 태아를 공격하지 않는다.

🔍 성장 단계

태아의 대부분의 기관은 임신 초기에 발달한다. 기관이 거의 완성될 쯤부터는 태아의 크기가 커진다. 첫 8주까지를 배아라고 하며, 그 이후부터는 태아라고 한다.

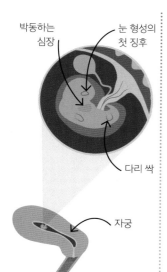

박동하는 심장
눈 형성의 첫 징후
다리 싹
자궁

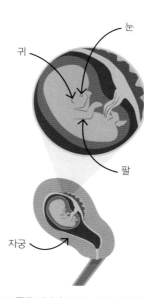

귀
눈
팔
자궁

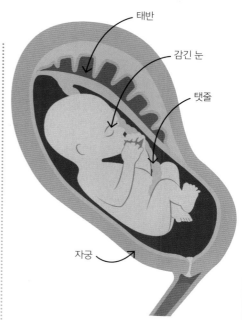

태반
감긴 눈
탯줄
자궁

수정 후 5주쯤 지나면 배아는 사과 씨앗 정도 크기가 되며, 올챙이를 닮은 모습이다.

10주쯤 지나면 태아는 올리브 열매 크기 정도로 자란다. 이때쯤에는 얼굴, 다리, 손가락, 발가락 그리고 대부분의 기관이 형성된다.

20주쯤 지나면 태아는 바나나 크기 정도가 된다. 태아는 눈썹, 몸의 털과 손톱이 형성되며, 근육을 움직일 수 있다. 발생 과정이 끝나더라도 태아는 계속 성장한다.

⚙️ 태반

태반은 일시적인 기관으로 태아의 생명 유지 시스템이다. 태반은 산모의 혈관 가까이 지나가는 아주 작은 태아의 혈관을 가지고 있으며, 두 혈관의 혈액은 섞이지 않는다. 산소와 영양분이 산모의 혈액으로부터 확산을 통해 태아의 혈액으로 이동하며, 이산화탄소와 요소 같은 노폐물은 태아의 혈액으로부터 산모의 혈액으로 이동한다. 태반이 태아의 혈액과 산모의 혈액을 분리시켜 놓는다고 하더라도 일부 해로운 물질이 태반을 가로질러 갈 수 있다. 이러한 물질에는 알코올, 담배의 니코틴, 일부 음식의 독성 물질 및 풍진(독일 홍역) 바이러스 같은 질병을 유발하는 감염원이 포함된다.

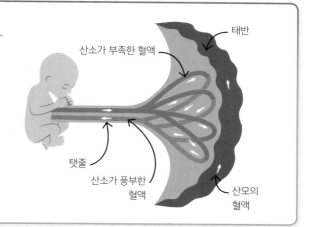

태반
산소가 부족한 혈액
탯줄
산소가 풍부한 혈액
산모의 혈액

출산

임신 말기에 태아와 산모로부터 분비되는 호르몬이 진통을 야기시켜 태아가 산모 몸 밖으로 나오도록 한다.

신생아

아기가 태어나면 숨을 쉬기 시작하며 더 이상 엄마로부터 산소를 받지 않는다. 신생아는 아직까지 탯줄에 의해 태반에 붙어 있다. 탯줄은 출산 후에 곧 잘리고, 남아 있는 것은 아기의 배꼽이 된다.

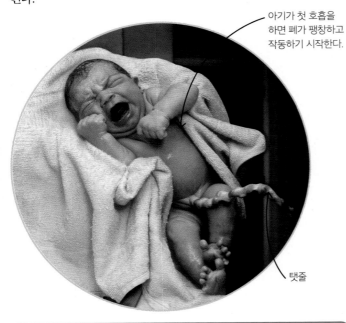

아기가 첫 호흡을 하면 폐가 팽창하고 작동하기 시작한다.

탯줄

🔍 모유 수유와 분유 수유

모유는 신생아 때 질병으로부터 아기를 보호하는 항체를 가지고 있다. 아기가 모유를 먹으면 엄마와 아기 간 밀접한 유대를 형성하도록 해주는 호르몬이 엄마로부터 분비된다. 또한 모유를 먹이는 엄마는 유방암에 덜 걸리는 경향이 있다. 모유 수유를 불편하게 생각해 아기에게 분유를 먹이는 경우도 있다. 분유는 아기가 필요로 하는 모든 영양소를 포함하고 있다. 하지만 분유는 항체가 없기 때문에 멸균시킨 깨끗한 물을 준비해야 한다.

📌 핵심 요약

✓ 진통은 보통 자궁벽의 수축으로 시작된다.

✓ 근육 수축이 점점 강해져 태아를 산모 몸 밖으로 밀어낸다.

🔍 출산 단계

출산 과정은 다음과 같은 일련의 단계를 따른다.

1. 산모가 느낄 정도로 자궁의 근육 벽이 짧게 수축한다.

2. 아기를 담고 있는 양막이 열리면서 양수가 산모의 질 밖으로 나온다.

양수

3. 자궁 경부가 넓어진다.

자궁 경부

4. 자궁이 매우 강하게 수축하여 아기를 자궁 경부와 질을 통해 밀어낸다.

5. 아기 몸 가까이에서 탯줄을 묶은 후 자른다.

탯줄

6. 아기가 태어나고 몇 분 후에 태반이 산모의 몸 밖으로 나온다.

태반

유전학 및
생명공학

유전체

유전체란 모든 유전자에 대한 완전한 한 세트를 말한다. 유전자는 생물이 발생하고 성장하는 과정을 조절하는 생물학적인 정보이다. 유전자는 유전 물질인 DNA에 저장되어 있으며, 생식을 통해 부모로부터 자식으로 전달된다.

유전자 및 DNA

생명체의 몸에 있는 각 세포는 유전체의 완전한 복사본을 가지고 있다. 사람의 유전체를 구성하는 DNA는 핵 속에 있으며, 이 DNA는 46개의 염색체에 저장되어 있다.

3. 염색체
염색체는 유전자를 운반한다. 인간의 세포는 46개의 염색체를 가지고 있다.

2. 세포
모든 생명체는 세포라고 하는 작은 기본 단위로 구성되어 있다. 각 세포는 핵에 그 생명체의 유전체를 포함하고 있다.

1. 몸
유전자는 생명체의 몸의 형성, 작동 및 외형을 조절한다. 인간은 약 2만 개의 유전자를 가지고 있다.

핵심 요약

✓ 생명체의 게놈은 모든 유전자의 완전한 세트이다.

✓ 생명체의 각 세포에 있는 핵에는 게놈 사본이 포함되어 있다.

✓ 유전자는 디옥시리보핵산 (DNA) 분자에 저장된다.

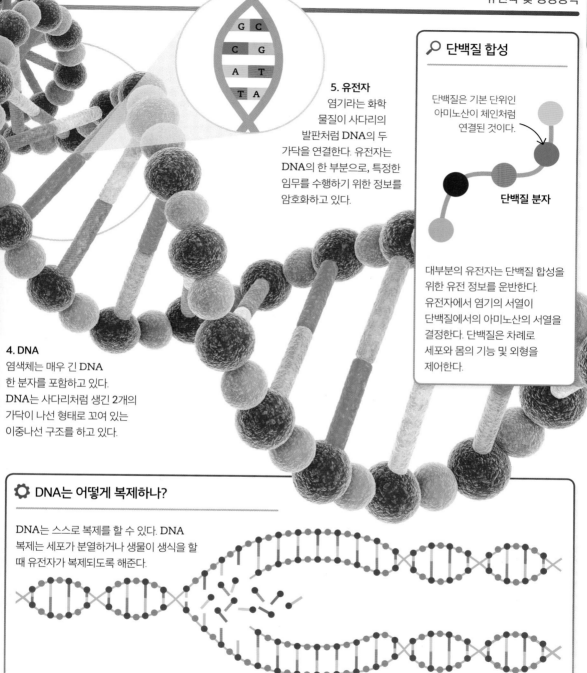

5. 유전자
염기라는 화학 물질이 사다리의 발판처럼 DNA의 두 가닥을 연결한다. 유전자는 DNA의 한 부분으로, 특정한 임무를 수행하기 위한 정보를 암호화하고 있다.

🔍 **단백질 합성**

단백질은 기본 단위인 아미노산이 체인처럼 연결된 것이다.

단백질 분자

대부분의 유전자는 단백질 합성을 위한 유전 정보를 운반한다. 유전자에서 염기의 서열이 단백질에서의 아미노산의 서열을 결정한다. 단백질은 차례로 세포와 몸의 기능 및 외형을 제어한다.

4. DNA
염색체는 매우 긴 DNA 한 분자를 포함하고 있다. DNA는 사다리처럼 생긴 2개의 가닥이 나선 형태로 꼬여 있는 이중나선 구조를 하고 있다.

⚙ **DNA는 어떻게 복제하나?**

DNA는 스스로 복제를 할 수 있다. DNA 복제는 세포가 분열하거나 생물이 생식을 할 때 유전자가 복제되도록 해준다.

1. DNA 두 가닥이 풀리고 분리된다. 각 가닥은 특정 유전자를 암호화하고 있는 염기 서열이다.

2. 각 염기는 특정 염기하고만 결합하기 때문에 분리된 가닥은 새로운 가닥을 만들기 위한 주형으로 작용한다.

3. 2개의 동일한 DNA 분자가 만들어지며, 각각은 같은 유전자를 가지고 있다.

인간 유전체 사업

2003년에 완성된 인간 유전체 사업은 사람의 한 유전체를 대상으로 DNA 염기 서열을 결정하고 유전자를 발굴하는 광범위한 과학적인 노력이었다. 이 프로젝트는 수백 명의 과학자들이 참여하여 13년 만에 완성되었다. 이 사업으로 의학 분야에서 큰 발전을 이룰 수 있었다.

핵심 요약

✓ 인간 유전체 사업은 인간 유전체의 염기 서열을 결정하고 유전자를 발굴하는 프로젝트이다.

✓ 이 사업은 질병에 대한 새로운 치료법으로 이어질 수 있다.

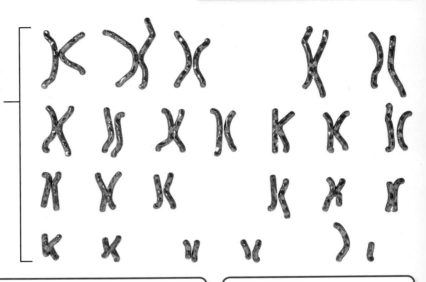

핵형이란 한 세포에 있는 모든 염색체의 모습으로, 모계와 부계로부터 온 염색체 쌍으로 배열되어 있다.

인간 유전체

인간의 유전체는 약 30억 쌍의 염기로 되어 있으며, 20,000~25,000개의 유전자를 포함하고 있다. 유전체는 신체의 모든 세포의 핵에서 발견되며, 23쌍의 염색체에 저장되어 있다.

⚙ DNA 염기 서열 결정

과학자들은 인간 유전체의 염기 서열을 파악하기 위하여 DNA를 여러 길이의 조각으로 나누어 각 조각을 4개의 염기 중의 하나로 끝나게 한다.

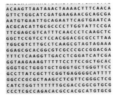

1. 각 조각을 전기영동 젤 구멍에 넣고 전류를 흐르게 하여 크기별로 분리한다.

2. DNA 조각과 함께 넣은 형광 염료를 이용하여 각 조각의 끝에 어떤 염기가 있는지 확인한다.

3. 카메라와 컴퓨터가 4개의 색깔을 아데닌(A), 티민(T), 시토신(C), 구아닌(G)의 문자로 구분한다.

🔍 유전체 사업의 수혜

● 인간 유전체 사업의 완성으로 잘못된 유전자를 정상적인 유전자로 교체하는 '유전자 치료'가 개발되었다. 이를 통해 낭포성 섬유증 같은 유전 질환을 치료할 수 있게 되었다.

● 암과 심장병 같은 질환 관련 유전자를 발견하여 질병을 예방하거나 치료할 수 있는 길이 열렸다.

● 환자의 유전체에 적합한 치료를 맞춤화할 수 있게 되었다. 예를 들어 어떤 유방암 약은 특정 유전자 변이 (대립 유전자)가 있는 여성에게 더 효과적으로 작용할 수 있다.

DNA의 구조

DNA는 생명체에서 유전 정보를 저장하고 있는 화학 물질이다. 이러한 정보는 4개의 염기가 연속적으로 배열된 암호로 저장되어 있다.

📌 **핵심 요약**

- ✓ DNA 분자는 2개의 상보적인 가닥이 이중나선으로 결합되어 있는 구조이다.
- ✓ 각 가닥에는 뉴클레오타이드라는 기본 단위가 연속적으로 나열되어 있다.
- ✓ 각 뉴클레오타이드는 당, 인산, 염기로 구성되어 있다.
- ✓ DNA에는 4개의 염기가 있으며, 이들의 염기 서열이 유전 암호가 된다.

당이 인산과 염기를 연결한다.

DNA 분자

DNA의 각 가닥은 뉴클레오타이드의 연속적인 배열로 되어 있다. 뉴클레오타이드는 한 분자의 당, 한 분자의 인산 및 한 분자의 염기로 구성된다. 각 가닥의 염기는 이웃한 가닥의 염기와 약한 수소 결합을 하여 두 가닥을 함께 유지한다. DNA의 네 종류 염기인 아데닌, 티민, 시토신 및 구아닌은 다른 색깔로 표시되어 있다.

인산은 각 가닥의 뼈대를 형성한다.

C G

T A

염기 쌍은 분자의 중앙에 '사다리 다리'를 형성한다.

G C

A T

뉴클레오타이드는 당, 인산 및 염기로 구성되어 있다.

🔍 **염기 쌍**

DNA는 4개의 염기로만 되어 있으며, 이들은 항상 같은 방법으로 쌍을 이룬다. 아데닌(A)은 티민(T)과 짝을 이루고, 시토신(C)은 구아닌(G)과 짝을 이룬다. 이것은 각 가닥이 다른 가닥과 거울상이며, 새로운 상보적인 가닥을 만들기 위한 주형으로 작용할 수 있다는 것을 의미한다. 각 가닥에 따른 문자의 서열이 유전 정보를 저장하는 암호를 형성한다.

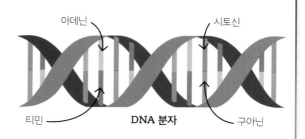

아데닌   시토신

티민   **DNA 분자**   구아닌

단백질 합성 (1)

대부분의 유전자는 특정한 단백질 분자를 합성하는 데 필요한 유전 정보를 저장하고 있다. 유전자의 염기 서열은 단백질 내 아미노산의 서열을 암호화하고 있다. 유전자가 단백질을 합성하기 위해서 이용될 때 이를 유전자가 '발현되었다'고 한다. 단백질 합성에 대한 첫 단계를 전사라고 한다.

전사

세포핵에 저장된 DNA 분자는 핵에서 떠날 정도로 매우 크다. 따라서 세포가 단백질을 만들기 위해 유전자를 사용해야 할 때 해당 유전자의 사본을 만든다. 유전자 내의 염기 서열은 전령 RNA(mRNA)라고 불리는 분자를 만들어 복사된다. 이 분자는 DNA와 매우 비슷하지만, 티민 대신 우라실을 가지고 있다.

📌 핵심 요약

✓ 유전자의 염기 서열은 단백질의 아미노산 서열을 암호화하고 있다.

✓ 유전자는 전사 과정을 통해 전령 RNA(mRNA)를 만들기 위해 복사된다.

✓ mRNA는 세포핵 밖의 세포질로 유전자의 복사본을 운반한다.

🔍 비암호화 DNA

인간 유전체의 DNA 일부 구간은 단백질을 암호화하고 있지 않는데, 이러한 부분을 비암호화 DNA라고 한다. 비암호화 DNA의 어떤 구간은 전사에 관여하는 분자들, 즉 전사 인자에 대한 결합 부위로 작용하여 다른 유전자를 조절한다. 비암호화 DNA의 다른 구간은 구조적인 역할을 담당하여 염색체의 끝을 형성하거나 세포 분열에 필요한 구조를 형성한다. 비암호화 DNA의 다른 구간은 쓸모가 없기 때문에 쓰레기 DNA라고 한다.

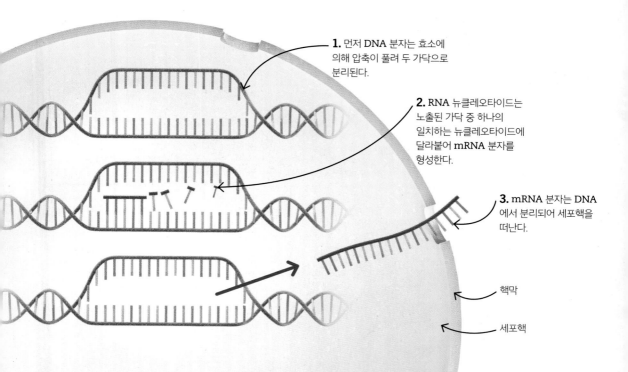

1. 먼저 DNA 분자는 효소에 의해 압축이 풀려 두 가닥으로 분리된다.

2. RNA 뉴클레오타이드는 노출된 가닥 중 하나의 일치하는 뉴클레오타이드에 달라붙어 mRNA 분자를 형성한다.

3. mRNA 분자는 DNA에서 분리되어 세포핵을 떠난다.

핵막

세포핵

단백질 합성 (2)

단백질 합성의 두 번째 단계는 번역이다. 번역 과정에서는 리보솜이라는 세포 내 소기관이 mRNA상의 3개의 염기 서열을 한 번에 읽는다. 각각의 3 염기 코드는 합성 중인 단백질에 특정한 아미노산을 끌어들이는 역할을 한다.

번역

세포핵을 떠난 mRNA는 리보솜이라는 소기관에 결합하고, 이를 따라 이동한다. 이 과정에서 RNA의 3개의 염기 그룹(트리플렛 혹은 코돈)은 아미노산을 운반하는 작고 떠다니는 RNA 분자와 상보적인 염기 서열에 따라붙는다. 이러한 RNA를 운반 RNA(tRNA)라고 한다. 아미노산들이 서로 붙어 길어져 체인을 형성하면 이것이 단백질 분자가 된다.

핵심 요약

✓ 리보솜은 mRNA상의 염기를 3개의 그룹 (3 염기 코드)으로 읽는다.

✓ 3 염기 코드는 아미노산을 운반하는 운반 RNA(tRNA)에 붙는다.

✓ 번역 과정에서 아미노산은 늘어나고 있는 아미노산 체인에 붙어 단백질을 형성한다.

🔎 단백질의 구조

단백질은 약 20종류의 아미노산이 다양하게 조합을 이루어 만들어진 체인 형태의 분자이다. 아미노산 체인이 만들어진 후에는 아미노산의 순서에 따라 결정되는 독특한 형태로의 접힘이 일어난다. 단백질 구조에 따라 상호 작용하는 분자가 달라지기 때문에 구조적인 차이를 통해 단백질의 기능을 조절한다.

헤모글로빈은 둥그렇게 접힌 단백질로, 혈액 내에서 산소를 운반하는 데 도움이 되는 형태를 하고 있다.

콜라겐은 신체의 다른 부위에 강하게 달라붙는데, 이상적인 구조인 로프와 같은 섬유소 형태의 단백질이다.

아밀라아제는 녹말을 분해하는 효소이다. 이 효소는 표적 분자에 결합하여 화학 반응을 촉매하는 '활성 부위'를 가지고 있다.

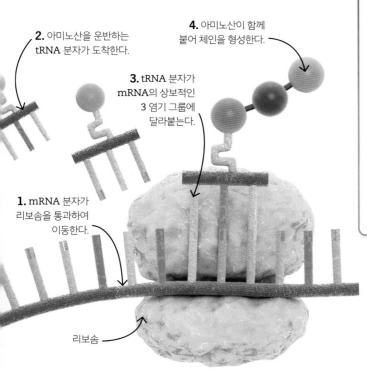

2. 아미노산을 운반하는 tRNA 분자가 도착한다.

3. tRNA 분자가 mRNA의 상보적인 3 염기 그룹에 달라붙는다.

4. 아미노산이 함께 붙어 체인을 형성한다.

1. mRNA 분자가 리보솜을 통과하여 이동한다.

리보솜

5. 아미노산이 떨어져 나간 tRNA가 mRNA로부터 분리된다.

돌연변이

DNA 염기 서열의 무작위적인 변화로 돌연변이가 발생한다. 단백질을 암호화하고 있는 유전자에 돌연변이가 생기면 단백질의 아미노산 서열이 바뀌어 제대로 기능을 할 수 없는 단백질이 만들어진다.

📌 **핵심 요약**

✓ 돌연변이는 자연적으로 일어나며, 대부분의 돌연변이는 생물체에 영향을 주지 않는다.

✓ 일부 돌연변이는 해로우며, 적은 수의 돌연변이만이 유익하다.

✓ 돌연변이는 유전자에게 새로운 변이(대립 유전자)를 제공해 준다.

✓ DNA에 손상을 주는 방사선과 화학 물질은 돌연변이 유발 속도를 증가시킨다.

백색증(알비니즘)

백색증 동물은 피부에 색소를 만들지 못해 아주 창백하다. 백색증은 보통 색소를 만드는 효소를 암호화하고 있는 유전자에 돌연변이가 생겨 일어난다. 이 유전자에는 다양한 형태의 돌연변이가 있다. 여기서 보여주는 돌연변이는 삽입 돌연변이로, 여분의 염기 하나가 DNA 염기 서열에 끼어들어가 효소를 구성하는 아미노산 순서가 바뀐 것이다.

정상 유전자

A A C T T C A T G G G A T T C A A C T G T   ]── 유전자

↓ ↓ ↓ ↓ ↓ ↓ ↓

──[올바른 아미노산 서열

이 돌연변이 유전자는 아데닌 (A)을 하나 더 가지고 있다.

돌연변이 유전자

[A A C T T C A A T G G G A T T C A A C T G T

↓ ↓ ↓ ↓ ↓ ↓ ↓

]── 단백질 ──[

──[효소를 합성할 때 다른 아미노산이 끼어들어가 효소를 쓸모없게 만든다.

🔍 돌연변이 형태

많은 종류의 돌연변이가 있다. 염기 서열의 변화가 적은 돌연변이로는 하나 혹은 몇 개의 염기만이 바뀐 것이 있고, 큰 규모의 돌연변이로는 염색체의 긴 지역이 재배열되는 것이 있다.

돌연변이 전의 DNA 염기 서열

T A A C T G C A G G T

염기 삽입

T A A C C T G C A G G T

삽입 돌연변이는 유전자에 하나 혹은 그 이상의 염기가 끼어들 때 생긴다. 단백질이 합성될 때 3 염기 코드가 읽히는 방법이 바뀌어 단백질을 합성할 때 끼어들어가는 아미노산의 순서가 바뀐다.

염기 결실

T A A C G C A G G T

결실 돌연변이는 하나 혹은 그 이상의 염기가 없어질 때 일어난다. 삽입 돌연변이처럼 이 돌연변이도 단백질이 만들어질 때 결실이 일어난 부위부터 아미노산의 순서가 바뀐다.

염기 치환

T A A C C G C A G G T

치환 돌연변이는 염기 하나가 다른 염기로 바뀔 때 일어난다. 이 돌연변이에서는 단백질 합성 시 하나의 아미노산만 바뀐다.

유전자 및 대립 유전자

유성 생식을 하는 생물은 어머니로부터 유전체 한 세트, 아버지로부터 유전체 한 세트를 얻는다. 결과적으로 이들 생물은 모든 유전자에 대해서 2개의 버전을 갖는다. 같은 유전자에 대한 다른 버전을 대립 유전자라고 한다.

우성과 열성 대립 유전자

대부분의 표범은 점박이 무늬가 있지만, 일부 표범은 검은색 털이다. 검은색은 털의 색소를 조절하는 한 대립 유전자에 의해 만들어진다. 부모 양쪽으로부터 검은색 대립 유전자를 물려받았을 때에만 검은색 털이 되며, 하나가 검은색 대립 유전자이고 다른 하나가 정상 대립 유전자이거나 2개 모두 정상 대립 유전자라면 정상적인 점박이 무늬를 갖게 된다. 정상 대립 유전자는 항상 털 색깔에 영향을 주기 때문에 우성이라고 하며, 검은색 대립 유전자는 그 효과를 나타내기 위해서는 2개의 복사본이 필요하기 때문에 열성이라고 한다.

검은색 표범은 부모 각각으로부터 하나씩 물려받은 열성 대립 유전자의 두 복사본을 가지고 있다.

점박이 무늬 표범은 우성의 정상적인 대립 유전자 복사본을 적어도 하나 가지고 있다.

📌 **핵심 요약**

- ✓ 대립 유전자는 같은 유전자에 대한 변이다.
- ✓ 한 유전자에 대해 동일한 대립 유전자를 가지고 있는 개체를 동형이라고 한다.
- ✓ 한 유전자에 대해 다른 대립 유전자를 가지고 있는 개체를 이형 혹은 잡종이라고 한다.
- ✓ 이형의 개체에서 2개의 대립 유전자 중 하나가 보통 우성이다.

🔍 유전자형과 표현형

표범이 가지고 있는 대립 유전자의 조합을 유전자형이라고 하고, 이러한 유전자형에 의해 조절되는 관찰 가능한 특징을 표현형이라고 한다. 유전자형은 2개의 문자로 표시할 수 있으며, 우성은 대문자로, 열성은 같은 문자의 소문자로 표시한다. 예를 들어 표범은 다음 표에서 보여주는 털 색깔에 대한 어떤 유전자형도 가질 수 있지만, 단 하나만이 검은색 표현형을 만든다. 생물이 한 유전자에 대하여 2개의 동일한 대립 유전자를 가지고 있다면 이 유전자에 대하여 동형이라고 하고, 2개의 다른 대립 유전자를 가지고 있다면 이것을 이형 혹은 잡종이라고 한다.

유전자형	표현형
DD 동형	**점박이 무늬 표범**
Dd 이형(잡종)	**점박이 무늬 표범**
dd 동형	**검은색 표범**

유전 교배

생물의 특징 대부분은 다수 유전자들의 상호작용에 의해 영향을 받는다. 하지만 일부 형질은 단일 유전자에 의해 조절된다. 생물이 번식할 때 이러한 특징들이 유전되는 방식을 교배에 대한 모식도를 그려 예상해 볼 수 있다.

핵심 요약

✓ 유전 교배 모식도는 단일 유전자에 의해 조절되는 특징들이 어떻게 유전되는지를 보여준다.

✓ 유전 교배는 자손의 유전자형과 표현형에 대한 확률을 보여준다.

✓ 푸네트 정방형은 유전 교배 모식도와 다른 방식이지만 같은 정보를 제공해 준다.

유전 교배 모식도

다음 모식도는 점박이 무늬에 대한 동형의 우성 대립 유전자(DD)를 가지고 있는 표범과 동형의 열성 대립 유전자(dd)를 가지고 있는 검은색 표범이 교미를 통해 번식할 때 나타나는 유전자형과 표현형을 보여준다. 두 번째 줄은 생식 세포, 세 번째 줄은 생식 세포가 다양한 조합에 의해 여러 유전자형이 만들어지는 것을 보여준다. 모든 자손은 이형(잡종)으로, 2개의 다른 대립 유전자를 갖는다.

우성 대립 유전자 → DD   dd] 부모의 유전자형

D   D   d   d] 생식 세포

Dd   Dd   Dd   Dd] 자손의 유전자형

모든 자손은 같은 표현형 (점박이 무늬)을 갖는다. →

🔍 푸네트 정방형

유전 교배를 표시하는 또 다른 방법은 푸네트 정방형을 활용하는 것이다. 한 부모로부터의 대립 유전자를 가로 칸에 쓰고, 다른 부모로부터의 대립 유전자를 세로 칸에 쓴다. 빈칸에 자손의 유전자형을 채워 넣는다.

부모 2의 생식 세포 →

부모 1의 생식 세포 →

	d	d
D	Dd	Dd
D	Dd	Dd

자손의 유전자형 →

두 이형 접합자인 암수 표범이
교미를 하면 평균적으로 25%의
검은색 표범이 태어난다.

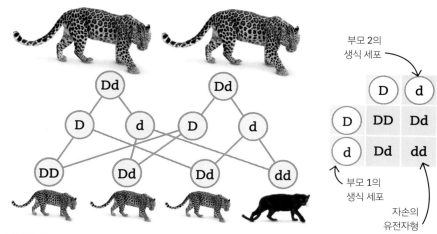

동형의 점박이 무늬 표범이
이형의 점박이 무늬 표범과
교미를 하면 동형의 열성 대립
유전자를 갖는 자손은 태어나지
않는다. 따라서 모든 자손은
정상적인 점박이 무늬를 갖는다.

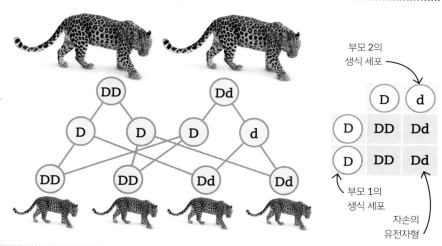

점박이 무늬의 이형 접합자
표범으로부터 우성 대립
유전자와 열성 대립 유전자가
50%씩 만들어진다. 따라서
점박이 무늬의 이형 접합자
표범과 검은색 표범이 교미를
하면 평균적으로 자손의 반은
점박이 무늬 표범, 나머지 반은
검은색 표범이 된다. 따라서
자손이 검은색 표범일 확률은
50%이다.

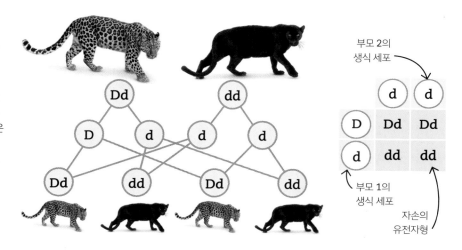

공동 우성

한 생물이 같은 유전자에 대하여 다른 대립 유전자를 가지고 있을 때, 그중 한 대립 유전자는 보통 우성이고 다른 대립 유전자는 열성이다. 그러나 때때로 두 대립 유전자가 발현되기도 하는데, 이러한 대립 유전자를 공동 우성 대립 유전자라고 한다.

핵심 요약

✓ 공동 우성은 이형의 개체에서 2개의 다른 대립 유전자가 모두 발현되는 것을 의미한다.

✓ 공동 우성 대립 유전자를 갖는 이형 접합자끼리 교미를 하면 자손의 유전자형의 비는 표현형의 비와 같다.

동형 교배

분꽃의 색깔은 빨간색 또는 흰색이다. 분꽃의 색깔은 공동 우성 대립 유전자를 갖는 유전자에 의해 조절된다. 빨간색과 흰색 대립 유전자를 갖는 이형 접합자는 분홍색을 띤다.

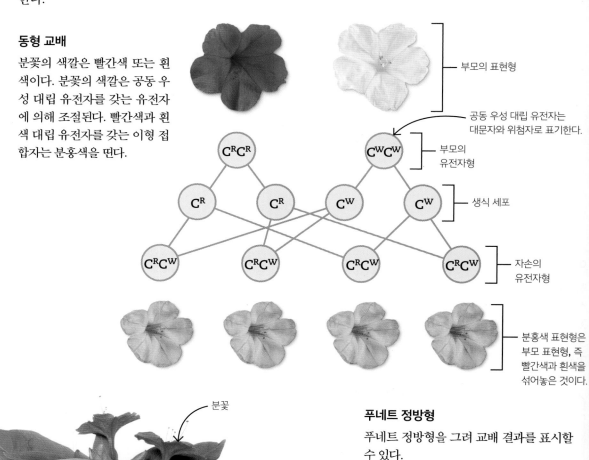

부모의 표현형

공동 우성 대립 유전자는 대문자와 위첨자로 표기한다.

$C^R C^R$ $\quad$ $C^W C^W$ — 부모의 유전자형

C^R $\quad$ C^R $\quad$ C^W $\quad$ C^W — 생식 세포

$C^R C^W$ $\quad$ $C^R C^W$ $\quad$ $C^R C^W$ $\quad$ $C^R C^W$ — 자손의 유전자형

분홍색 표현형은 부모 표현형, 즉 빨간색과 흰색을 섞어놓은 것이다.

분꽃

푸네트 정방형

푸네트 정방형을 그려 교배 결과를 표시할 수 있다.

부모 1의 생식 세포

부모 2의 생식 세포

	C^W	C^W
C^R	$C^R C^W$	$C^R C^W$
C^R	$C^R C^W$	$C^R C^W$

자손의 유전자형

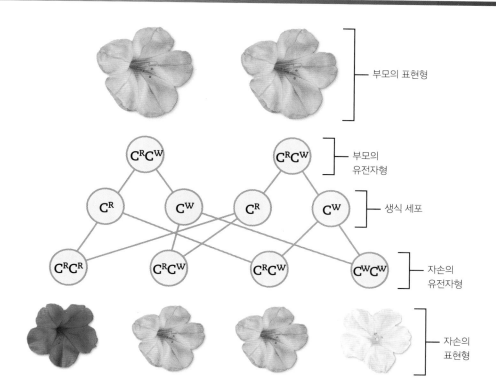

부모의 표현형

부모의 유전자형

생식 세포

자손의 유전자형

자손의 표현형

이형 교배

분홍색 분꽃끼리 교배를 하면 자손은 빨간색, 분홍색, 흰색 세 가지 꽃이 모두 나온다. 유전자형의 비와 표현형의 비가 1 : 2 : 1로 같다. 즉 이형 접합자 교배로부터 나올 자손은 25%는 빨간색, 50%는 분홍색, 25%는 흰색의 확률을 갖는다.

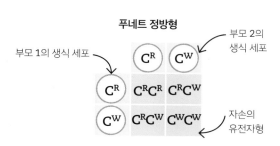

푸네트 정방형

부모 1의 생식 세포

부모 2의 생식 세포

자손의 유전자형

🔍 론 소(갈색에 흰색이 섞인 소)

소의 털 색깔은 때때로 공동 우성 유전자에 의해 결정된다. 갈색의 암소가 흰색의 수소와 교미를 하면 이형 접합자 자손은 갈색과 흰색의 대립 유전자를 갖는다. 두 대립 유전자로부터 유전자가 발현되면 자손은 갈색과 흰색 털을 갖는 소가 태어난다. 이 색깔 패턴을 론(Roan)이라고 한다.

갈색 소

흰색 소

론 자손

멘델의 연구

오스트리아의 수도사였던 멘델은 유전학의 창시자로 알려져 있다. 멘델은 완두를 교배하여 일부 특징이 '유전 단위'에 의해 조절된다는 것을 발견하였다. 이것은 현재의 유전자에 해당한다.

멘델의 완두

멘델은 완두의 콩깍지 색깔과 같은 어떤 특징을 갖는 식물을 교배하였을 때 이 색깔이 섞이지 않는 것을 발견하였다. 예를 들어 녹색 콩깍지의 식물을 노란색 콩깍지의 식물과 교배하였을 때 모든 자손은 녹색 콩깍지를 가져 녹색이 우성으로 보였다. 하지만 멘델은 이들 자손끼리 교배하였을 때 모두 녹색 콩깍지가 아니라, 손자 세대의 1/4은 노란색 콩깍지인 것을 발견하였다.

핵심 요약

✓ 멘델은 현대 유전학의 창시자이다.

✓ 멘델은 완두콩을 교배하여 '유전 단위', 즉 유전자를 발견하였다.

✓ 멘델은 대립 유전자는 쌍으로 작용하며 우성 혹은 열성이 될 수 있다는 것을 발견하였다.

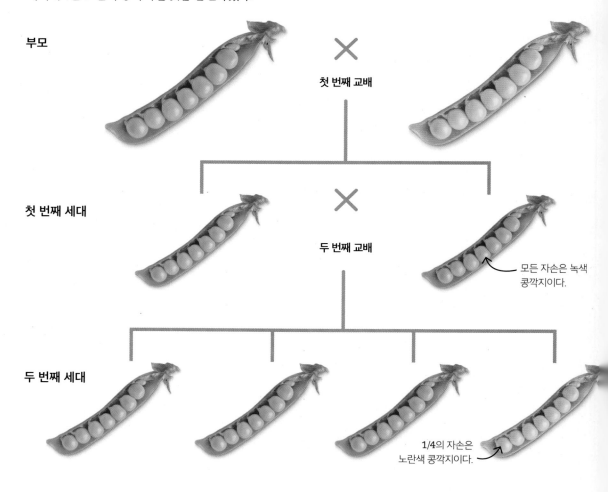

부모

첫 번째 교배

첫 번째 세대

두 번째 교배

모든 자손은 녹색 콩깍지이다.

두 번째 세대

1/4의 자손은 노란색 콩깍지이다.

🔍 멘델의 결과에 대한 설명

멘델은 완두 교배 실험에서 두 번째 세대의
개체가 3 : 1의 표현형을 보이는 것에 매우
흥분하였다. 그는 이러한 유전 양상을 완두의 키,
꽃의 색깔, 콩깍지 모양, 씨앗의 모양, 씨앗의
색깔, 그리고 꽃의 위치 결정에서도 관찰하였다.

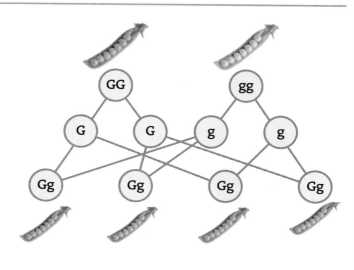

첫 번째 교배

첫 번째 세대에서는 순종의 녹색
콩깍지 완두를 순종의 노란색 콩깍지
완두와 교배하였다. 그 결과 모든
자손이 녹색이었으며, 멘델은 녹색을
결정하는 유전자 단위를 우성(G)
이라고 결론지었다.

두 번째 교배

두 번째 세대에서는 1/4이 노란색 콩깍지
완두였다. 멘델은 이 노란색 콩깍지
완두에서는 우성인 녹색 형태의 유전
단위가 없으며, 열성 형태의 유전 단위
(gg)만 존재한다고 생각하였다.

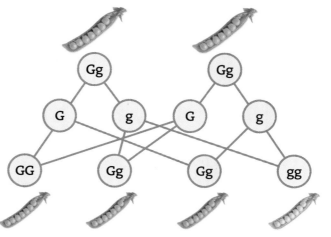

🔍 멘델

멘델(Gregor Mendel, 1822~1884)은 오스트리아의 수도원에서
살았던 수도사였다. 그는 수도원의 정원에서 실험을 수행하였는데, 그가
1866년에 실험 결과를 발표하였을 때부터 약 30년 이상 크게 주목받지
못하였다. 멘델이 죽은 한참 뒤인 20세기 들어와서야 염색체와 DNA가
발견되면서 과학자들은 멘델의 연구가 얼마나 훌륭했는지 알게 되었다.
멘델은 유전자란 개념을 발견한 것이었다.

혈액형 대립 유전자

많은 유전자는 3개 혹은 그 이상의 대립 유전자를 가지고 있다. 예를 들어 사람의 혈액형은 3개의 대립 유전자가 있는 유전자에 의해 결정된다. 이러한 대립 유전자들이 조합을 이루는 방법에 의해 4개의 혈액형 그룹이 생긴다.

핵심 요약

✓ 혈액형은 수혈을 받을 때 어떤 종류의 혈액을 받을 수 있는지 알려준다.

✓ A, B, AB, O형의 혈액형 그룹이 있다.

✓ 혈액형 유전자는 3개의 대립 유전자를 가지고 있다.

🔍 혈액형 유전자의 대립 유전자

혈액형 유전자는 적혈구 표면에 있는 단백질을 암호화하고 있다. 공여자로부터 혈액형이 일치하지 않는 혈액을 받으면 면역 거부 반응이 일어나 수여받은 사람이 위험에 빠질 수 있다. 3개의 대립 유전자 중 I^A와 I^B는 공동 우성이며, 약간 차이가 나는 단백질을 암호화하고 있다. 세 번째 대립 유전자인 I^O는 열성이며, 단백질을 합성하지 않는다. 오른쪽 표는 3개의 대립 유전자 조합에 의해 만들어진 혈액형을 보여준다.

유전자형	$I^A I^A$	$I^A I^O$	$I^B I^B$	$I^B I^O$	$I^A I^B$	$I^O I^O$
표현형	A	A	B	B	AB	O

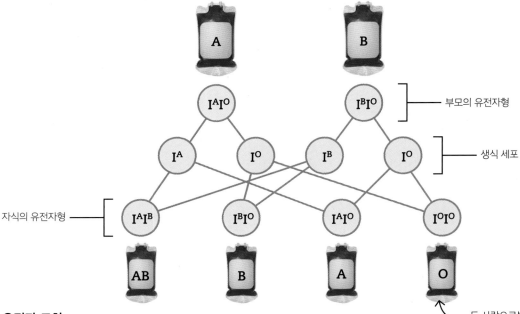

부모의 유전자형

생식 세포

자식의 유전자형

두 사람으로부터 네 종류의 혈액형을 가진 자식들이 태어나며, 각 혈액형은 25%의 확률로 나타난다.

유전자 교차

부모의 유전자형을 알고 있다면 두 사람으로부터 태어나는 자식들의 유전자형과 혈액형을 모식도를 그려 예측할 수 있다. 위 모식도는 A형 및 B형 혈액형이면서 I^O 대립 유전자를 가지고 있는 부모로부터 태어난 자식들의 혈액형을 보여준다.

유전 질환

겸형 적혈구 빈혈증과 낭성 섬유증과 같은 질병은 단일 유전자에 의해서 발생한다. 이 질병이 열성 대립 유전자에 의해 일어난다면 이 대립 유전자에 대한 2개의 복사본을 가지고 있는 사람만 질병에 걸린다. 한 개의 복사본을 가지고 있는 사람은 질병에 걸리지는 않으며, 이 사람을 보인자라고 한다.

📌 **핵심 요약**

✓ 유전병은 단일 유전자에 의해 나타날 수 있다.

✓ 유전병은 열성 대립 유전자 혹은 우성 대립 유전자에 의해 나타날 수 있다.

✓ 열성 대립 유전자에 의해 발생되는 질환으로는 겸형 적혈구 빈혈증과 낭성 섬유증이 있다.

겸형 적혈구 빈혈증

겸형 적혈구 빈혈증은 적혈구가 낫 모양의 비정상적인 모습을 하고 있는 유전병으로 사람의 수명을 감소시킨다.

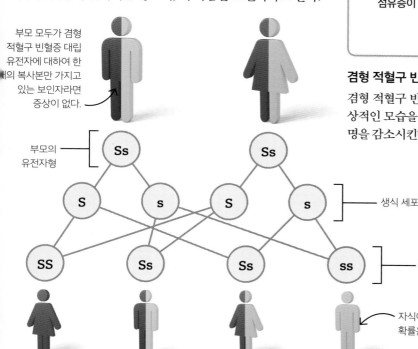

부모 모두가 겸형 적혈구 빈혈증 대립 유전자에 대하여 한 개의 복사본만 가지고 있는 보인자라면 증상이 없다.

부모의 유전자형

생식 세포

자식의 유전자형

자식이 이 질환을 가질 확률은 1/4(25%)이다.

■ 질환 유전자 없는 정상인　■ 보인자　■ 질환자

🔍 가계도

유전병이 가계를 통해 전달되는 방식을 가계도를 이용하여 표시할 수 있다. 겸형 적혈구 빈혈증을 보여주는 가계도에서 네모는 남자, 동그라미는 여자, 노란색은 겸형 적혈구 빈혈증 대립 유전자를 나타낸다. 오른쪽 그림과 같이 이 대립 유전자에 대한 2개의 복사본을 가지고 있는 한 사람만 이 유전병에 대한 증상을 보인다.

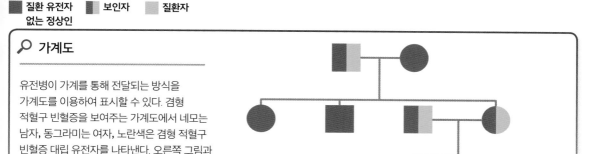

유전병을 가지고 있다.

유전자 검사

DNA 검사를 통해 유전병을 야기시킬 수 있는 대립 유전자를 가지고 있는지 조사할 수 있다. 배아가 유전병을 가지고 있는지 조사하는 것을 배아 스크린이라고 한다. 배아 스크린은 윤리적인 문제를 야기시킨다.

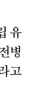

핵심 요약

✓ 유전자 검사는 유전병을 유발하는 대립 유전자가 있는지 확인하는 것이다.

✓ 배아 스크린은 사람의 배아가 유전병을 가지고 있는지 조사하는 것이다.

✓ 배아 스크린은 윤리적 문제를 야기시킨다.

배아 검사

사람이 시험관 아기를 갖고자 할 때 미리 유전병에 대한 가능성을 조사할 수 있다. 부모로부터 수집한 난자와 정자를 시험관에서 수정시켜 배아로 발생시키고, 각 배아에서 세포 한 개를 떼어 낭성 섬유증과 같은 유전병을 조사한다. 유전병에 대한 대립 유전자가 없는 배아를 골라 여성의 자궁에 착상시킨다.

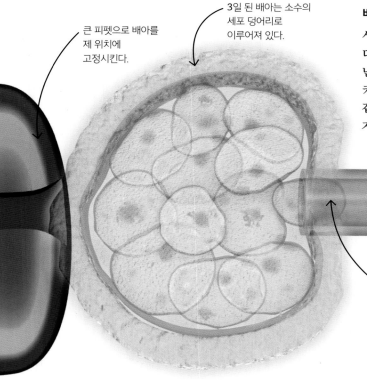

큰 피펫으로 배아를 제 위치에 고정시킨다.

3일 된 배아는 소수의 세포 덩어리로 이루어져 있다.

작은 피펫을 이용하여 배아로부터 한 개의 세포를 분리한다. 이 세포의 DNA를 이용하여 유전병을 조사한다.

🔍 배아 스크린에 대한 찬반 논쟁

찬성

● 배아 스크린은 부부가 유전병이 없는 아기를 키울 수 있도록 해준다.

● 유전자 질환을 억제하면 의료 비용이 낮아져 정부, 납세자 및 부모의 재정적 부담이 줄어든다.

반대

● 배아 스크린은 유전 질환을 가지고 있는 배아를 버리는 것이므로 이는 비윤리적이라고 할 수 있다.

● 현재는 배아 스크린을 통해 높은 IQ와 같은 좀 더 바람직한 형질을 갖는 배아를 선택하는 것을 금지하고 있지만, 훗날 이 기술이 남용될 수 있다.

성의 결정

사람이나 다른 포유류에서 X 염색체와 Y 염색체(성염색체)가 성을 결정한다. 여성은 각 세포에 2개의 X 염색체를 가지고 있으며, 남성은 X 염색체와 Y 염색체를 하나씩 가지고 있다.

성염색체

X 염색체는 Y 염색체보다 훨씬 크며, X 염색체에는 1,400개의 유전자가 있고, Y 염색체에는 70~200개 정도의 유전자가 있다. 다른 44개의 염색체와는 달리 성염색체는 감수 분열 동안 염색체를 교환하기 위해 짝을 이루지 않는다(46쪽 참조).

염색체는 세포 분열 전에 X 모양을 하고 있다. X의 각각에는 완전한 한 세트의 유전자가 있다.

Y 염색체

X 염색체

핵심 요약

- ✓ X 염색체와 Y 염색체가 사람의 성을 결정한다.
- ✓ 여성은 2개의 X 염색체를 가지고 있으며, 남성은 X 염색체와 Y 염색체를 각각 하나씩 가지고 있다.
- ✓ 정자와 난자는 각각 하나의 성염색체를 가지고 있다.

⚙ 성염색체는 어떻게 작동하나?

정자와 난자가 만들어질 때 각 세포는 하나의 성염색체를 받는다. 모든 난자는 하나의 X 염색체를 가지며, 반면에 정자 세포의 반은 X 염색체, 다른 반은 Y 염색체를 갖는다. 2개의 성염색체가 결합하여 수정될 때 난자가 Y 염색체를 만나 수정할 확률은 50%, X 염색체를 만나 수정할 확률은 50%가 된다. 따라서 아이가 남성 혹은 여성이 될 확률은 50%가 된다.

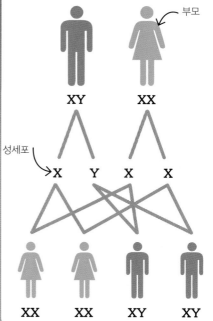

부모

XY   XX

성세포

X   Y   X   X

XX   XX   XY   XY

성염색체 연관

일부 유전되는 특징은 이들을 결정하는 유전자가 성염색체에 있기 때문에 성염색체 연관이라고 한다. 성염색체 연관 유전자들은 일반적인 유전자들과는 다른 유전 양상을 보인다.

핵심 요약

✓ 성염색체 연관 특징들은 X 염색체 또는 Y 염색체에 있는 대립 유전자들에 의해 결정된다.

✓ 성염색체 연관 유전자 이상에 의한 질환을 성염색체 연관 질환이라고 한다.

✓ 색맹은 성염색체 연관 질환의 예이다.

색맹

색맹은 X 염색체에 있는 열성 대립 유전자에 의해 야기되는 질환이다. 남성은 하나의 X 염색체를 가지고 있어 어떤 열성 대립 유전자라도 발현되기 때문에 여성보다 색맹이 더 흔하게 발생한다. 왼쪽의 유전 교배 모식도는 색맹의 유전 양상을 보여준다. X와 Y는 성염색체, 대문자 N은 정상 대립 유전자, 소문자 n은 결함이 있는 대립 유전자를 나타낸다.

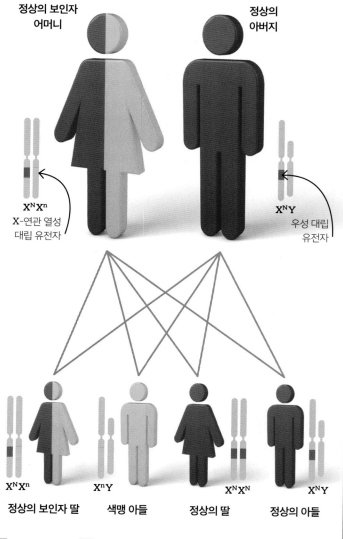

정상의 보인자 어머니

정상의 아버지

$X^N X^n$
X-연관 열성 대립 유전자

$X^N Y$
우성 대립 유전자

$X^N X^n$
정상의 보인자 딸

$X^n Y$
색맹 아들

$X^N X^n$
정상의 딸

$X^N Y$
정상의 아들

■ 색맹   ■ 정상인   ■ 보인자(질환 유전자를 가지고 있지만 영향을 받지 않은 정상인)

🔍 적록 색맹

색맹의 대부분의 형태는 적록 색맹이다. 적록 색맹은 눈에서 빛을 감지하는 단백질을 암호화하고 있는 유전자 돌연변이에 의해 발생한다. 적록 색맹인 사람은 빨간색과 녹색을 구분하는 데 어려움이 있다.

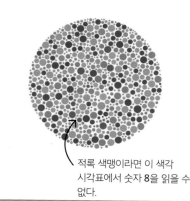

적록 색맹이라면 이 색각 시각표에서 숫자 8을 읽을 수 없다.

동물 복제

동물 복제는 유전적으로 동일한 생물을 만드는 것이다. 많은 종은 무성 생식을 할 때 자연적으로 개체를 복제하지만, 포유류와 같은 큰 동물은 무성 생식으로 자손을 늘릴 수 없다. 대신 실험실에서 포유류를 인위적으로 복제할 수 있다.

핵심 요약

✓ 동물 복제로 유전적으로 동일한 개체를 생산할 수 있다.

✓ 성체 세포 복제는 성체의 세포를 이용하여 동물을 복제하는 것이다.

✓ 배아를 나누어 이식함으로써 원하는 특징을 갖는 동물을 복제할 수 있다.

성체 세포 복제

성체 세포로부터 복제된 첫 번째 포유류는 1996년 돌리라는 양이었다. 성체 세포 복제는 성체 세포를 핵을 제거한 난자와 융합시키는 것이다. 융합된 세포가 배아로 발생하면 이를 대리모에게 착상시킨다.

🔍 배아 이식에 의한 복제

농장에서는 배아의 세포를 분리하여 유전적으로 동일한 여러 개의 배아를 만들고 대리모에 이식하는 방식으로 동물을 복제한다. 이를 통해 좋은 특징이 있는 부모로부터 많은 수의 새끼를 얻을 수 있다.

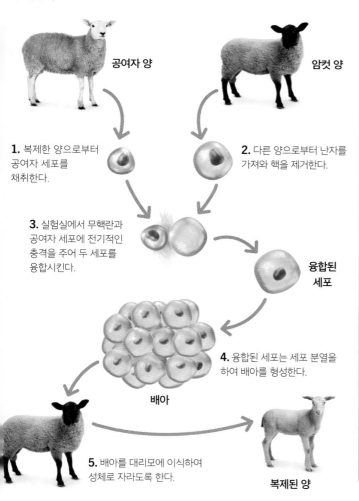

공여자 양

암컷 양

1. 복제한 양으로부터 공여자 세포를 채취한다.

2. 다른 양으로부터 난자를 가져와 핵을 제거한다.

3. 실험실에서 무핵란과 공여자 세포에 전기적인 충격을 주어 두 세포를 융합시킨다.

융합된 세포

4. 융합된 세포는 세포 분열을 하여 배아를 형성한다.

배아

5. 배아를 대리모에 이식하여 성체로 자라도록 한다.

복제된 양

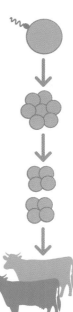

1. 좋은 특징을 가지고 있는 동물에서 정자와 난자를 채취하여 실험실에서 수정시킨다.

2. 수정란을 배아로 키운다.

3. 배아가 분화되기 전에 여러 개의 배아로 분리한다.

4. 복제된 배아를 대리모에게 이식한다.

유전공학

유전공학적인 방법으로 유전자를 한 종에서 다른 종으로 전달할 수 있다. 예를 들어 전통적인 교배 방법으로는 얻을 수 없는 유용한 특징을 농작물에 유전적인 방법으로 전달하는 것이다. 이러한 방법으로 변화된 생물을 유전자 변형 생물(GMO)이라고 한다.

인슐린 생산

인슐린은 당뇨병에 걸린 사람을 치료하기 위한 약으로 사용된다. 합성 인슐린은 유전공학적으로 제조된 세균으로 만들어진 첫 번째 의약품이다. 세균에서 플라스미드를 추출하여 사람의 인슐린 유전자를 뽑아 이 플라스미드에 끼워넣은 후, 재조합된 플라스미드를 다시 세균에 넣어 증식시킨다.

핵심 요약

✓ 유전공학적인 방법으로 인위적으로 유전자를 한 생물에서 다른 생물로 전달할 수 있다.

✓ 유전공학 기술의 장점은 농작물을 좀 더 빠르게 자라게 하고 의약품을 생산하는 것이다.

✓ 유전적으로 변형된 동물과 식물에 대한 윤리적인 문제가 있다.

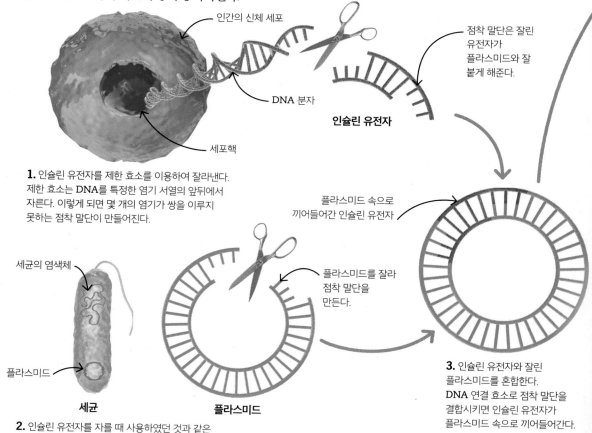

인간의 신체 세포

DNA 분자

인슐린 유전자

점착 말단은 잘린 유전자가 플라스미드와 잘 붙게 해준다.

세포핵

1. 인슐린 유전자를 제한 효소를 이용하여 잘라낸다. 제한 효소는 DNA를 특정한 염기 서열의 앞뒤에서 자른다. 이렇게 되면 몇 개의 염기가 쌍을 이루지 못하는 점착 말단이 만들어진다.

세균의 염색체

플라스미드

세균

2. 인슐린 유전자를 자를 때 사용하였던 것과 같은 제한 효소로 플라스미드를 잘라 인슐린 유전자와 끝이 상보적인 점착 말단을 만든다.

플라스미드

플라스미드를 잘라 점착 말단을 만든다.

플라스미드 속으로 끼어들어간 인슐린 유전자

3. 인슐린 유전자와 잘린 플라스미드를 혼합한다. DNA 연결 효소로 점착 말단을 결합시키면 인슐린 유전자가 플라스미드 속으로 끼어들어간다.

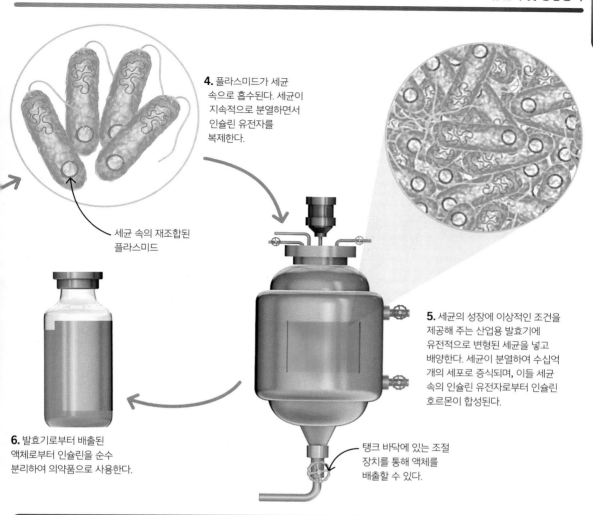

4. 플라스미드가 세균 속으로 흡수된다. 세균이 지속적으로 분열하면서 인슐린 유전자를 복제한다.

세균 속의 재조합된 플라스미드

5. 세균의 성장에 이상적인 조건을 제공해 주는 산업용 발효기에 유전적으로 변형된 세균을 넣고 배양한다. 세균이 분열하여 수십억 개의 세포로 증식되며, 이들 세균 속의 인슐린 유전자로부터 인슐린 호르몬이 합성된다.

6. 발효기로부터 배출된 액체로부터 인슐린을 순수 분리하여 의약품으로 사용한다.

탱크 바닥에 있는 조절 장치를 통해 액체를 배출할 수 있다.

🔍 유전자 변형 생물(GMO)에 대한 찬반 논쟁

찬성

- 유전자 변형 생물을 만드는 데 있어 유전공학 기술은 선택적인 교배를 이용한 전통적인 방법보다 훨씬 빠르고 강력하다.
- 유전자 변형 작물은 생산량이 늘어 식량 부족을 해결하는 데 도움이 된다.
- 해충에 저항하도록 유전적으로 변형된 작물은 살충제 등 환경에 해로운 화학 물질의 사용을 줄여준다.
- 추가적인 영양소를 얻기 위해 유전적으로 변형된 작물은 질병을 예방하는 데 도움을 준다.

반대

- 유전자 조작 식물을 야생의 식물과 교배하면 형질 전환된 유전자가 야생 식물로 들어갈 수 있다.
- 유전공학 기술은 사람이 자연계를 간섭하는 것이다.
- 유전자 변형 작물을 먹었을 때 아직 규명되지 않은 알레르기와 같은 건강 문제가 있을 수 있다.

식물의 복제

복제(클로닝)는 유전적으로 변형된 개체를 생산하는 것이다. 복제는 생물의 무성 생식 과정에 의해 자연적으로 이루어진다. 식물과 같은 많은 생물은 인공적으로 복제하는 것이 쉽다. 이러한 기술을 이용하여 원하는 특징을 갖는 식물을 빠르게 대량 생산하는 것이 가능하다.

📌 핵심 요약

✓ 복제는 유전적으로 동일한 생물을 만들어 내는 것이다.

✓ 꺾꽂이는 정원사들이 이용하는 전통적인 복제 방법이다.

✓ 미세 대량 증식법은 식물에서 작은 조직을 떼어 복제하는 기술이다.

미세 대량 증식법(Micropropagation)

종자나 꺾꽂이로 증식이 어려운 식물은 실험실에서 미세 대량 증식법으로 복제할 수 있다. 식물에서 작은 조직을 떼어 한천 젤리와 같은 인공 성장 배지 위에 놓고 조직 배양을 한다. 식물 호르몬이 뿌리와 싹이 나오도록 촉진하면 작은 식물이 만들어진다. 조직 배양으로 만들어진 작은 식물을 이용하여 이 방법을 반복함으로써 한 식물을 대량으로 복제할 수 있다.

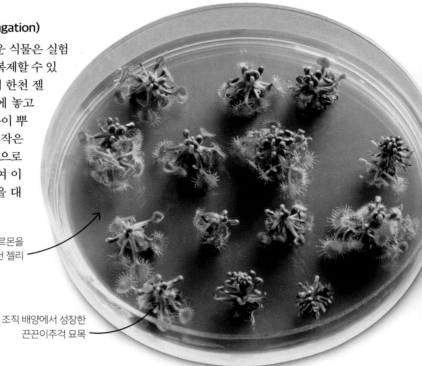

영양소와 식물 성장 호르몬을 포함하고 있는 한천 젤리

조직 배양에서 성장한 끈끈이주걱 묘목

⚙ 꺾꽂이

꺾꽂이는 수 세기 동안 식물을 증식시키기 위해 사용된 전통적인 방법이다. 식물은 수많은 줄기세포를 가지고 있어 작은 조각으로부터 재생할 수 있는 능력이 있다. 줄기세포는 분화되지 않은 세포로 어떠한 종류의 조직으로도 성장할 수 있다.

1. 꺾꽂이할 때는 식물을 자른 후 큰 잎을 없애 식물이 시드는 것을 방지한다.

2. 자른 면을 흙 속에 꽂는다.

3. 줄기세포로부터 새로운 뿌리가 나온다.

발효 공업

산업적인 발효 시스템으로 미생물을 대량으로 배양하여 포도주와 요구르트를 만드는 것에서부터 페니실린 또는 인슐린 같은 의약품까지 많은 제품을 만들 수 있다. 미생물은 발효기라고 불리는 철 탱크 안의 영양이 풍부한 액체에서 자란다.

핵심 요약

✓ 산업용 발효기는 유용 미생물을 대규모로 배양하는 데 사용되는 큰 용량의 철 탱크이다.

✓ 컴퓨터 조절 시스템을 이용하여 이상적인 성장 조건을 유지한다.

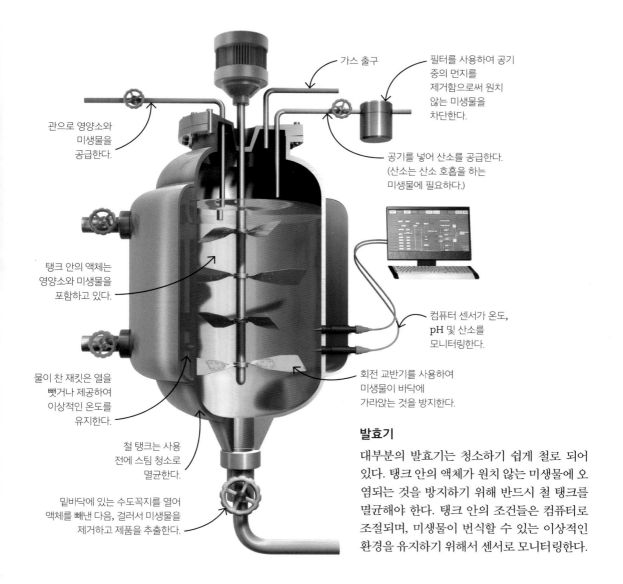

가스 출구

필터를 사용하여 공기 중의 먼지를 제거함으로써 원치 않는 미생물을 차단한다.

관으로 영양소와 미생물을 공급한다.

공기를 넣어 산소를 공급한다. (산소는 산소 호흡을 하는 미생물에 필요하다.)

탱크 안의 액체는 영양소와 미생물을 포함하고 있다.

컴퓨터 센서가 온도, pH 및 산소를 모니터링한다.

물이 찬 재킷은 열을 뺏거나 제공하여 이상적인 온도를 유지한다.

회전 교반기를 사용하여 미생물이 바닥에 가라앉는 것을 방지한다.

철 탱크는 사용 전에 스팀 청소로 멸균한다.

밑바닥에 있는 수도꼭지를 열어 액체를 빼낸 다음, 걸러서 미생물을 제거하고 제품을 추출한다.

발효기

대부분의 발효기는 청소하기 쉽게 철로 되어 있다. 탱크 안의 액체가 원치 않는 미생물에 오염되는 것을 방지하기 위해 반드시 철 탱크를 멸균해야 한다. 탱크 안의 조건들은 컴퓨터로 조절되며, 미생물이 번식할 수 있는 이상적인 환경을 유지하기 위해서 센서로 모니터링한다.

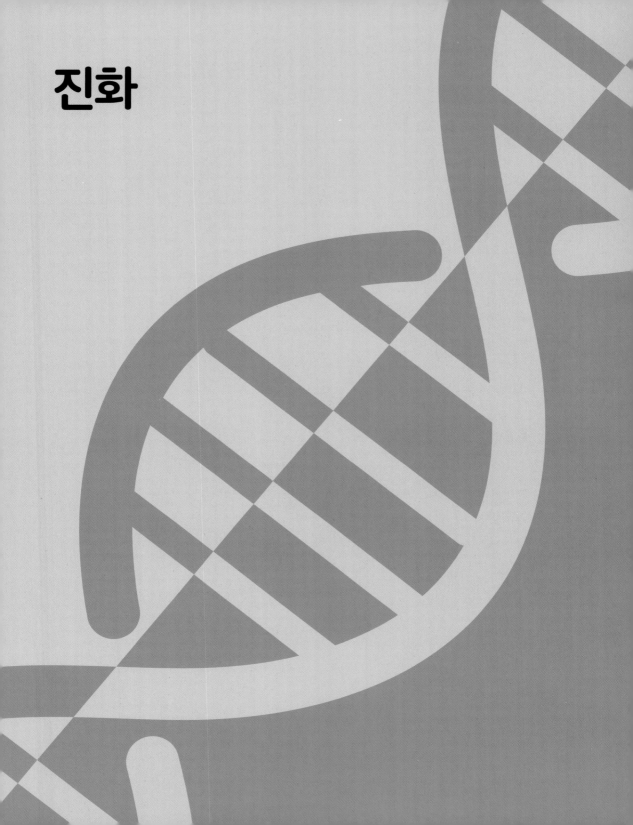

진화

변이

모든 생물은 같은 종이나 같은 가족 내에서도 약간씩 다르다. 이러한 차이를 변이라고 하며, 유전자나 환경 또는 두 가지 모두에 의해서 생길 수 있다.

📌 **핵심 요약**

✓ 같은 종 사이에서의 차이를 변이라고 한다.

✓ 변이는 유전적인 차이나 환경, 또는 두 가지 모두에 의해서 일어날 수 있다.

유전적 변이

같은 종의 많은 변이들은 유전적인 차이로부터 발생한다. 유성 생식을 하는 생물의 각 자손은 양쪽 부모 유전자들의 고유한 조합으로 만들어진다.

태어날 때 모든 고양이는 각각 고유한 유전자 세트를 가지고 있기 때문에 약간씩 다르다.

🔍 환경적 변이

환경은 생물이 발생하는 방식에 영향을 준다. 예를 들어 강한 바람을 맞으며 자라는 나무는 바람이 부는 쪽에서는 좀 더 느리게 자라고 식물이 커질수록 경사진 모습을 하게 된다. 마찬가지로 성장할 때 충분한 영양분을 섭취하지 못한 동물은 충분한 영양분을 섭취한 동물에 비해 성체 크기가 더 작다. 생물의 많은 특징은 유전자 혹은 환경 한쪽에 의해 결정되기보다는 둘 다에 의해 결정된다.

연속 변이와 불연속 변이

모든 가능한 범위에서 변이가 나타나는 개체의 특징은 연속 변이를 보여준다. 반면 한정된 수의 변이만 보여주는 특징을 불연속 변이라고 한다.

핵심 요약

✓ 키는 연속 변이를 보여주는 특징이다.

✓ 사람의 혈액형은 불연속 변이를 보여주는 특징이다.

키

동물이나 사람의 키는 연속 변이를 보여준다. 집단 내에는 가장 작은 키부터 가장 큰 키까지 다양한 크기의 개체가 존재한다. 사람에서 연속 변이를 보여주는 것으로는 몸무게, 발 크기, 손가락 한 뼘의 길이 등이 있다.

모든 애완용 개는 같은 종에 속하지만 키는 매우 다양하다.

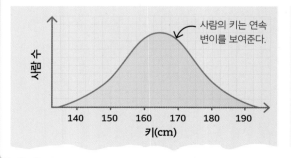

🔍 변이 차트

많은 개체의 키 측정치에 대한 빈도를 그래프로 나타내면 평균값 근처에서 최대값이 나타나는 연속적인 정규 분포 곡선을 보여준다. 반면 사람의 혈액형 같은 불연속 변이는 중앙값 없이 한정된 변이 수를 갖는다. 불연속 변이는 종종 단일 유전자에 의해 발생한다. 연속 변이는 유전자, 환경 또는 둘 다에 의해 발생할 수 있다.

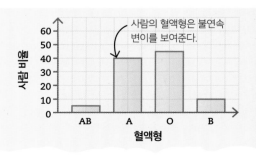

사람의 키는 연속 변이를 보여준다.

사람의 혈액형은 불연속 변이를 보여준다.

다윈과 월리스

19세기에 영국의 과학자 다윈과 월리스는 세계를 여행하면서 야생 생물을 연구하였다. 두 사람은 진화에 대해 동일한 생각을 가지고 있었는데, 그것은 종이 자연 선택이라고 알려진 과정을 통해 시간이 지남에 따라 진화한다는 것이다.

핵심 요약

✓ 다윈과 월리스는 모두 자연 선택에 의해 종이 변한다는 이론을 제안하였다.

✓ 이러한 진화 개념은 종교적인 믿음과 충돌했기 때문에 논란이 되었다.

디스커버리호 항해

1830년대에 다윈은 HMS 비글호를 타고 세계를 여행하였다. 그는 여러 섬에 살고 있는 동물들을 관찰하면서 종이 변한다는 생각을 하게 되었다. 이러한 생각은 신이 현재 상태로 모든 종을 창조하였다는 종교적 믿음에 대한 정면 도전이었기 때문에 큰 논란이 되었다. 다윈은 자신의 이론을 지지하기 위해 많은 증거들을 수집하였지만, 아직 유전자와 DNA를 발견하기 전이어서 진화를 가능하게 해주는 유전 기작을 설명할 수 없었다.

🔍 진화론의 창시자

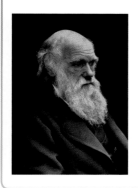

찰스 다윈(Charles Darwin, 1809~1882) 다윈은 수십 년 동안 동물·식물과 화석을 연구하여 진화에 대한 자신의 이론을 발표하였다. 그는 종 내 모든 개체들이 조금씩 다르고, 이러한 변이들 중에 일부는 생존에 더 유리하여 자손을 더 많이 낳고, 다른 개체보다 유리한 특징을 더 많이 후손에게 전달할 수 있다고 하였다. 자연 선택의 결과로 종은 환경에 적응하고, 시간이 흐르면서 점점 달라진다.

앨프리드 러셀 월리스(Alfred Russel Wallace, 1823~1913) 다윈처럼 월리스도 열대 국가를 폭넓게 여행하면서 야생 생물을 연구하였다. 월리스는 종 내에서 큰 변이를 관찰하면서 매우 비슷한 개체들이 종종 가까운 위치에서 발견되는 것을 알게 되었다. 그는 같은 종들로 구성된 다른 개체군은 자연 선택에 의해 변할 수 있으며, 이들이 충분히 달라지면 다른 종이 될 수 있다고 주장하였다.

진화

진화란 유전되는 생물의 특징이 많은 세대를 거쳐 일어나는
변화이다. 이러한 변화는 주로 자연 선택에 의해 일어난다.

핵심 요약

✓ 진화란 생물의 특징이 많은 세대를
  거쳐 일어나는 변화이다.

✓ 진화는 자연 선택에 의해 일어난다.

✓ 자연 선택은 개체군이 환경에
  적응하도록 또는 더 적합하도록
  해준다.

자연 선택

종 내 개체들에는 변이가 존재하며, 이들은 유전적인 차이로
조금씩 다른 모습을 하고 있다. 환경이나 삶의 방식에서 더 나
은 특징을 가지고 있는 개체들은 생존 가능성을 높여 더 많은
후손에게 장점이 있는 유전자를 전달한다. 이러한 생존율의 차
이를 자연 선택이라고 한다. 여러 세대에 걸쳐 자연 선택은 개
체군과 종이 환경에 더 잘 적응하도록 해준다.

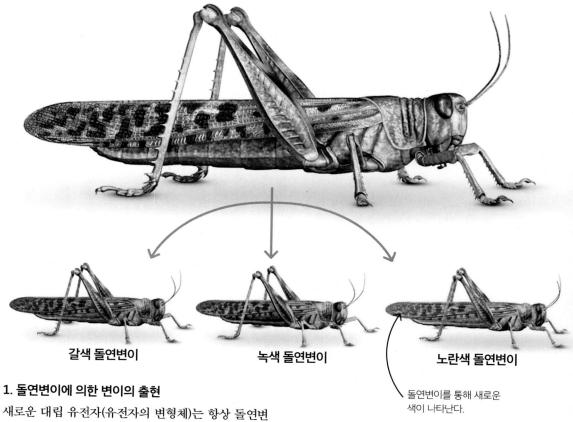

갈색 돌연변이　　　　**녹색 돌연변이**　　　　**노란색 돌연변이**

돌연변이를 통해 새로운
색이 나타난다.

1. 돌연변이에 의한 변이의 출현

새로운 대립 유전자(유전자의 변형체)는 항상 돌연변
이에 의해 생긴다(186쪽 참조). 예를 들어 메뚜기의 외
골격에 영향을 주는 유전자에 돌연변이가 일어나면 여
러 색깔을 갖는 개체군이 만들어진다.

🔍 생존을 위한 투쟁

자연 선택에 의한 진화 이론은 다윈과 월리스
(207쪽 참조)에 의해서 처음 제시되었다.
다윈은 많은 동물이 성체로 살아남는 수보다도
훨씬 많은 수의 자손을 낳는다는 것을 알았다.
예를 들어 암컷 두꺼비는 매년 2,000개의
알을 낳지만, 대부분의 자손은 생존하지
못하고 죽는다. 생존을 위한 투쟁은 가장
훌륭한 유전자를 가진 개체를 선호하는
방향으로 계속해서 자연 선택이 일어나도록
한다.

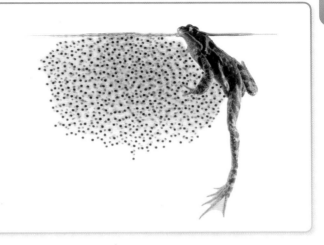

새는 녹색 풀밭에서
노란색과 갈색을 쉽게
구별할 수 있다.

녹색 메뚜기는 녹색
풀밭에서 눈에 잘 띄지
않는다.

자연 선택으로 개체군의
색깔이 변한다.

갈색과 노란색 메뚜기는
갈색 풀밭에서 눈에 잘
띄지 않는다.

2. 적자생존

녹색 잎사귀에서 녹색 메뚜기를 찾는 것은 어렵지만,
갈색과 노란색 메뚜기는 눈에 잘 띄어 더 쉽게 먹힌다.
녹색 메뚜기는 생존하여 그들의 유전자를 자손에게
물려주기 때문에 그 수가 점점 더 많아진다. 이러한 과
정을 자연 선택 혹은 적자생존이라고 한다.

3. 환경의 변화

시간이 흐르면서 환경은 변한다. 예를 들어 기후는
더 건조해져 식물이 줄어들 수 있다. 그렇게 되면 녹
색 메뚜기가 더 쉽게 눈에 띄어 포식자의 표적이 되
기 때문에 노란색 또는 갈색 메뚜기가 좀 더 잘 생존
한다. 노란색 표피를 결정짓는 유전자가 개체군 내
에 더 흔하게 나타나고, 전체 개체군은 환경의 변화
에 적응하게 된다.

화석

화석은 먼 과거에 살았던 생물의 잔유물이거나 형상이다. 화석 기록은 진화론을 지지해 주며, 종이 시간이 지남에 따라 변화해 왔고, 과거의 종이 오늘날의 종과 관련이 있다는 것을 보여준다.

과거 시대의 증거

화석 기록이 불완전하더라도 많은 화석들은 어떤 길을 거쳐 진화가 이루어졌는지 보여준다. 1억 2,200만 년 전의 공룡인 시노르니토사우루스(*Sinornithosaurus*)의 화석이 1999년 중국에서 발견되었다. 땅 위에서 살았던 이 작은 동물은 새털과 같은 깃털로 덮여 있었지만, 현대 새와는 달리 이빨, 꼬리뼈와 발톱을 가지고 있었다. 공룡과 새의 특징이 동시에 나타났다는 것은 새가 공룡으로부터 진화해 왔다는 이론을 뒷받침해 준다.

이 화석은 새털과 같은 깃털의 모습을 보여준다.

꼬리뼈는 전형적인 공룡의 특징이다.

핵심 요약

✓ 화석 기록은 진화론을 뒷받침해 준다.
✓ 과거에 사라진 종은 오늘날의 종과 연관이 있다.

🔍 화석은 어떻게 만들어지나?

대부분의 화석은 뼈나 패각처럼 쉽게 분해되지 않는 몸의 단단한 부위로부터 만들어진다. 수백만 년 동안 진흙에 묻혀 있다가 결국에는 미네랄로 대체되어 바위로 변한다. 화석은 또한 생물의 형상이나 발자국으로부터 만들어질 수 있다. 몇몇 화석 중에는 호박이나 아스팔트 같은 물질 속에 온전히 보존되어 있는 것도 있다.

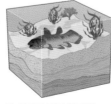

1. 동물이 죽어 해저의 진흙 속에 묻힌다.

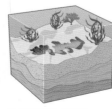

2. 퇴적물이 시체를 덮는다. 시간이 지남에 따라 동물의 유해와 퇴적물이 암석으로 변한다.

3. 수백만 년 후에 지각의 변동으로 화석이 표면으로 올라온다.

항생제 저항성 세균

진화는 많은 세대를 거쳐 일어나기 때문에 사람처럼 긴 수명을 가진 종에서는 관찰하기 어렵다. 하지만 세균은 보통 30분보다 짧은 세대 주기를 가지고 있어 매우 빠르게 진화할 수 있다. 항생제를 광범위하게 사용함으로써 사람의 건강을 심각하게 위협하는 항생제 저항성 세균이 출현하였다.

핵심 요약

✓ 세균은 짧은 세대 주기를 가지고 있어 매우 빠르게 진화할 수 있다.

✓ 항생제를 광범위하게 사용함으로써 항생제에 저항하는 초강력 균이 출현하였다.

내성 진화

모든 종과 마찬가지로 세균도 자연 선택 과정에 의해 시간이 지나면서 변할 수 있다. 항생제를 사용하면 항생제에 저항성을 나타내는 유전자 돌연변이에 유리한 '선택적 압력'이 생긴다. 항생제 내성 세균의 한 예로 초강력 균인 메티실린 내성 황색 포도상 구균(MRSA)이 있다. MRSA 감염은 병원에서 흔한 편이지만 치명적일 수 있다.

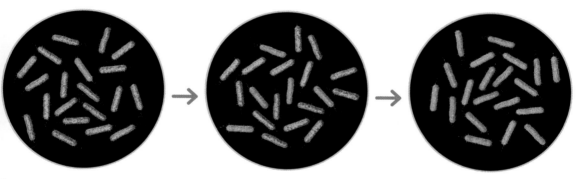

1. 무작위적인 돌연변이로 세균이 항생제 내성을 가질 수 있다.

2. 세균이 항생제에 노출되면 자연 선택이 일어난다. 내성이 없는 세균은 죽고, 내성이 있는 돌연변이 세균은 계속 분열한다.

3. 결국 전 개체균이 항생제 내성을 갖게 된다.

🔍 초강력 균과의 전쟁

항생제 내성 초강력 균이 출현하면 건강에 상당한 위협이 된다. 새로운 항생제가 개발되고 있지만, 개발이 느리고 비용도 많이 들어간다. 한편 항생제 내성균의 진화를 억제하거나 늦출 수 있는 여러 방안들이 있다.

1. 의사들은 독감이나 감기 바이러스 같은 바이러스에 대해 항생제를 부적절하게 처방하지 말아야 한다.

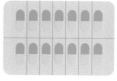

2. 항생제를 처방받은 환자는 전체 치료 과정을 완료해야 한다. 이렇게 함으로써 모든 세균을 죽여 돌연변이가 내성 형태로 변하지 않도록 한다.

3. 몇몇 국가는 농장에서 항생제를 이용하여 동물을 빠르게 키우는 것을 금지하고 있다.

선택적 번식

가축이나 식물의 특징은 선택적 번식을 통해서 변화될 수 있다. 이러한 인위적인 선택은 자연 선택과 유사한 방식으로 작용하지만, 더 빠르고 사람에 의해서 조절된다.

식물의 번식

사람은 수천 년 전에 곡식과 가축을 키우기 시작하면서부터 선택적 번식을 이용하였다. 선택적 번식은 가장 훌륭한 특징을 가진 부모를 선택하여 자손을 낳게 하는 것이다. 여러 세대를 거치면서 계속해서 선택적으로 번식시키다 보면 바람직한 개체를 갖는 자손을 더 많이 얻을 수 있다. 예를 들어 우리가 먹는 많은 채소 작물은 선택적 번식에 의해서 변화된 양배추의 다른 부분으로부터 유래한 것이다.

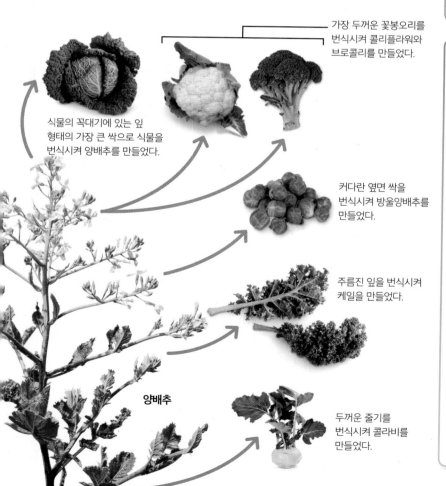

가장 두꺼운 꽃봉오리를 번식시켜 콜리플라워와 브로콜리를 만들었다.

식물의 꼭대기에 있는 잎 형태의 가장 큰 싹으로 식물을 번식시켜 양배추를 만들었다.

커다란 옆면 싹을 번식시켜 방울양배추를 만들었다.

주름진 잎을 번식시켜 케일을 만들었다.

양배추

두꺼운 줄기를 번식시켜 콜라비를 만들었다.

📌 **핵심 요약**

✓ 선택적 번식은 원하는 특징을 갖는 부모를 선택하여 교배함으로써 자손을 얻는 것이다.

✓ 선택적 번식은 인위적 선택이라고도 하며, 자연 선택과 유사한 방식으로 작용한다.

✓ 사람은 수천 년 동안 선택적 번식을 이용하여 곡식과 가축을 생산하였다.

🔍 선택적 번식에 대한 찬성과 반대

찬성
- 선택적 번식으로 만들어진 농장의 동물은 좀 더 많은 고기나 젖, 털, 알을 생산한다.
- 곡물은 좀 더 빠르게 자라고 생산량이 더 많다.
- 정원 식물은 좀 더 크고 더 화려한 꽃을 갖는다.
- 개와 같은 애완동물은 온순한 성격을 갖는다.

반대
- 선택적 번식을 하면 곡식은 유전적으로 다양성이 줄어 질병에 더 잘 걸린다.
- 선택적 번식은 근친 교배로 이어지며, 이로써 유전적 결함에 기인한 건강 문제가 발생할 수 있다.
- 선택적 번식은 유전공학적 기법에 의한 번식보다 훨씬 느리다.

종 분화

종이란 교미를 통해 생식이 가능한 자손을 만들어 내는 유사한 생물들의 그룹이다. 한 종이 개체군으로 분리된 후 너무 많이 달라져 더 이상 그들 간에 교미를 할 수 없게 되면 새로운 종의 형성, 즉 종 분화가 일어난다.

핵심 요약

✓ 종이 다른 개체군으로 나누어지면 그 개체군은 다른 종으로 진화할 수 있다.

✓ 지리적 격리는 새로운 종이 생길 수 있는 중요한 요인 중 하나이다.

지리적 격리

한 종이 지리적 격리에 의해 다른 개체군으로 나누어지면 그 개체군은 다른 종으로 진화할 수 있다. 수백만 년 전에 조상 거북이가 태평양에 위치한 갈라파고스 제도에 상륙하였는데, 각 섬에 고립된 개체군은 섬의 환경에 적응하여 새로운 종으로 진화하였다. 건조한 기후에 관목이 많은 에스파뇰라섬에 사는 거북이는 관목을 먹고 살아야 했기 때문에 긴 목과 안장형 등껍질을 갖는 거북이로 진화하였다. 반면에 비가 많이 오는 이사벨라섬의 거북이는 지상의 식물을 먹을 수 있어 짧은 목과 돔 형태의 등껍질을 갖는 거북이로 진화하였다.

건조한 섬의 거북이는 목이 길고 안장형의 등껍질을 가지고 있다.

물이 많고 지상에 풀이 많은 섬의 거북이는 목이 짧고 돔 형태의 등껍질을 가지고 있다.

갈라파고스 제도

이사벨라섬

에스파뇰라섬

🔍 격리 기작

밀접한 종들이 접촉하게 되면 이들 간에 교미가 일어나 종 간 잡종 자손이 태어날 수 있다. 이 잡종 자손은 보통 불임이다. 부모의 입장에서 보면 잡종 자손을 낳는 것은 시간과 자원을 낭비하는 것이어서 교미 짝을 찾을 때는 자신의 종을 인식하는 것이 중요하다. 많은 동물 종은 색깔이나 소리를 이용하여 자신의 종을 파악한다. 예를 들어 나비는 날개 색깔을 이용하여 같은 종을 인식하고, 새는 독특한 소리로 자신의 종을 인식한다. 종을 구분하게 하는 이러한 신호들을 격리 기작이라고 한다.

멸종

한 종의 개체가 모두 죽으면 그 종은 지구상에서 사라지며 다시는 복원될 수 없다. 이것을 멸종이라고 한다. 현재 지구상에 존재하였던 대부분의 종들은 멸종된 상태이다.

도도새의 멸종

도도새는 모리셔스 제도에서 살았던 매우 크고 날지 못하는 새였다. 1598년 항해사들이 모리셔스 제도에 상륙했을 때 이들에 의해 처음 발견되었다. 그 후 몇 년 동안 개체수가 급속히 감소하였는데, 항해사들이 도도새가 살았던 숲을 파괴하고, 고기 섭취를 위해 새를 죽이고, 섬에 돼지, 원숭이, 개, 고양이, 쥐 같은 포식자들을 들여왔기 때문이었다. 약 1662년에 마지막 남은 도도새가 죽음으로써 이 종은 지구상에서 멸종되었다.

격리된 섬에서 살고 있는 많은 새들과 마찬가지로, 도도새는 비행 능력을 상실하여 새로 도입된 포식자로부터 도망갈 수 없었다.

도도새의 복원

핵심 요약

✓ 멸종은 지구의 모든 지역에서 특정 종의 개체들이 사라지는 것이다.

✓ 멸종은 사람의 활동을 포함하여 많은 요인에 의해서 일어날 수 있다.

멸종의 원인

멸종은 지구 전 역사를 통해 일어났으며, 멸종의 원인으로는 오른쪽에 나열된 것들을 포함하여 많은 것들이 있다.

사람을 포함한 사냥하는 새로운 포식자의 출현	소행성 충돌이나 대규모 화산 폭발 같은 자연 재해
동일한 자원과 서식지를 차지하기 위해 경쟁하는 새로운 종의 출현	숲과 같은 자연 서식지의 손실
치명적인 새로운 질병의 확산	새로운 종으로의 점진적인 변화
기후 변화	

생태학

생태학

생태학은 생물 상호 간에 그리고 환경과 상호 작용하는 방식을 연구하는 학문이다. 생태계는 생물과 이들이 살아가는 환경으로 구성되어 있다.

아프리카의 초원 생태계

생태계에는 많은 동식물들이 있다. 생태계를 구성하는 생물들을 생물적 구성 요소 혹은 생물적 요인이라고 한다. 생태계는 비생물학적 요인인 물, 온도, 빛, 바람과 같은 환경적인 요인에 의해 영향을 받는다.

핵심 요약

✓ 생태계는 살아 있는 생물 군집과 이들이 살아가는 환경으로 구성되어 있다.

✓ 개체군은 같은 지역에서 살고 있는 같은 종들의 그룹이다.

✓ 군집은 생태계에서 살고 있는 모든 생물에 대한 개체군들로 구성되어 있다.

✓ 서식지는 특정한 생물이 살아가는 생태계 내 장소이다.

군집은 생태계에서 상호 작용하는 모든 생물들로 구성되어 있다.

생물은 생존하는 데 도움이 되는 서식지에 적응되어 있다. 예를 들어 기린은 긴 목의 도움으로 높은 나무에 있는 잎을 뜯어먹고 살아간다.

서식지는 생물이 보통 발견되는 장소이다. 예를 들어 흰개미는 지상에서 큰 둥지를 만든다.

특정 지역에서 살고 있는 한 생물종에 속하는 모든 개체들을 합하여 하나의 개체군이라고 한다.

생태계

지구상에는 산호초, 사막, 열대우림, 초원, 툰드라 같은 다양한 생태계가 존재한다.

산호초

사막

열대우림

상호 의존성

군집 내 생물들은 먹이나 보금자리 같은 많은 것들에 대해 상호 의존적이다. 이것은 생태계 내에서 한 종의 개체군의 변화가 같은 군집 내의 많은 다른 종들에 영향을 줄 수 있다는 것을 의미한다.

동물과 식물의 상호 의존

어미 푸른박새는 나무 위 안전한 장소를 찾아 둥지를 지어야 한다. 이 새는 또한 새끼에게 줄 먹이를 찾아야 한다.

핵심 요약

✓ 군집 내 생물들은 서로 의존적이다. 이것을 상호 의존성이라고 한다.

✓ 동물은 보금자리와 먹이를 식물을 통해서 얻을 수 있다.

✓ 동물은 다른 동물을 먹이로 섭취할 수 있다.

✓ 일부 식물은 동물에 의해 수분이 이루어지거나 씨앗을 퍼뜨린다.

푸른박새 새끼는 떡갈나무 숲에서 가장 흔한 특정 나방의 애벌레를 좋아한다. 어미 새는 한 마리의 새끼를 먹여 살리기 위해 하루에 100마리의 애벌레를 잡아야 한다.

푸른박새는 떡갈나무, 물푸레나무, 오리나무에 구멍을 내 둥지를 만든다.

🔍 동물에 대한 식물의 의존성

식물은 여러 면에서 동물에게 의존한다. 예를 들어 많은 현화식물의 수분은 곤충에 의해 매개되며, 일부 식물은 동물을 통해 성장이 가능한 장소로 씨앗을 퍼뜨린다.

꽃을 수분시키는 꿀벌

씨앗을 묻는 다람쥐

먹이에 따른 분류

생물 간의 먹이 관계를 설명하는 방법에는 여러 가지가 있다. 이를 설명하는 데 사용되는 용어는 논의되는 관계에 따라 달라진다.

핵심 요약

✓ 포식자는 피식자를 죽여 먹는다.
✓ 육식 동물은 고기를 먹으며, 초식 동물은 식물을 먹는다.
✓ 생산자는 영양분을 스스로 만들며, 소비자는 다른 생물을 먹음으로써 먹이를 섭취한다.

포식자, 피식자, 청소부 동물	포식자는 다른 동물을 먹는 동물이다. 포식자에 의해 잡혀 먹히는 동물을 피식자라고 한다. 청소부 동물은 죽은 사체를 먹는 동물이다.	  피식자 / 포식자 / 청소부 동물
육식 동물, 초식 동물, 잡식 동물	육식 동물, 초식 동물, 잡식 동물은 그들이 섭취하는 먹이에 따라 구분된다. 육식 동물은 고기만 먹는 동물이고, 초식 동물은 식물만 먹는 동물이며, 잡식 동물은 동물과 식물을 모두 먹는 동물이다.	  육식 동물 / 초식 동물 / 잡식 동물
생산자, 소비자	생산자와 소비자는 먹이 사슬이나 먹이 그물에서 영양 단계를 설명하는 용어이다. 생산자란 환경으로부터 에너지를 획득하여 스스로 영양분을 만드는 생물이다. 예를 들어 식물과 조류는 빛 에너지를 이용하여 광합성을 한다. 소비자는 다른 생물을 먹음으로써 먹이를 섭취한다. 모든 동물은 소비자이다.	  생산자 / 소비자

🔍 분해자

사체나 배설물을 먹는 생물을 분해자라고 한다. 소화 과정에서 이들이 유기물을 분해하는 것을 도와주기 때문이다. 분해자로는 균류와 세균이 있다. 지렁이와 쥐며느리 같은 일부 동물은 죽어서 부패 중인 동식물의 잔해를 먹어 분해한다.

곰팡이는 분해자이다.

지렁이는 찌꺼기를 먹는다.

먹이 그물

군집에서 영양 단계는 먹이 그물로 표시할 수 있다. 먹이 그물은 광합성을 통해 스스로 영양분을 생산하는 식물이나 조류와 같은 생산자 단계에서 시작된다.

먹이 그물

다음 먹이 그물에서 화살표는 각 생물이 어떤 동물에 의해 먹히는지를 보여준다. 예를 들어 검은지빠귀는 민달팽이의 포식자이며, 매의 피식자이다. 화살표는 또한 먹이 사슬에 따른 에너지의 이동을 보여준다.

2차 및 3차 소비자

2차 소비자란 1차 소비자인 초식 동물을 먹는 육식 동물을 말한다. 2차 소비자를 먹는 동물을 3차 소비자라고 한다.

1차 소비자

식물을 먹는 동물을 1차 소비자라고 한다. 모든 소비자는 살아 있는 다른 생물을 먹이로 섭취한다.

생산자

생산자는 빛 에너지를 이용하여 스스로 영양분을 만드는 식물이다.

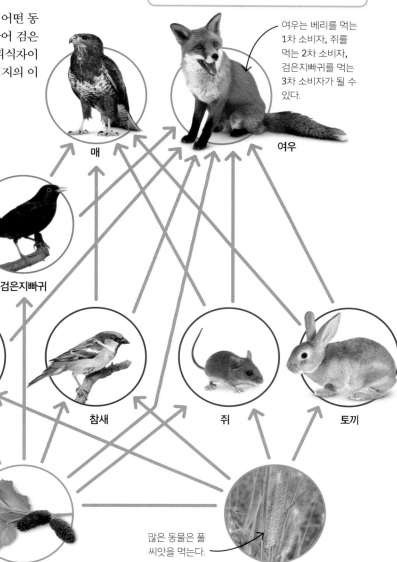

여우는 베리를 먹는 1차 소비자, 쥐를 먹는 2차 소비자, 검은지빠귀를 먹는 3차 소비자가 될 수 있다.

검은지빠귀는 베리를 먹는 1차 소비자이지만, 민달팽이를 먹기 때문에 2차 소비자이기도 하다.

많은 동물은 풀 씨앗을 먹는다.

매　　여우

검은지빠귀

민달팽이　　참새　　쥐　　토끼

베리(열매)　　풀

분해자

분해자는 다른 생물의 죽은 잔해를 먹는 생물이다. 분해자는 생태계 내 유기물에 존재하는 탄소, 질소 그리고 다른 미네랄들을 재활용하는 데 중요한 역할을 한다.

핵심 요약

✓ 분해자는 죽은 동식물이나 이들의 잔해를 분해하는 세균과 균류와 같은 생물이다.

✓ 분해자는 생태계에 있는 미네랄 같은 물질을 재활용하는 데 중요한 역할을 한다.

✓ 분해 과정을 거쳐 퇴비와 바이오가스 같은 유용한 산물을 얻을 수 있다.

균류

균류에 의한 분해

균류나 다른 분해자는 죽은 생물을 먹을 때 영양소를 흡수할 수 있는 좀 더 작은 분자로 분해한다. 그렇게 함으로써 미네랄 같은 유용한 물질을 흙으로 방출한다. 그러면 식물은 이러한 미네랄을 흡수하여 성장한다. 유용한 물질은 성장, 죽음 및 분해 과정을 거치면서 생태계를 통해 계속해서 재활용된다.

균류의 주요 구성체는 균사라고 불리는 실 형태의 흰색 균사체이다. 균사체는 썩은 나무와 같은 죽은 물질을 파고들어가 성장한다. 버섯은 오직 포자를 방출하기 위해서 자라는 것으로, 이는 버섯이 번식하는 데 도움을 준다.

🔍 분해의 예

유용한 분해

죽은 식물로 퇴비를 만들어 정원의 흙을 비옥하게 하고자 할 때 균류와 세균을 이용한 분해가 도움이 된다. 또한 동물 폐기물로 바이오가스를 만드는 데에도 사용된다.

도움이 되지 않는 분해

세균의 호흡과 성장을 늦추기 위해 음식을 차갑게 하거나, 건조한 상태에 두거나, 또는 산소가 없는 상태로 보관하지 않으면 음식은 균류와 세균에 의해 빠르게 분해된다.

부패 중인 음식에서 관찰되는 솜털 같은 것은 곰팡이가 자란 것이다.

비생물적 요인

비생물적인 요인은 생태계에서 생물에 영향을 주는 환경적인 조건들이다. 이러한 요인으로는 강수량, 온도, 빛의 세기 그리고 토양의 pH와 미네랄 함량이 있다.

📌 **핵심 요약**

✓ 비생물적 요인은 생태계 내에서 생물에 영향을 주는 환경에 의해 발생하는 요인이다.

✓ 비생물적 요인의 예로는 강수량, 온도, 빛의 세기, 토양의 pH 및 미네랄 함량이 있다.

✓ 많은 종은 특정한 비생물적인 조건에 적응되어 있다.

✓ 생태계 내의 비생물적 요인이 변하면 군집 내의 일부 생물은 죽을 수도 있다.

비생물적 요인의 작용

비생물적 요인은 여러 면에서 생물에 영향을 미친다. 물이 없는 극단적인 조건의 생태계에서는 동식물이 생존하기 위해서 특별한 적응이 필요하다. 모든 생태계는 비생물적인 요인의 갑작스런 변화에 영향을 받을 수 있다.

빛을 향한 이동

다른 나무에 붙어살되 영양분을 뺏지 않는 착생 식물은 열대우림의 나무 위 높은 곳에서 자라 광합성에 필요한 충분한 빛을 받을 수 있다. 나무 아래는 대부분의 식물이 자라기에 빛이 너무 적다.

착생 식물인 난초

극단적인 온도 이상

사막의 열이나 가뭄 속에서 살아남을 수 있는 식물과 동물은 많지 않다. 사막에서 살아남은 식물은 물의 손실을 줄이기 위해 잎이 거의 없으며, 동물은 보통 좀 더 시원한 밤에만 밖으로 나온다.

사막 식물은 깊은 뿌리를 가지고 있어 비가 올 때 가능한 한 많은 물을 빨아들인다.

강한 바람

바람이 너무 강하게 불면 나무 기둥이 부러진다.

강한 바람은 숲속의 많은 나무에 손상을 입힌다. 이로 인해 더 많은 빛이 숲 바닥에 도달해 식물에 영향을 미치고, 식물을 먹고 사는 동물에도 영향을 미친다.

이 소들은 물에 잠긴 들판에서 풀을 찾아 먹는 데 어려움이 있다.

홍수

동식물은 비가 너무 많이 오면 피해를 입게 된다. 식물은 뿌리가 물에 잠기면 죽을 수 있고, 동물은 홍수가 나면 이동하기 어려워진다.

생물학적 요인

생태계는 다양한 요인에 의해 만들어진다. 생명체로부터 생태학적인 관계에 이르기까지 생태계에 영향을 주는 생물학적인 모든 것을 생물학적 요인이라고 한다.

생물학적 요인의 변화
생물학적 요인에는 먹이의 이용 여부, 질병, 사람의 출현, 그리고 포식과 경쟁 같은 관계가 있다.

핵심 요약

✓ 생물학적인 요인은 생태계의 모든 생물을 포함한다.

✓ 먹이의 이용 여부, 사람이나 질병의 출현은 생물학적 요인의 예이다.

✓ 포식과 경쟁과 같은 생태학적 관계도 생물학적 요인이다.

✓ 생물학적 요인의 변화는 생태계에서 종의 풍부함이나 분포에 변화를 줄 수 있다.

먹이의 이용 여부
생태계가 먹여 살릴 수 있는 동물의 수는 먹이의 양에 제한을 받는다. 예를 들어 가뭄으로 먹이가 부족해지면 개체군 내 동물의 수가 줄어든다. 이러한 종류의 생물학적 요인을 제한 요인이라고 한다.

영양의 수는 풀의 양에 제한을 받는다.

모기와 같은 혈액을 빨아먹는 곤충은 질병을 확산시킬 수 있다.

질병
많은 질병은 세균과 바이러스 같은 감염성 미생물이나 곤충을 통해 운반되는 기생충에 의해 발생할 수 있다. 생태계에 새로운 질병이 나타나면 빠르게 퍼져 동물이나 식물의 개체군을 급격하게 감소시킬 수 있다.

포식
포식자는 다른 동물, 즉 피식자를 잡아먹는 동물이다. 생태계 내에서 포식자는 피식자의 수에 영향을 준다. 포식자 개체군이 줄어들면 피식자 개체군은 증가한다. 건강한 생태계에서는 포식자와 피식자의 수가 보통 균형을 이루고 있다.

포식자인 사자는 영양을 잡아먹는다.

하이에나와 독수리는 사체를 차지하기 위해 경쟁한다.

경쟁
다른 종들이 같은 먹이를 필요로 한다면 이들을 경쟁자라고 한다. 예를 들어 사체를 찾는 청소부 동물은 고기를 차지하기 위해 경쟁을 하며, 같은 장소에서 자란 식물은 빛을 더 받기 위해 경쟁한다. 생태계에 있는 한 종의 개체군이 감소하면 경쟁자의 수는 증가하게 된다.

🔍 경쟁의 형태

두 가지 형태의 경쟁이 있다. 하나는 종 간 경쟁으로, 고기를 차지하려고 싸우는 독수리와 하이에나처럼 다른 종 사이에서 일어나는 경쟁이다. 다른 하나는 종 내 경쟁으로, 같은 종 내에서 벌어지는 경쟁이다. 예를 들어 코끼리물범은 암컷을 차지하기 위해 경쟁을 하며, 승자가 암컷과 교미를 하게 된다.

남부코끼리물범

포식자-피식자 주기

포식자는 피식자를 먹어 그 수를 감소시키지만,
피식자의 수가 너무 줄어들어 같은 종의 포식자
간에 먹이를 놓고 경쟁을 하면 일부는 굶어 죽게
된다. 포식자와 피식자 간의 이러한 관계를 포식
자-피식자 주기라고 한다.

핵심 요약

✓ 생태계에서 포식자 수는 피식자 수에 영향을 주며, 그
  반대로 피식자 수도 포식자 수에 영향을 미친다.

✓ 생태계에서 포식자와 피식자 수가 변하는 것을
  포식자-피식자 주기라고 하며, 그래프로 나타낼 수 있다.

✓ 단순한 포식자-피식자 주기는 포식자가 먹이를 찾아
  다른 곳을 갈 수 없는 매우 단순한 먹이 사슬에서 일어날
  수 있다.

스라소니-눈신토끼 주기

북극 툰드라 일부 지역에서 스라소니는 주로 눈신토
끼를 잡아먹는다. 다음 그래프는 스라소니와 눈신토
끼 개체군이 시간이 지남에 따라 어떻게 한 개체군
에서의 변화가 다른 개체군에 영향을 주면서 증가하

고 감소하였는지를 보여준다. 좀 더 복잡한 생태계에서
는 포식자가 다양한 종류의 먹이를 먹기 때문에 이러한
주기는 명확하지 않다.

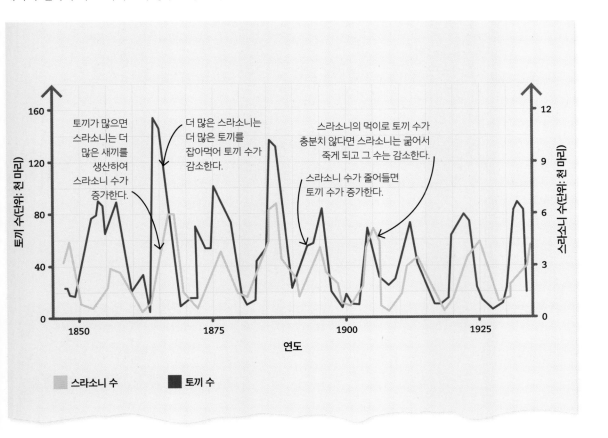

사회적 행동

많은 동물은 독립적인 생활을 하지만, 어떤 동물은 사회적 집단생활을 한다. 함께 살아가고 협력함으로써 생존의 기회를 높일 수 있다.

사회적 행동의 장점

사회적 행동은 포식자의 공격으로부터 방어하는 데 도움이 되며, 좀 더 쉽게 먹이를 획득하거나 환경으로부터 개체를 보호하는 데 도움이 된다.

핵심 요약

✓ 많은 동물은 사회적 집단으로 살아간다.

✓ 사회적 행동은 종종 생존의 기회를 높인다.

✓ 사회적 집단에서 활동하는 동물들은 종종 서로 밀접한 관련이 있다.

꿀벌

한 마리의 꿀벌이 먹이를 발견하면 그 꿀벌은 8자춤으로 벌집에 있는 다른 꿀벌들에게 위치를 알려준다. 춤을 통해 먹이의 방향과 거리를 알려줌으로써 다른 꿀벌들이 먹이를 찾는 데 들이는 시간과 에너지를 줄여준다.

벌집에는 6만 마리 이상의 꿀벌이 있다.

늑대

늑대는 최대 20마리가 무리를 지어 함께 살아간다. 함께 생활함으로써 더 많은 눈으로 포식자를 감시하여 더 안전하게 살아갈 수 있다. 또한 이들은 팀으로 사냥하기 때문에 자신보다 훨씬 큰 먹이를 사냥하는 것이 가능하다.

늑대 무리는 먹이 근처에 가면 흩어져 다른 방향에서 공격하여 사냥 성공률을 높인다.

물고기 떼의 크기는 포식자보다도 훨씬 클 수 있다.

물고기 떼

작은 물고기가 커다란 포식자를 마주하면 떼를 지어 조화롭게 헤엄친다. 물고기들이 빽빽하게 떼를 지어 헤엄쳐 포식자를 혼란스럽게 만들기 때문에 포식자가 개별 물고기를 떼어내 잡아먹는 것이 쉽지 않다.

황제펭귄은 수십만 마리의 거대한 군집을 형성한다.

황제펭귄

수컷 황제펭귄은 추운 남극의 겨울을 나기 위해 함께 빽빽하게 모여 온기를 보존한다. 바깥쪽에 있는 펭귄이 중앙 쪽으로 이동하면서 모두가 따뜻함을 느낄 수 있도록 한다.

🔍 유전자와 사회적 행동

사회적 생활을 하는 동물들은 매우 밀접하게 관련되어 있다. 예를 들어 많은 개미 집단에서 일개미는 유전자의 4분의 3을 공유하는 자매들이다. 일개미는 번식할 수 없지만, 여왕개미를 도와 더 많은 일개미가 태어나도록 하여 자신의 유전자가 많은 자손에게 전달되도록 한다.

불개미는 큰 둥지를 짓기 위해 함께 일한다.

에너지 전달

모든 생물은 살아 있는 세포 내에서 일어나는 화학 반응을 수행하기 위해 에너지가 필요하다. 식물은 광합성을 하는 동안 빛으로부터 에너지를 얻어 녹말 형태로 조직에 저장하며, 동물은 먹이에 있는 영양분을 분해하여 에너지를 얻는다.

핵심 요약

✓ 동물은 먹이로부터 에너지를 얻는다.

✓ 식물은 광합성 과정에 의해 태양으로부터 에너지를 얻는다.

✓ 생물은 화학 반응에 의해 방출되는 열의 형태로 환경에 에너지를 빼앗긴다.

✓ 동물은 요소와 대변의 형태로 환경에 에너지를 빼앗긴다.

✓ 획득한 에너지의 극히 일부만이 다음 영양 단계(소비자)로 전달된다.

토끼에서의 에너지 전달

성장하는 동물이 먹이로부터 얻는 에너지의 아주 일부만이 조직에 저장되며, 이들의 합을 생물량이라 한다. 나머지는 사용되는 동안 주변으로 빠져나가거나 폐기물로 배출된다.

토끼는 섭취한 식물로부터 에너지를 얻는다.

토끼가 호흡과 같은 화학 반응을 하는 동안에 열이 방출되면서 많은 에너지가 손실된다.

먹이로부터 얻는 에너지의 아주 적은 양만이 토끼의 조직에 저장된다. 이것이 여우가 토끼를 잡아먹을 때 여우로 전달되는 식물로부터의 유일한 에너지이다.

일부 에너지는 토끼로부터 배출되는 소변과 대변에 있는 물질을 통해 손실된다.

🔋 에너지 전달 효율 계산하기

에너지가 먹이 사슬을 따라 이동할 때 에너지의 많은 양이 밖으로 빠져나간다. 에너지 전달 효율은 한 영양 단계에서 다음 영양 단계 사이에 얻어진 에너지를 %로 나타낸 것이다.

$$\text{에너지 전달 효율} = \frac{\text{영양 단계에 생물량으로 저장된 에너지}}{\text{영양 단계에 이용할 수 있는 에너지}}$$

에너지 전달 효율은 서로 다른 생물체 사이에서 많은 차이가 있다. 예를 들어 추운 지방에 살고 있는 동물은 더운 지방에 살고 있는 동물보다 주변에 열의 형태로 훨씬 많은 에너지를 빼앗긴다.

예: 수생 생태계의 특정 지역에서 1차 소비자의 생물량으로 축적된 에너지는 6,184 kJ/m², 2차 소비자의 생물량으로 축적된 에너지는 280 kJ/m² 정도 된다고 했을 때, 2차 소비자에 대한 에너지 전달 효율을 계산해 보자.

1. 공식에 수를 대입한다.

$$\text{에너지 전달 효율} = \frac{280}{6,184}$$

2. 계산기를 이용해 답을 구한다.

$$\frac{280}{6,184} = 0.045$$

3. 답을 %로 환산한다.

$$0.045 \times 100\% = 4.5\%$$

생물량 피라미드

생물량 피라미드는 생태계 먹이 사슬의 각 영양 단계에 있는 생물의 생물량을 보여준다(219쪽 참조). 각 영양 단계에 있는 생물량은 보통 아래 단계의 생물량보다는 적은데, 이것은 모든 생물이 주변 환경에 상당량의 에너지를 빼앗기기 때문이다.

📌 **핵심 요약**

✓ 생물량 피라미드는 먹이 사슬의 각 영양 단계에 있는 생물량을 보여준다.

✓ 생물량 피라미드에서 가장 낮은 단계는 항상 생산자이다.

✓ 생물량 피라미드는 왜 먹이 사슬의 길이가 한계가 있는지 설명해 준다.

육지의 생물량 피라미드

생물량 피라미드는 먹이 사슬에 따라 생물량이 어떻게 감소하는지를 보여준다. 맹수인 매와 같은 최상위 포식자는 생산자보다 훨씬 적은 수로 존재한다. 최상위 영양 단계에서는 그것보다 더 높은 영양 단계의 생물을 먹여 살릴 수 있을 만큼 충분한 생물량이 없다. 따라서 먹이 사슬의 길이는 한정될 수밖에 없다.

3차 소비자: 매는 참새를 먹는다.

2차 소비자: 참새는 애벌레를 먹는다.

1차 소비자: 애벌레는 식물의 잎을 먹는다

생물량 피라미드는 항상 피라미드의 맨 아래에 생산자 단계가 위치하도록 그린다.

생산자: 식물

📑 생물량 전달률 계산하기

한 영양 단계로부터 그 위 영양 단계로 전달되는 생물량 전달률은 다음 공식으로 계산한다.

$$\text{생물량 전달률(\%)} = \frac{\text{한 단계 높은 영양 단계의 생물량}}{\text{한 단계 낮은 영양 단계의 생물량}} \times 100$$

예: 생태계를 연구하는 과학자들은 1차 소비자(한 단계 높은 영양 단계)의 생산량을 89 kg/m², 모든 생산자의 생물량(한 단계 낮은 영양 단계)을 615 kg/m²로 추정한다. 이러한 영양 단계의 생물량 전달률을 계산해 보자.

1. 공식에 수를 대입한다.

$$\text{생물량 전달률(\%)} = \frac{89}{615}$$

2. 계산기를 이용해 답을 구한다.

$$\frac{89}{615} = 0.145$$

3. 답을 %로 환산한다.

$$0.145 \times 100\% = 14.5\%$$

생물량 피라미드 그리기

생물량 피라미드는 척도에 맞게 그려야 하며, 또한 특정한 방법으로 그려야 한다. 뾰족한 연필과 자를 이용하여 도표로 깔끔하고 명확하게 표현한다.

핵심 요약

✓ 생물량 피라미드는 척도에 맞게 그려야 한다.

✓ 피라미드를 그릴 때 각 영양 단계의 높이가 변하지 않도록 한다.

✓ 피라미드의 넓이는 생물량을 나타낸다.

예

오른쪽의 먹이 사슬 데이터를 이용하여 생물량 피라미드를 그려보자.

식물 → 애벌레 → 새

영양 단계	생물량(kg/m^2)
새	20
애벌레	90
식물	600

1. 가장 큰 생물량 값(식물 600 kg/m^2)에 대해 적절한 척도를 선택하여 그래프 용지에 맞춘다. 예를 들어 15 cm에 맞추면 척도는 15 cm = 600 kg/m^{2}가 된다.

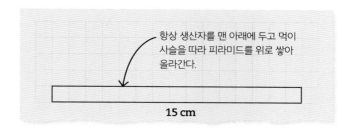

항상 생산자를 맨 아래에 두고 먹이 사슬을 따라 피라미드를 위로 쌓아 올라간다.

15 cm

2. 다른 값을 같은 척도로 조정한다.

$$\frac{15}{600} \times 20 = 0.5$$

$$\frac{15}{600} \times 90 = 2.25$$

영양 단계	생물량(kg/m^2)	막대의 넓이(cm)
새	20	0.5
애벌레	90	2.25
식물	600	15

3. 계산한 척도 값을 이용하여 막대를 그린다. 막대는 모두 같은 높이여야 한다. 높이의 길이는 중요하지 않으며 적당히 높으면 된다. 제공된 정보를 이용하여 도표에 표시한다.

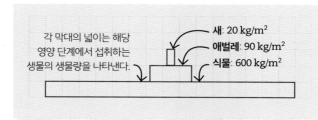

각 막대의 넓이는 해당 영양 단계에서 섭취하는 생물의 생물량을 나타낸다.

새: 20 kg/m^2
애벌레: 90 kg/m^2
식물: 600 kg/m^2

개체수 풍부도

개체수 풍부도는 특정 지역에서 살아가는 특정한 종의 개체 수를 나타낸다. 생태학자들은 종종 종의 수가 변하는지 알기 위해 종 풍부도를 측정한다. 예를 들어 한 종이 멸종 위기에 있는지 또는 포식자와 피식자의 변동 수를 연구할 수 있다.

📌 **핵심 요약**

✓ 개체수 풍부도는 특정 지역에서 서식하는 특정한 종의 수이다.

✓ 방형구는 움직이지 않는 종을 샘플 추출하는 데 사용하는 사각형 틀이다.

✓ 무작위적인 방형구 샘플 추출을 통해 한 지역에서의 개체수 풍부도를 파악할 수 있다.

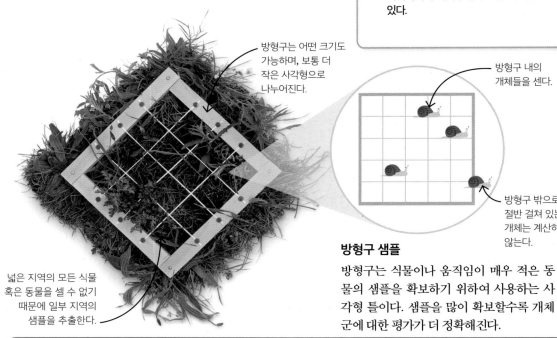

방형구는 어떤 크기도 가능하며, 보통 더 작은 사각형으로 나누어진다.

방형구 내의 개체들을 센다.

방형구 밖으로 절반 걸쳐 있는 개체는 계산하지 않는다.

넓은 지역의 모든 식물 혹은 동물을 셀 수 없기 때문에 일부 지역의 샘플을 추출한다.

방형구 샘플

방형구는 식물이나 움직임이 매우 적은 동물의 샘플을 확보하기 위하여 사용하는 사각형 틀이다. 샘플을 많이 확보할수록 개체군에 대한 평가가 더 정확해진다.

📑 방형구 샘플로 개체수 풍부도 계산하기

1. 연구 지역 내 어느 곳에 방형구를 설치할 것인지를 결정한다. 샘플 추출이 전 지역을 대표할 수 있도록 방형구는 서식지의 넓은 지역에 무작위적으로 설치되어야 한다.
2. 설치한 각 방형구 내에 연구하고자 하는 종의 개체수를 센다.
3. 공식에 구한 데이터 값을 넣어 전 면적에 대한 개체수 풍부도를 계산한다.

$$개체군\ 크기\ =\ \frac{방형구\ 내\ 생물의\ 총수}{}\ \times\ \frac{총\ 연구\ 면적}{방형구의\ 총면적}$$

예:

방형구 번호	1	2	3	4	5	6
방형구 내 달팽이 수	0	2	1	0	3	0

달팽이의 총수   = 6
방형구의 총면적 = 6 m²
총 연구 면적   = 150 m²

$$개체군\ 크기\ =\ 6\ \times\ \frac{150}{6}\ =\ 150$$

수용 능력

생태계에서 생존할 수 있는 생물의 수는 먹이, 물 및 기타 자원의 양에 의해 제한된다. 생태계가 지속할 수 있는 종의 최대 개체군을 수용 능력이라고 한다.

제한 요인

먹이와 물이 매우 부족한 생태계는 낮은 수용 능력을 가지고 있다. 예를 들어 순록이 살고 있는 북극 툰드라의 경우 이들이 먹는 풀과 이끼의 양이 매우 한정되어 있다. 이 생태계는 낮은 수용 능력을 가지고 있어 순록 떼는 먹이를 찾아 먼 곳까지 이동해야 한다.

핵심 요약

✓ 수용 능력이란 일정 기간 동안 서식지에 의해 유지될 수 있는 특정 종의 최대 개체수이다.

✓ 수용 능력은 서식지에서의 자원의 양(예: 먹이)에 의해 제한된다.

순록은 먹이를 찾아 먼 거리를 이동한다.

🔍 먹이가 풍부한 생태계

매우 추운 환경에도 불구하고 남극 주변 바다는 고래, 바다표범 및 펭귄에 대한 수용 능력이 높다. 물속에는 높은 수준의 영양소가 있어 큰 동물들의 먹이인 엄청난 수의 크릴새우 및 물고기들이 살 수 있기 때문이다.

브라이드 고래와 같은 수염고래는 지구상에서 가장 큰 포유류에 속하지만 작은 크릴새우를 먹는다.

🔍 먹이가 빈약한 생태계

끈끈이주걱은 파리를 천천히 소화하여 영양분을 흡수함으로써 더 빠르게 자란다.

낮은 영양 단계의 흙에서 자라는 식물은 작은 동물을 포획하여 더 많은 영양분을 얻는 방식으로 적응하였다.

생물의 분포

생물의 분포란 생물이 한 지역에서 퍼져 있는 방식을 의미한다. 예를 들어 생물은 그룹으로 뭉쳐 있을 수도 있고, 무작위적으로 흩어져 있을 수도 있다. 생물의 분포는 비생물적인 요인의 변화에 따라 달라질 수 있다(221쪽 참조).

핵심 요약

✓ 생물의 분포란 생물이 한 지역에서 퍼져 있는 방식을 말한다.

✓ 생물의 분포는 횡단선에 따라 규칙적인 간격으로 놓인 방형구를 사용하여 측정한다.

✓ 개체군의 분포는 비생물적 환경의 변화에 따라 달라질 수 있다.

갈조류인 채널 해조류(Channel wrack)는 어느 정도 더위와 가뭄 상태를 견딜 수 있어 밀물 때의 해안선 근처에서 발견된다.

블래더랙 해조류(Bladder wrack)는 물 없이도 얼마간 견딜 수 있어 밀물과 썰물 때의 중간부에서 발견된다.

톱니 모양 해조류(Serrated wrack)는 물 밖에서 오랫동안 머물 수 없기 때문에 썰물 때 해안가에서 발견된다.

횡단선과 분포

생물의 분포는 방형구를 이용하여 측정한다(228쪽 참조). 방형구를 서식지를 가로지르는 횡단선(줄자)을 따라 규칙적으로 배치한다. 해안가를 따라 놓인 횡단선을 보면, 서로 다른 해조류의 분포가 썰물 때 물 밖에서 얼마나 오래 생존할 수 있는지에 따라 달라진다는 것을 알 수 있다.

⚙ 횡단선 연구

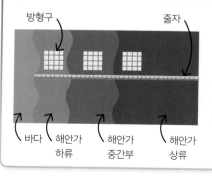

방형구

줄자

바다 | 해안가 하류 | 해안가 중간부 | 해안가 상류

1. 횡단선은 밀물과 썰물 때의 해안선 두 지점 사이에 줄자를 이용하여 표시할 수 있다. 방형구는 선을 따라 2 m에 하나씩처럼 규칙적인 간격으로 놓는다.

2. 각 방형구 내의 종들을 기록한다. 각 방형구마다 온도와 바닷물 밖에서 보낸 시간과 같은 비생물적인 요인을 기록한다.

3. 종의 분포를 횡단선에 따른 비생물적 요인의 측정치에서의 변화와 비교한다. 유사한 변화 패턴을 보인다면 종은 해당 요인의 영향을 받는다는 것이다.

물의 순환

물, 탄소, 질소와 같은 물질들은 생물과 비생물로 구성된 생태계 내에서 끊임없이 순환한다. 모든 생물은 이들을 구성하고 있는 세포가 주로 물로 되어 있기 때문에 물에 의존한다.

핵심 요약

✓ 물, 탄소, 질소 및 기타 미네랄은 생태계의 생물권과 비생물권 사이를 순환한다.

✓ 물의 순환은 증발, 응축, 증산 과정을 통해서 일어난다.

✓ 물의 순환은 물을 육지와 바다로 되돌려준다.

물의 순환 과정

물의 순환은 증발, 응축의 비생물적 과정과 증산의 생물적 과정으로 일어난다. 이러한 과정을 통해 물은 강수(비, 눈, 우박)의 형태로 육지와 바다로 되돌아온다.

너무 커진 물방울은 비가 되어 내린다.

물의 증발량이 늘어나면서 증발된 물이 냉각되고 물방울로 응축되어 구름을 형성한다. 물방울은 얼 수도 있다.

빗물은 강과 호수를 형성하거나 땅속으로 스며들어 지하수를 형성한다.

물이 땅속으로 스며들면서 미네랄을 용해시킨다.

지구 표면의 물이 공기로 증발한다. 물속에 녹아 있는 염분은 증발하지 못하고 남는다.

식물의 증산 작용은 공기 중에 수증기를 더해준다.

🔍 너무 적은 강수량

물의 보존

비가 거의 내리지 않는 곳에서 사는 동식물은 내부에 가능한 한 많은 물을 보존하도록 적응되었다. 예를 들어 사막에 사는 쥐의 신장은 보통 소변으로 잃어버리는 대부분의 물을 흡수하여 몸에 보존한다.

사막의 쥐

사람을 위한 식수

바닷물은 염분 때문에 마실 수 없다. 사막처럼 비가 거의 내리지 않는 지역에서는 해수 담수화 과정을 통해 바닷물로부터 염분을 제거하여 물을 마실 수 있다.

해수 담수화 장치

탄소 순환

탄소는 생물과 비생물로 구성된 생태계 사이에서
끊임없이 순환한다. 탄소의 생물적 형태로는 단백
질, 당, 지질과 같은 복잡한 탄소 화합물이 있으며,
비생물적 형태로는 대기 중의 이산화탄소가 있다.

핵심 요약

✓ 탄소는 생명체 내의 복잡한 탄소 복합체와 공기 중의
   이산화탄소 사이에서 순환한다.
✓ 광합성은 공기 중의 이산화탄소를 제거하는 생물학적인
   과정이다.
✓ 호흡은 이산화탄소를 공기 중으로 내뱉는 생물학적인
   과정이다.

탄소 순환 과정

탄소는 여러 과정을 거쳐 공기에서 먹이 사슬로, 먹이
사슬에서 다시 공기로 순환된다. 이러한 과정에는
생물학적인 과정으로 호흡과 광합성이 있으며,
비생물학적인 과정으로 암석 및 화석 연료
형성, 풍화 작용과 연소 등이 있다.

식물이 호흡을 하면
부산물로 이산화탄소가
공기 중으로 방출된다.

■ 호흡
■ 연소/탄산염 분해
■ 사망/분해
■ 광합성
■ 암석 형성

식물과 조류는
광합성을 하는 동안
이산화탄소를 당으로
전환시킨다.

모든 동물은 호흡하는
동안에 공기 중으로
이산화탄소를 방출한다.

화석 연료와 나무
연소시키면(태우면)
대기 중으로
이산화탄소를
방출한다.

동물은 먹이를 섭취할 때
탄소 화합물을 받아들인다.

동물의 대변과
소변

동물이 죽는다.

풍화 작용과 같은
과정에서는 암석의
탄산염으로부터
이산화탄소를
방출한다.

세균, 균류 및 흙 속 동물들은
사체나 쓰레기를 분해하며,
호흡 중에 이산화탄소를
방출한다.

사체가 퇴적물을 형성하고 수백만 년 동안
압축되어 탄산염과 같은 바위를 만든다.

특정 종류의 암석에 압축된
사체는 수백만 년 동안 변화되어
화학 연료가 된다.

질소 순환

질소는 모든 생명체에 필수적인 단백질과 DNA의 중요한 구성 요소이다. 공기 중의 78%가 질소 가스이지만, 대부분의 생물은 이것을 직접 사용할 수 없다. 식물은 질소 화합물을 흙으로부터 얻으며, 동물은 먹이로부터 얻는다.

핵심 요약

✓ 질소는 모든 생물이 필요로 하는 단백질과 DNA를 구성하는 필수 요소이다.

✓ 식물은 질소를 흙으로부터 단순한 무기 화합물 형태로 얻는다.

✓ 동물은 질소를 먹이로부터 복잡한 질소 화합물 형태로 얻는다.

✓ 세균은 질소 순환에 필수적이다.

질소 순환 과정

세균은 질소 순환의 필수적인 요소이다. 세균은 사체를 분해하여 질소 화합물을 흙으로 방출시킬 뿐만 아니라, 공기 중의 질소를 식물이 흡수할 수 있는 적합한 형태로 전환시킨다.

번개는 공기 중의 질소 가스를 비에 용해되는 질소 화합물로 바꿀 수 있다.

식물은 광합성으로 만들어진 당을 흙의 질소 화합물과 결합시켜 단백질과 핵산을 만들어 낸다.

흙과 일부 식물의 뿌리는 질소 고정 세균을 가지고 있어 공기 중의 질소를 단순한 질소 화합물로 전환시킨다.

동물은 먹이에 있는 단백질과 핵산의 형태로 질소를 얻는다. 동물은 질소 화합물을 더 작은 단위로 분해하여 새로운 단백질과 핵산을 합성하는 데 사용한다.

죽은 식물, 동물 그리고 동물의 배설물은 단백질과 핵산을 포함하고 있다.

식물은 뿌리를 통해 흙으로부터 질산염의 형태로 무기 질소 화합물을 얻는다.

흙 속에는 세균과 같은 분해자가 있어 사체를 분해하여 무기 질소 화합물을 방출한다.

🔍 식물과 질소

완두, 콩, 토끼풀 같은 콩과식물은 질소를 고정하는 세균이 들어 있는 뿌리혹을 가지고 있다. 식물은 세균으로부터 질소 화합물을 얻어 단백질을 만들며, 세균은 식물로부터 당을 얻어 호흡에 사용한다. 따라서 식물과 세균은 서로에게 도움을 주는 상리 공생 관계에 있다.

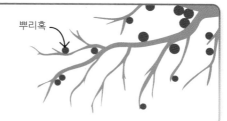

뿌리혹

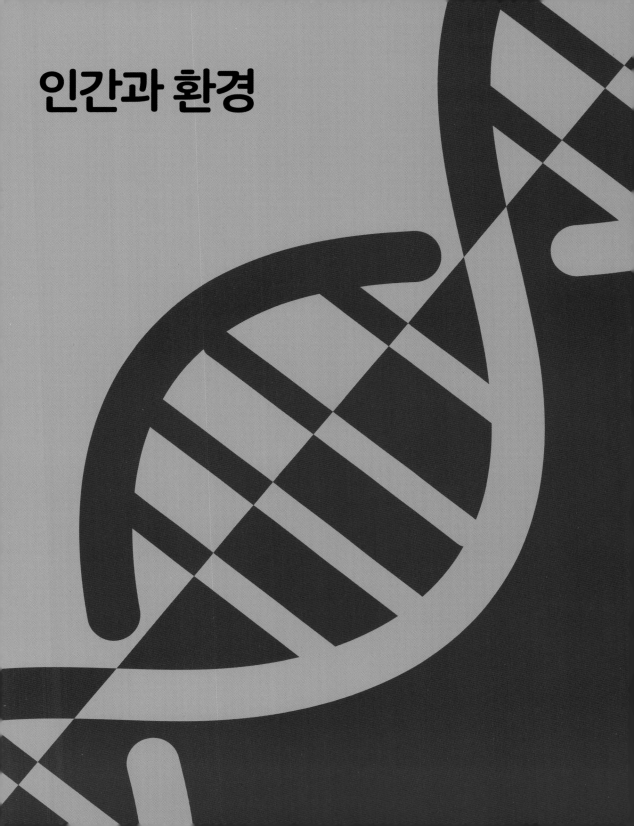

인간과 환경

인구 증가

인구는 산업화와 농업, 위생 및 보건 의료의 향상으로 빠르게 증가해 왔다.

 핵심 요약

- ✓ 1750년에 7억 명 정도의 인구가 2019년에는 77억 명으로 크게 증가하였다.
- ✓ 2100년에는 인구가 109억 명 또는 그 이상이 될 것이다.
- ✓ 인구가 빠르게 증가한 것은 식품 생산, 건강 및 의료 발전 덕분이다.

1750년 이후 인구 증가

세계의 인구는 산업화가 시작된 1750년 이후 빠르게 증가하였다. 출산율 데이터는 현재 인구 증가율이 둔화되기 시작했음을 보여준다.

🔍 인구 증가에 대한 예측

미래의 인구 증가에 대한 예측은 건강, 개발도상국의 산업화, 출산 조절에 기반하여 국가별로 출산율이 어떻게 변할 것인가에 대한 가정에 따라 달라진다.

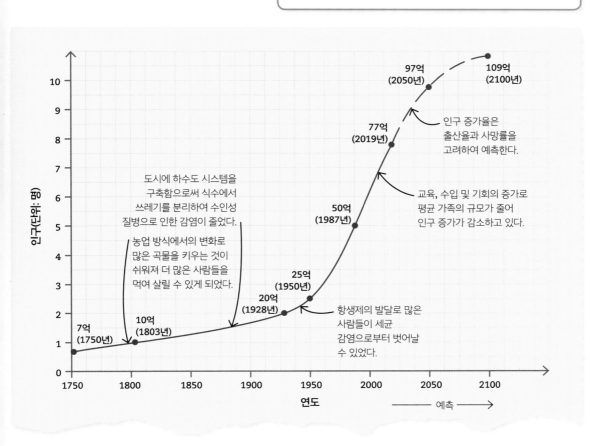

자원의 필요성

인간은 생존하고 번영하기 위하여 환경으로부터 자원을 필요로 한다. 이러한 자원에는 음식과 물, 그리고 건물을 짓고, 옷을 만들고, 우리가 사용하는 모든 것을 만드는 데 필요한 모든 재료들이 포함된다.

자연과의 충돌

인구가 증가하면서 우리에게는 더 많은 자원이 필요하다. 이렇게 되면 다른 생물들이 활용할 수 있는 공간, 물 그리고 먹이를 포함한 자원이 줄어든다. 또한 인간 활동으로 인해 더 많은 오염물질을 생산하여 환경을 손상시키고 있다.

핵심 요약

✓ 인간은 환경으로부터 자원을 필요로 한다.

✓ 인구의 증가로 좀 더 많은 자원이 소모되면서 다른 종이 활용할 수 있는 자원이 줄어들고 있다.

✓ 서식지 파괴, 자원의 감소, 오염으로 많은 종들이 위험에 처해 있다.

인간이 활용하기 위해 땅을 개간하는 것은 다른 종의 서식지를 파괴하는 결과를 가져온다.

🔍 야생 동물에 대한 위협

인간의 활동으로 현재 백만 종 이상이 멸종 위기에 처해 있거나 위험 상태에 있다. 인간이 땅을 차지하면서 많은 종들의 서식지가 침범당하고 있다. 지속적으로 늘어나는 자원 소비와 쓰레기 처리로 해양을 포함해 외딴 서식지까지 오염이 확산되어 왔다.

서식지 파괴
아시아의 야생 코끼리는 숲과 초원에 산다. 더 많은 철도, 도로 및 빌딩이 건설되면서 이들의 서식지가 줄어들고 있다. 코끼리가 다른 지역으로 이동하면서 기차나 차에 치여 죽기도 한다.

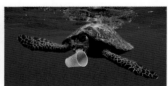

플라스틱 오염
매년 수십 톤의 플라스틱 쓰레기가 바다로 흘러들어간다. 해양 동물은 플라스틱을 먹이로 착각하여 삼키기도 한다. 이들의 위가 플라스틱으로 채워지면서 음식을 삼킬 공간이 없어 굶어 죽는 경우도 있다.

생물 다양성

생물 다양성은 특정한 지역에서 살고 있는 다양한 생물 종의 다양성을 의미한다. 일부 생태계는 다른 것들보다 더 다양성이 높다. 예를 들어 산호초는 해저의 1% 미만을 덮고 있지만, 전체 해양 생물의 약 25%가 이곳에서 살고 있다.

핵심 요약

✓ 생물 다양성은 한 지역 내 종의 다양성을 의미한다.
✓ 산호초와 열대우림은 생물 다양성이 높은 생태계이다.
✓ 생물 다양성을 감소시키는 것은 생태계를 영원히 손상시키는 것이다.

산호초의 다양성

산호초의 높은 생물 다양성은 물속과 산호 내부의 조류가 살기 좋은 온도 및 빛과 관련이 있다. 조류는 광합성을 하여 산호초 서식 동물들에게 먹이를 제공한다. 이것이 산호초 공동체에 대한 먹이 그물의 기반이 된다. 산호 구조는 또한 동물들에게 다양한 서식지를 제공한다.

산호초는 수온이 20~28°C 사이인 따뜻하고 얕은 물에서 형성된다.

산호초는 아주 작은 산호 폴립으로 만들어진다. 폴립은 동물에 속한다.

이러한 아주 작은 녹색 점들은 산호 폴립 조직 속에 살고 있는 조류이다.

엄청나게 다양한 산호는 수많은 동물들에게 먹이와 보금자리를 제공해 준다.

🔍 생물 다양성이 왜 중요한가?

생물 다양성이 높은 지역을 보호하는 것은 인간이 이것으로부터 여러 면에서 혜택을 받기 때문에 중요하다. 열대우림과 같은 생태계는 우리에게 깨끗한 공기와 물을 제공해 줄 뿐만 아니라, 새로운 의약품과 자원의 원천이 되고 있다. 인간의 활동으로 이와 같은 자연 생태계가 손상을 입어 생물 다양성이 감소할 수 있다. 종이 멸종하면 생태계는 영원히 손상될 수 있다.

지구 온난화

지구 온난화는 지구 대기 및 표면 온도가 장기적으로 상승하는 것을 말한다. 이러한 지구 온난화는 인간의 활동, 예를 들어 화석 연료를 태우는 것과 같은 행위로 인해 대기 중의 이산화탄소가 증가한 결과이다.

핵심 요약

✓ 지구 온난화는 지구 표면과 대기가 장기적으로 더워지는 것이다.

✓ 지구 온난화는 대기에 이산화탄소 및 다른 온실가스 농도의 증가에 의해서 일어난다.

✓ 대기의 이산화탄소가 계속해서 증가하면 지구의 온도가 올라갈 것이다.

온실가스

지구 대기에서 온실가스는 온실과 같이 작용하여 태양으로부터 오는 복사열을 가두어 지구의 온도를 높인다. 이산화탄소와 메탄이 온실가스로 알려져 있다. 온실 효과가 없다면 지구의 표면은 너무 차가워서 생명체가 살 수 없을 것이다. 그러나 너무 많은 이산화탄소는 지구 온난화를 야기한다.

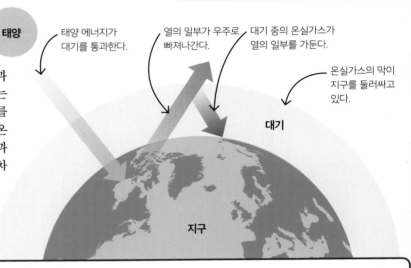

태양

태양 에너지가 대기를 통과한다.

열의 일부가 우주로 빠져나간다.

대기 중의 온실가스가 열의 일부를 가둔다.

온실가스의 막이 지구를 둘러싸고 있다.

대기

지구

🔍 지구 온도와 대기의 이산화탄소

오른쪽 그래프는 대기 중 이산화탄소와 평균 지구 온도가 지난 50년 동안 모두 증가해 왔다는 것을 보여준다. 대기 중 이산화탄소가 계속해서 증가하면 지구 온난화도 계속될 가능성이 높다.

 온도 차
 이산화탄소

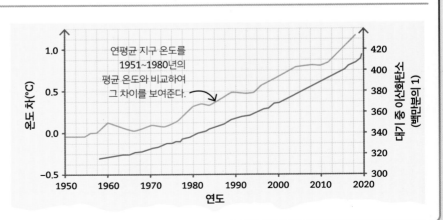

연평균 지구 온도를 1951~1980년의 평균 온도와 비교하여 그 차이를 보여준다.

기후 변화

지구 온난화는 지구의 표면 온도만 증가시키는 것이 아니라 날씨 패턴도 변화시킨다. 이로 인해 지역에 따라 비가 오는 것이 달라지고, 바람이 부는 것도 달라진다.

극단적인 효과

다음 차트는 인간에게 해로운 극단적인 사건과 산불이 더 자주 발생하고 있다는 것을 보여준다. 이처럼 빈도가 증가하는 것은 아마도 기후 변화가 원인일 것이다.

핵심 요약

✓ 지구 온난화는 날씨 패턴을 변화시킨다.

✓ 변화하는 날씨 패턴 때문에 어떤 지역에서는 비가 더 많이 내리거나 더 적게 내리고, 또 더 많은 폭풍을 초래할 수 있다.

✓ 기후 변화는 30년 전보다 오늘날 더 극단적인 날씨를 초래하고 있다.

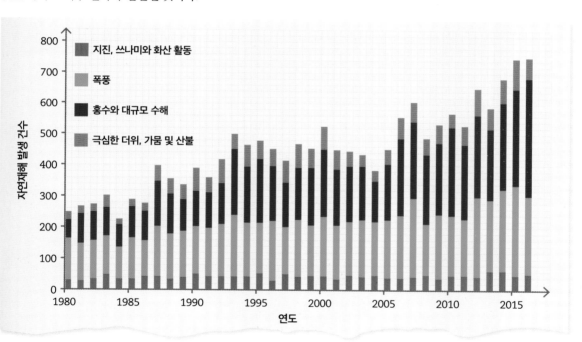

🔍 변화하는 지구

기후 변화는 일부 지역을 더 건조하게 하여 가뭄의 피해를 증가시키며, 또 다른 지역은 더 습하게 한다. 빙하와 빙산이 녹아 바다에 많은 물이 추가되면 해수면을 상승시켜 저지대는 홍수로 잠기게 된다.

가뭄
가뭄이 자주 발생하면 강물이 말라버리고 동물과 식물을 위한 담수가 부족해진다.

해수면 상승
해수면이 상승하면 넓은 저지대가 침수되어 야생 생물의 서식지와 사람의 삶터가 파괴된다.

변화하는 생태계

생태계에서 온도와 물의 양 변화는 그곳에 살고 있는 생물에 영향을 준다. 생물은 특정한 환경에 적응해 있으며, 환경이 너무 많이 변하면 죽을 수 있다.

핵심 요약

✓ 기후 변화는 많은 생태계 내 환경들을 변화시키고 있다.

✓ 생물은 특정한 환경에 적응해 있으며, 환경이 너무 많이 변하면 죽을 수 있다.

✓ 군집 내 생물들의 상호 의존성이 의미하는 것은 한 종이 멸종하면 그로 인해 다른 종들이 멸종할 수 있다는 것이다.

산호 백화 현상

해수 온도가 약 1℃보다 더 올라가면 산호 내부에 살고 있는 조류는 물속으로 밀려난다. 이렇게 되면 산호는 하얗게 되는데 이를 산호 백화 현상이라고 한다. 조류가 산호에 먹이를 제공해 주지 않으면 백화된 산호는 굶어 죽게 되거나, 죽지 않더라도 병에 더 쉽게 걸린다.

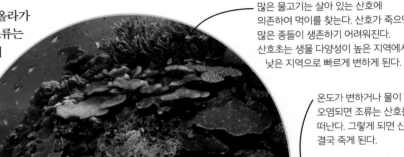

많은 물고기는 살아 있는 산호에 의존하여 먹이를 찾는다. 산호가 죽으면 많은 종들이 생존하기 어려워진다. 산호초는 생물 다양성이 높은 지역에서 낮은 지역으로 빠르게 변하게 된다.

온도가 변하거나 물이 오염되면 조류는 산호를 떠난다. 그렇게 되면 산호는 결국 죽게 된다.

백화된 산호

죽은 산호는 딱딱한 형태로 남아 있으며 결국 부서질 수 있는데, 이렇게 되면 동물들이 숨을 장소가 없어진다.

건강한 산호

서식지 변화

지구 온도가 올라가면서 서식지가 변해 많은 종의 수가 감소하고 있다. 군집 내 종의 상호 의존성으로 인해 한 종의 멸종은 군집 내 다른 종의 멸종을 가져올 수 있다.

녹아내리는 북극의 빙하
북극곰은 주로 얼음 위에서 먹이(바다표범)를 사냥한다. 북극의 빙하가 녹으면 북극곰은 먹이가 줄어들어 굶주리게 된다.

산림 파괴
오랑우탄은 열대우림 식물의 씨앗을 퍼뜨리는 데 중요한 역할을 하는데, 서식지의 변화와 산림 파괴로 위험에 처해 있다. 오랑우탄이 멸종한다면 식물도 또한 멸종할 것이다.

분포의 변화

환경의 변화로 일부 종은 새로운 서식지로 이동하여 그 분포가 변화한다. 이러한 동물의 분포 변화는 계절 주기에 따른 자연적인 과정으로 일어나거나, 또는 인간의 활동 결과 생긴 서식지의 파괴나 기후 변화에 의해 일어날 수 있다.

핵심 요약

✓ 환경적인 변화는 생물의 분포에 영향을 준다.

✓ 동물 분포의 변화는 자연적인 환경 변화나 인간의 활동에 의해서 일어날 수 있다.

✓ 기후 변화로 인해 일부 종은 현재의 범위를 넘어 확산될 수 있고, 서식지가 변함에 따라 종이 멸종할 수도 있다.

기후 변화와 분포

기후 변화는 다음과 같이 두 조류의 종의 분포를 변화시킬 수 있다. 기후가 더 따뜻해지면 후투티는 북쪽으로 서식지가 확대되는 반면, 스코틀랜드 솔잣새는 서식지 파괴로 멸종될 수 있다.

■ 스코틀랜드 솔잣새 ■ 후투티

스코틀랜드 솔잣새
스코틀랜드 솔잣새는 스코틀랜드 북쪽 시원한 소나무 숲에서만 발견되며, 구주소나무 씨앗을 먹고 산다. 기후가 너무 따뜻해지면 이 숲은 사라지고 그 결과 솔잣새는 멸종할 것이다.

유럽 후투티
후투티는 따뜻하고 건조한 곳에서 살며, 때때로 영국 남부 지역의 북쪽에서 관찰된다. 온난화 기후로 인해 이 새는 더 북쪽으로 확산해 갈 것이다.

🔍 이동

일부 동물은 이동이라는 긴 여행을 통해 계절적인 환경의 변화에 대응한다. 제왕나비는 매년 북미의 번식지와 열대 멕시코의 겨울 휴식지 사이를 수천 킬로미터씩 이동한다.

🔍 질병의 확산

기후 변화는 말라리아를 옮기는 모기처럼 질병을 퍼뜨리는 생물의 분포에도 변화를 일으킨다. 따뜻한 나라에서 발견되는 모기들이 기온 상승에 따라 말라리아를 북유럽까지 옮길 수 있다.

탄소 저장소

식물은 광합성에 의해 대기로부터 이산화탄소를 흡수한다. 성장하는 나무는 이러한 이산화탄소를 이용하여 잎과 줄기를 만든다. 식물은 호흡으로 내보내는 이산화탄소의 양보다 더 많은 탄소를 흡수하기 때문에 탄소 저장소라고 한다.

산림 파괴의 영향

나무를 잘라내면 그 안에 저장되었던 많은 탄소가 대기 중으로 방출된다. 나무를 부패하도록 내버려 두거나 태우면 이산화탄소 형태로 탄소가 방출되어 지구 온난화가 증가된다(238쪽 참조). 매년 1,800만 에이커의 숲을 벌채하고 그 지역에 곡물을 재배하거나 집을 짓거나 혹은 광산을 발굴하고 있다.

핵심 요약

✓ 탄소 저장소는 대기로부터 더 많은 탄소를 흡수하고 방출하며 오랜 시간 동안 저장한다.

✓ 숲과 토탄 지대는 중요한 탄소 저장소이다.

✓ 숲과 토탄 지대를 없애고 불태우면 탄소가 방출되어 대기 중 이산화탄소의 수치가 높아진다.

남아시아의 넓은 열대우림 지역을 파괴하고 많은 제품에 기름을 제공하기 위해 그곳에 팜유 식물을 심었다. 이것은 지구 온난화에 기여할 뿐만 아니라 서식지를 파괴하여 생물 다양성을 감소시킨다.

🔍 토탄 습지 파괴

토탄 채취
토탄은 차가운 습지 흙에서 자라는 식물의 잔해로부터 만들어진다. 숲과 마찬가지로 토탄 습지는 탄소 저장소이다. 몇몇 나라에서는 토탄을 잘라서 연료로 쓰는데, 이 과정에서 저장된 탄소가 대기 중으로 방출된다.

토탄은 지구 표면의 약 3%를 덮고 있다.

토탄 지대의 불
토탄이 마르면 훨씬 쉽게 불이 붙는다. 광범위한 토탄 지대에 불이 나면 공기 중으로 엄청난 양의 이산화탄소가 방출된다.

인도네시아 토탄 지대에 발생하는 불은 땅을 개간하기 위해 고의적으로 불을 질러 시작되기도 한다.

도입종

우리는 여행을 하면서 가끔 실수로 동식물을 가지고 간
다. 어떤 지역에 새로운 종을 도입하는 것은 문제를 야기
시킬 수 있다. 새로운 종이 토종보다 우위를 점하고 생태
계를 교란하거나 또는 토종의 기생충이 될 수 있다.

핵심 요약

✓ 우연 혹은 의도적으로 새로운 지역에 종이
  도입될 수 있다.

✓ 일부 도입된 종은 생태계를 교란시키며 잘
  생존하고 빠르게 번식한다.

타히티 나무 달팽이의 멸종

타히티섬과 이를 둘러싸고 있는 섬들은 약 75종의 폴리
네시아 나무 달팽이(*Partula* 종)의 서식지였다. 그러나
다른 지역에서 달팽이를 도입함으로써 12종의 토종
을 제외하고 모두 전멸되었다. 살아남은 12종은
포획한 후 교미를 통해 살려낸 것이다.

장밋빛 늑대 달팽이
(Rosy wolf snail)
거대한 아프리카 육지 달팽이를
퇴치하기 위해 미국 남동부에서
타히티섬으로 장밋빛 늑대
달팽이가 포식자로 도입되었다.
이 달팽이는 작은 달팽이를
선호하여, 결국 많은 나무 달팽이의
멸종을 가져왔다.

나무 달팽이(*Partula* snails)
나무 달팽이는 고유종으로 타히티섬이나 주변
섬들에서만 서식한다. 나무 달팽이는 특히
도입된 외래종 때문에 위험에 처해 있다.

■ 타이티 ■ 미국 남동부 ■ 동아프리카

거대한 아프리카 육지 달팽이
(Giant African land snail)
동아프리카에서 타이티섬으로
도입되었다. 빠르게 번식하며,
나무 달팽이가 먹는 식물을 먹는다.

🔍 생태계 교란 식물

부레옥잠
부레옥잠은 장식용 연못 식물로 아마존에서 세계 여러 곳으로
소개되었다. 하루에 최대 5 m까지 자라나 토종 수생 식물을
능가하며, 물길을 막기도 한다.

칡
칡은 원래 동남아시아에서 발견되는 빠르게 성장하는 덩굴 식물로
미국과 뉴질랜드 일부 지역으로 확산하였다. 하루에 최대 26 cm까지
자라며, 나무를 덮어 아래 식물에 빛이 도달하지 못하도록 가로막는다.

수질 오염

해로운 물질이 자연으로 방출되는 것을 오염이라고 한다. 화학 물질이 공장에서 빠져나가거나 비료가 강과 호수로 들어갈 때 물이 오염될 수 있다.

부영양화

부영양화는 비료가 농장에서 강으로 유입됨으로써 생기는 물속의 영양분으로 인해 생기는 오염의 한 형태이다. 이 영양분은 물속 식물과 조류가 더 빨리 성장하도록 도와주지만, 수생 생물의 죽음으로 이어질 수도 있다.

핵심 요약

✓ 수질 오염은 야생 동물에 해로운 물질이 강과 호수로 유입될 때 일어난다.

✓ 부영양화는 조류의 성장을 촉진하는 영양분으로 인한 수질 오염의 한 형태이다.

✓ 부영양화는 물고기를 포함한 수중 동물을 죽일 수 있다.

✓ 하수 처리로 폐기물에서 영양분이 제거된 물이 안전하게 자연 환경으로 되돌아간다.

1. 작물이 더 잘 자라도록 논밭에 비료를 뿌린다.

2. 일부 비료가 물에 씻겨내려가 물속에 영양분을 제공한다. 영양분은 하수에서 강으로 흘러들어간다.

3. 과잉 영양분으로 인해 식물과 조류가 더 빨리 자란다. 물 표면의 조류가 자라면 빛이 차단되어 좀 더 깊은 곳에 있는 식물은 광합성을 하게 못해 결국 죽는다.

4. 부패한 식물은 세균과 같은 분해자의 성장을 촉진한다. 이 과정에서 분해자들은 물속의 산소를 고갈시킨다.

5. 아가미를 가지고 있는 동물은 호흡에 필요한 충분한 산소를 얻을 수 없어 결국 죽는다.

🔍 하수 처리 시설

사람의 배설물(대변과 소변)은 질소 화합물과 같은 높은 수준의 영양분을 포함하고 있다. 하수 처리 시설은 폐기물을 모아서 세균과 생물학적인 과정을 이용하여 물에서 이들 영양분을 제거하고 정화시켜 환경으로 되돌려 보낸다.

하수에 공기로 거품을 내면 세균이 빠르게 자라도록 하여 오염수로부터 영양분을 제거한다.

토양 오염

토양 오염은 흙으로 해로운 물질을 방출함으로써 일어난다. 이러한 해로운 물질은 광산 폐기물, 쓰레기 매립지의 폐기물, 공장의 화학 폐기물로부터 나온다.

핵심 요약

✓ 토양 오염은 해로운 물질이 흙으로 들어갈 때 생긴다.

✓ 이러한 물질로는 광산 폐기물, 쓰레기 매립지의 폐기물, 공장의 화학 폐기물이 있다.

✓ 쓰레기 매립지는 많은 공간을 차지하여 서식지를 파괴한다.

✓ 가능한 한 많은 폐기물을 재활용함으로써 매립 처리가 필요한 폐기물의 양을 줄일 수 있다.

매립지

인류는 매일 300만 톤 이상의 쓰레기를 만들어 낸다. 이러한 쓰레기를 처리하는 방법으로 큰 구덩이를 파서 매립지를 만든 후 그곳에 버리는 방법이 있다. 하지만 매립지는 넓은 땅을 차지해 자연 서식지를 파괴한다. 또한 쓰레기 속에서 위험한 화학 물질이 여러 해 동안 땅속으로 스며들어 갈 수 있다.

🔍 폐기물 처리(재활용)

폐기물을 처리하는 데에는 소각과 같은 방법도 있다. 그러나 이 방법은 공기 중으로 이산화탄소와 다른 오염 물질들을 방출하는 문제가 있다. 좀 더 좋은 방법은 소비를 줄이고 가능하면 재활용을 늘리는 것이다. 우리가 재활용을 많이 할수록 매립지나 소각에 의해 버릴 쓰레기를 줄일 수 있다.

음식물 쓰레기	금속	종이	플라스틱

썩어가는 쓰레기에서 방출되어 땅속으로 스며드는 유독한 화합 물질은 가까이 있는 야생 생물을 해친다.

공기 오염

공기 오염은 해로운 물질이 공기 중으로 방출될 때 일어난다. 대부분의 공기 오염은 석탄, 기름, 천연 가스와 같은 화석 연료의 연소에 의해 발생한다.

 핵심 요약

✓ 공기 오염은 공기 중의 해로운 물질로 인해 발생한다.

✓ 산성비는 이산화 황과 질소 산화물 같은 산성 가스가 빗물에 용해되어 발생한다.

✓ 일부 국가에서는 법률을 제정하여 연료와 배출물에서 황을 감소시킴으로써 산성비를 줄여왔다.

산성비

화석 연료를 태우면 이산화 황과 질소 산화물 같은 산성 가스가 발생한다. 이 가스가 구름 속의 물방울에 녹아 생물에 해로운 산성비를 만들어 낸다.

3. 용해된 가스는 산성비가 되어 내린다. 산성비는 넓은 지역에서 생물에 해를 끼친다.

2. 용해된 가스는 방출된 곳에서 수 킬로미터까지 이동한다.

4. 산성비는 강과 호수로 흘러들어가 물을 산성화시켜 물속 야생 생물에 해를 끼친다.

1. 화석 연료를 태울 때 공기 중에 방출되는 가스는 대기 중으로 날아가 구름 속의 물방울에 녹는다.

지구의 일부 지역에서는 넓은 숲이 대기 오염과 산성비로 파괴되었다.

🔎 대기 중의 미립자

미립자는 공기 중의 아주 작은 고체 입자들이다. 이들 중 가장 작은 미립자들은 흡입되었을 때 호흡기 질환과 심장병을 유발하거나 천식 발작을 일으킬 수 있다. 차량 엔진에서 디젤 연료를 연소시키는 것이 미립자 발생의 주요 원인 중 하나이다.

공기 중 미립자의 농도는 보통 번잡한 길 주변에서 더 높다.

보존

종과 자연 서식지를 보호하는 것을 보존이라고 한다. 동물원에서 동물을 번식시키거나 식물원에서 식물을 증식시키는 것은 보존에 해당한다. 서식지를 보호함으로써 야생에서의 개체수를 늘릴 수 있다.

인도의 호랑이 보존

1875~1925년 기간 동안에 인도에서 약 8만 마리의 호랑이가 사냥꾼에 의해 죽었고, 2006년경에는 1,400마리의 호랑이만 살아남았다. 다행히 2018년에는 3,000마리까지 그 수가 늘었는데, 적절한 서식지가 없어 더 늘기는 어려울 것으로 보인다. 호랑이 보존 노력에는 넓은 서식지를 보호하는 것이 포함되는데, 이를 통해 그 지역에 있는 다른 종에도 혜택이 갈 수 있다.

핵심 요약

✓ 종과 그들의 서식지를 보호하는 것을 보존이라고 한다.

✓ 보호 구역을 설치하는 것과 같은 조치들도 보존에 해당한다.

✓ 중요한 자연 서식지 근처에서 살고 있는 사람들을 교육시킴으로써 사람과 자연과의 갈등을 줄여서 보존 노력을 지원할 수 있다.

✓ 핵심 종을 보존하는 것은 동일 생태계 내의 많은 종들을 보호하는 데 도움이 된다.

핵심 종

핵심 종은 생태계가 작동하는 과정에서 중요한 역할을 하는 종이다. 핵심 종의 보존은 동일 군집 내 많은 다른 종들을 보호하는 데 도움이 된다. 예를 들어 비버는 집에 풀장을 만들기 위해 댐을 쌓기 때문에 핵심 종이 된다. 이러한 비버의 노력은 환경을 변화시켜 새로운 습지를 만듦으로써 생물 다양성이 증가된다.

동물 보존을 위한 노력

● 서식지와 종을 보존하기 위해 보호 구역을 설치한다.

● 서식지와 종에 대한 피해를 줄이기 위해 지역 사람들을 교육시킨다.

● 숲 복원과 같은 서식지를 개선하기 위한 조치를 취한다.

● 위험에 처한 종의 개체군을 모니터링한다.

식량 안보

모든 사람이 먹을 만큼 충분한 음식을 제공하는 것을 식량 안보라고 한다. 세계는 모든 사람이 먹을 만큼 충분한 양의 식품을 생산하고 있지만, 일부 사람들은 빈약한 수확, 낮은 소득, 전쟁의 영향 등으로 인해 영양실조나 기근의 위험에 노출되어 있다.

식량 안보에 대한 위협

미래에는 모든 사람을 위한 충분한 식량을 생산하는 것이 어려울 수 있다. 인구 증가, 기후, 식습관, 해충, 질병과 같은 요인들로 인해 우리가 생산하거나 필요한 식량의 양이 줄어들 수 있기 때문이다.

핵심 요약

✓ 식량 안보는 모든 사람이 먹을 수 있는 충분한 양의 식량을 제공하는 것이다.

✓ 인구가 증가할수록 식량 안보는 더 어려운 도전에 직면한다.

✓ 식량 안보는 기후 변화와 식습관의 변화에 영향을 받을 수 있다.

인구 증가

국가가 발전하고 인구가 증가하면 식량에 대한 요구가 증가하기 때문에 현재 우리가 생산하고 있는 양보다 더 많은 양을 생산할 필요가 있다. 인구 증가는 또한 더 많은 에너지와 물, 그리고 다른 자원에 대한 필요성을 증가시킨다.

세계 인구가 더 많아지면 식량에 대한 수요도 증가한다.

한때 열대우림 나무숲으로 덮여 있던 땅에서 소들이 풀을 뜯고 있다.

식습관

사람들은 돈을 많이 벌면 고기를 더 많이 먹는 경향이 있다. 하지만 가축을 사육하기 위해서는 더 많은 땅, 물, 영양분을 포함한 더 많은 자원을 사용해야 한다. 따라서 전체적으로는 더 적은 식량을 생산하는 것이 된다.

기후 변화

기후 변화로 인한 불규칙한 날씨 패턴은 특정 지역의 강우량에 영향을 줄 수 있다. 기후 변화는 또한 홍수와 가뭄 같은 재해를 증가시켜 곡물을 재배하고 가축을 기르는 것이 더 어려워질 수 있다.

기후 변화로 인해 계절에 따라 내리던 비가 불확실해져 작물 재배에 자주 실패하게 된다.

메뚜기는 단 몇 시간 만에 농작물을 초토화시킬 수 있다.

해충과 질병

기후 변화는 해충과 질병을 더 넓은 지역으로 확산시켜 이로 인해 작물과 동물이 영향을 받을 수 있다. 예를 들어 메뚜기는 열대 지방에서 발견되지만, 기후가 온난해짐에 따라 더 쌀쌀한 지역의 작물까지 확산해 갈 수 있다.

🔍 식물 기반 식습관이 왜 환경에 도움이 되나?

식물성 식품을 생산하기 위해 땅을 사용하는 것이 육류보다 훨씬 더 효율적이다. 에너지가 한 영양 단계에서 다음 영양 단계로 이동할 때 손실되기 때문에(225쪽 참조), 콩 같은 식물성 단백질을 1 kg 생산하는 것보다 소 단백질 1 kg을 생산하는 데 훨씬 더 많은 땅과 물을 필요로 한다. 가축을 사육하면 또한 더 많은 온실가스를 생산해 낸다.

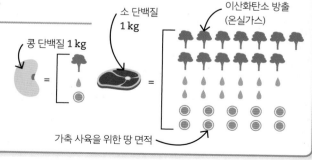

콩 단백질 1 kg

소 단백질 1 kg

이산화탄소 방출 (온실가스)

가축 사육을 위한 땅 면적

식량 생산과 지속 가능성

지속 가능한 식량 생산이란 환경에 영향을 주지 않거나 소중한 자원을 고갈시키지 않으면서 오랫동안 지속할 수 있는 방법으로 식량을 생산하는 것을 말한다.

🔖 **핵심 요약**

✓ 지속 가능한 자원은 환경에 영향을 주지 않고 무한정 사용할 수 있다.

✓ 지속 가능한 식량 생산이란 환경에 해를 끼치지 않고 식량을 생산하는 것이다.

✓ 낚시는 어획량 할당제, 더 큰 그물 사용, 보호 구역 설정 및 양어장을 활용함으로써 좀 더 지속 가능하게 할 수 있다.

어업에서의 지속 가능성

어획량의 증가로 해양의 많은 어종이 붕괴되어 해양 생태계에 피해를 주었다. 지속 가능한 어업을 위해서는 물고기를 포획하는 방식을 개선해야 한다.

어획량 할당제
오늘날 많은 국가들은 어획량 할당제를 도입하고 있다. 이것은 얼마나 많은 물고기를 언제 잡을지 한정하는 것이다. 할당제는 특히 번식 시기에 가장 취약한 어종을 보호하기 위해 신중하게 계획된다.

그물망 크기
그물망 (간격) 크기를 키우면 작은 물고기들이 그물에서 빠져나가 도망갈 수 있다. 이 물고기들이 자라 번식함으로써 이들 집단이 유지된다.

가두리 양식장

물고기 양식
물고기를 가두어 양식하면 야생에서 잡히는 물고기의 수를 줄일 수 있다. 오늘날 연어와 같은 물고기는 야생에서 잡는 것보다는 양식을 통해 얻는다. 연어는 강이나 바다의 가두리 양식장에서 자란다.

어업 활동이 금지된 곳에서 해양 생물이 번성한다.

해양 보호 구역
해양 보호 구역에서는 물고기가 번식할 수 있는 크기로 자랄 수 있도록 어업 행위가 금지되어 있다. 이로써 물고기가 번식하고 주변 해안으로 퍼져나가 해양 다양성이 개선되며, 물고기 수가 증가한다.

🔍 물고기 양식에 따른 문제

물고기 양식은 야생 물고기를 남획하는 것을 줄일 수 있지만, 다른 문제를 야기시킬 수도 있다. 먹지 않고 남은 물고기 먹이와 배설물은 물속에 영양분을 제공하여 부영양화를 야기시키고(244쪽 참조), 협소한 가두리에서 해충과 질병이 확산될 수 있다. 예를 들어 바다 이(sea lice)라고 하는 기생충이 물고기 양식장에서는 흔하며, 야생 집단으로 확산될 수 있다.

바다 이(sea lice)는 물고기의 피부와 피를 먹는 기생충이다.

영농법

집약 농업과 유기 농업은 두 가지 대조적인 영농 방법이다. 집약 농업은 현대적인 기술을 이용하여 생산량을 최대화하는 방법이고, 유기 농업은 환경의 피해를 최소화하기 위한 방법이다.

영농 방법의 효과

환경 보존은 유기 농업에서 더 쉬운데, 이 농법에서는 화학 비료를 더 적게 쓰고, 따라서 일부 땅에서는 야생 생물이 자라기도 한다. 반대로 집약 농업에서는 기계를 이용하여 경작하고, 작물에 성장을 돕는 화학 비료를 주고 살충제와 제초제 및 살균제를 뿌려 농사를 짓는다.

핵심 요약

✓ 집약 농업과 유기 농업은 두 가지 대조적인 농업 방법이다.

✓ 유기 농업은 집약 농업보다 더 적은 화학 비료를 사용하여 환경에 피해를 덜 준다.

✓ 집약 농업에서는 작물을 매우 빽빽하게 심어 다루기가 쉽지만, 다른 종이 살아갈 공간이 거의 없다.

✓ 유기농으로 생산된 식품은 집약 농업으로 생산된 것보다 더 비싸다.

유기농 쌀 농장

집약적 작물 재배

유기 농업		
특징	찬성	반대
장애물과 나무로 둘러싸인 소규모 농장	더 높은 생산성	유지 비용과 식품 가격이 비쌈
야생화가 많이 자람	작물의 수분율이 좋음	야생화와 작물이 자원을 놓고 경쟁함
화학 비료를 적게 사용함	야생 생물에 덜 해롭고 수질 오염이 적음	해충에 의한 작물 손실이 더 큼

집약 농업		
특징	찬성	반대
대규모 농장	영농 기계 이용으로 일하기 쉬움	병해충에 취약한 단일품종(1개 작물) 재배
대규모 인공 비료 이용	작물이 빠르게 자라고 수확량이 많음	수로 오염에 대한 위험성이 높음
과다한 살충제와 살균제 이용	해충에 의한 작물 손실이 적어 생산량이 많음	야생 동물에 해를 끼칠 위험성이 높음

바이오 연료

바이오 연료는 식물 폐기물과 동물 자원(생물량)으로부터 생산된 연료로 화석 연료 대신 사용할 수 있다. 바이오에탄올은 사탕수수처럼 당이 풍부한 식물을 발효시켜 얻는다. 바이오디젤은 식물성 또는 동물성 지방으로부터 만들어진다.

바이오에탄올의 이용 및 생산

바이오 연료가 차량 엔진에서 연소될 때 공기 중으로 방출되는 이산화탄소의 양은 연료가 생산될 때 흡수되는 탄소의 양과 같다. 하지만 바이오 연료는 탄소 중립적이지 않다. 바이오 연료 작물을 재배하기 위해서는 숲을 벌채해야 하고, 연료를 생산하고 운반하기 위해 기계를 사용해야 한다.

핵심 요약

✓ 바이오 연료는 식물 쓰레기와 동물 자원(생물량)으로부터 나온다.

✓ 바이오 연료용 곡물은 성장하면서 공기로부터 탄소를 흡수하기 때문에 화석 연료보다 지구 온난화에 대한 영향이 더 적다.

✓ 바이오 연료를 생산하기 위해 열대 지역 산림의 나무들이 잘려나갔다.

1. 생물량 확보를 위한 작물
사탕수수는 빠르게 자라면서 대기 중에서 이산화탄소를 흡수하여 광합성에 의해 탄소를 당으로 전환시킨다.

2. 작물 수확
사탕수수를 수확하여 설탕을 추출하며, 설탕은 효모의 먹이로 이용된다.

3. 바이오 연료 생산
효모는 발효 과정을 통해 설탕을 분해하며(203쪽), 부산물로 에탄올을 생산한다.

4. 바이오 연료 이용
이러한 방법으로 생산된 에탄올을 바이오에탄올이라고 한다. 바이오엔탄올은 차량 엔진용이나 난방 연료로 사용할 수 있다.

5. 이산화탄소 방출
바이오에탄올을 태우면 사탕수수가 자라면서 흡수했던 만큼의 이산화탄소를 공기 중으로 방출한다.

🔍 바이오 연료 작물 재배에 대한 찬반 논란

찬성
- 화석 연료와는 달리 바이오 연료는 재생 가능한 에너지원이다. 즉 바이오 연료를 생산하는 작물을 계속해서 재배할 수 있다.
- 바이오 연료 작물이 계속해서 자라면서 연료 연소로부터 방출되는 탄소를 상쇄한다면 바이오 연료는 화석 연료보다 지구 온난화에 대한 영향이 더 적을 것이다.

반대
- 바이오 연료를 생산하면서 열대 지역의 산림이 훼손되었고, 이로 인해 지구 온난화에 영향을 끼쳤다.
- 대부분의 차량 엔진을 바이오 연료에 맞게 변경시켜야 한다.
- 바이오 연료는 식량 재배와 같은 다른 목적으로 이용되어야 할 땅을 빼앗아 간다.

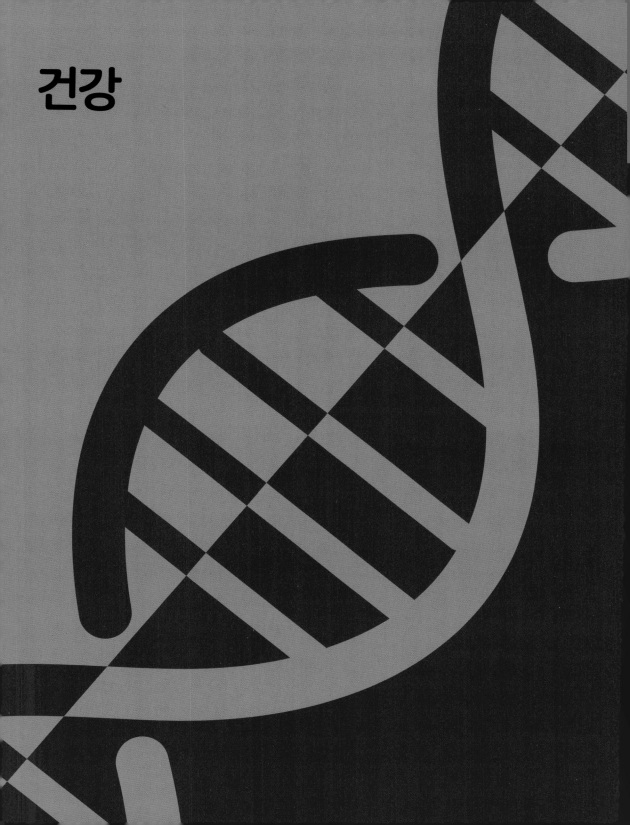

건강

건강과 질병

건강한 신체는 잘 작동하고 질병이 없는 몸을 말한다. 질병이란 몸이 제대로 작동하지 못하거나 몸을 불편하게 만드는 모든 상태라고 할 수 있다. 수많은 질병들이 있으며 그 원인도 다양하다.

질병의 원인

일부 질병은 미생물(병원체)에 의해 사람에서 사람으로 퍼져간다. 이러한 질병을 전염성 혹은 감염성 질환이라고 한다. 심장병과 당뇨병 같은 질병은 전염성이 아니다. 비전염성 질환의 위험은 그 사람의 생활 습관과 유전자에 의해 영향을 받는다.

핵심 요약

✓ 질병은 몸의 일부가 제대로 작동하지 못하거나 몸을 불편하게 만드는 모든 상태라고 할 수 있다.

✓ 감염성 미생물(병원체)에 의한 질병을 전염성 혹은 감염성 질환이라고 한다.

✓ 감염성 미생물이 아닌 원인에 의한 질병을 비전염성 혹은 비감염성 질환이라고 한다.

지역사회 전체에 깨끗한 물을 공급함으로써 콜레라와 같은 심각한 질병으로부터 사람들을 보호할 수 있다. 콜레라는 오염된 물이나 음식을 섭취함으로써 발병한다.

🔍 전 세계적인 질병의 원인

질병의 원인은 지역에 따라 다양하다. 가난한 국가에서는 음식이나 청결하지 못한 위생으로 전파되는 감염병이 주요 원인으로 작용한다. 치명적인 질병인 말라리아는 주로 열대 국가의 사람들에게 발생한다. 부유한 나라에서는 감염병이 빈번하지는 않으며, 열량이 많은 음식 섭취나 운동 부족에 의한 질병으로 건강에 상당한 문제가 발생하고 있다.

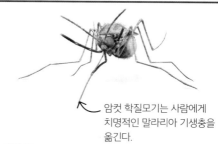

암컷 학질모기는 사람에게 치명적인 말라리아 기생충을 옮긴다.

생활습관이 질병에 미치는 영향

우리 몸을 건강하게 유지하기 위해서는 균형 잡힌 식사와 충분한 산소 공급이 필요하다. 올바른 식습관을 유지하며 규칙적으로 운동하고 담배와 알코올 같은 해로운 물질을 피하면 늙어가면서 생길 수 있는 질병에 대한 위험성을 줄일 수 있다.

건강한 운동

축구나 규칙적인 걷기와 같은 운동을 하면 심장, 폐와 근육 모두가 더 열심히 작용하며, 그 과정에서 더 강해진다.

핵심 요약

✓ 규칙적인 운동은 심장과 근육을 강화시켜 몸을 건강하고 탄탄하게 해준다.

✓ 백신과 항생제가 감염병을 감소시켜 주기 때문에, 이제는 비감염성 질환으로 더 많은 사람들이 죽고 있다.

✓ 비만은 제2형 당뇨병의 위험을 증가시킨다.

✓ 알코올은 간 질환의 위험성을 증가시킨다.

규칙적인 걷기나 달리기를 하면 심장과 폐가 좋아진다.

운동 경기와 스포츠 모두 재미있을 뿐만 아니라 몸에도 좋다.

🔍 생활습관병

세계 많은 지역에서 건강 관리가 개선되면서 감염병이 줄어들고 비감염성 질환으로 죽는 사람의 수가 증가하고 있다. 흡연, 운동 부족, 칼로리가 많은 음식 모두 암, 당뇨병, 심혈관계 질환에 대한 위험성을 증가시킨다.

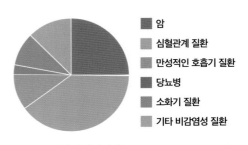

■ 암
■ 심혈관계 질환
■ 만성적인 호흡기 질환
■ 당뇨병
■ 소화기 질환
■ 기타 비감염성 질환

70세 미만의 비감염성 질병에 의한 사망

심장병

심장은 산소가 풍부하고 영양분이 풍부한 혈액을 몸 전체로 펌프질하는 기관이다. 건강하지 못한 생활습관은 심장의 효율적인 기능을 방해할 수 있다. 심장 및 혈관 질환은 심혈관계 질환으로 알려져 있으며, 비전염성 질환이다.

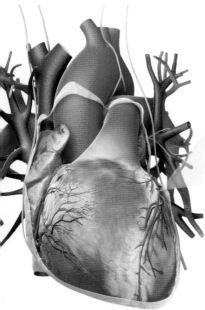

핵심 요약

✓ 관상동맥 질환(CHD)은 지방이 관상동맥에 싸여 혈액 통로를 좁게 만들 때 일어난다.

✓ 스타틴이라는 약물은 혈중 콜레스테롤의 양을 줄여주며, 관상동맥에 지방이 쌓이는 것을 늦춰준다.

✓ 스텐트는 관상동맥을 개방 상태로 유지하기 위해 외과적으로 삽입하는 기계적 장치이다.

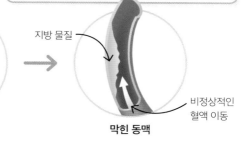

정상적인 혈액 이동

지방 물질

건강한 동맥

막힌 동맥

비정상적인 혈액 이동

막힌 동맥

혈액을 따라 흐르는 콜레스테롤 같은 지방이 관상동맥의 벽에 붙을 수 있다. 관상동맥은 심장 근육에 산소가 포함된 혈액을 공급해 준다. 벽에 붙은 지방이 딱딱한 덩어리가 되었다가 부서지면 동맥을 완전히 막아 심근경색을 야기시킬 수 있다. 이것이 뇌동맥에서 일어나면 뇌에 산소 공급이 끊겨 뇌졸중이 일어날 수 있다.

🔍 스텐트는 어떻게 작동하나?

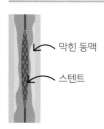

막힌 동맥

스텐트

풍선

스텐트는 혈액이 잘 흘러가도록 넓은 통로를 제공해 준다.

1. 스텐트라는 접이식 금속관을 삽입하여 막힌 관상동맥을 뚫을 수 있다.

2. 스텐트를 삽입한 후 그 안에 있는 풍선을 팽창시켜 관을 넓히면 동맥이 뚫린다.

3. 풍선이 제거되고 넓어진 스텐트가 그곳에 남는다.

🔍 스타틴은 어떻게 작용하나?

스타틴이라는 약물을 복용하면 혈액의 콜레스테롤 수치를 줄일 수 있다. 스타틴은 지방이 쌓이는 속도를 늦추는 역할을 한다.

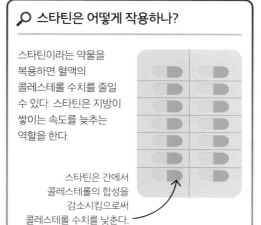

스타틴은 간에서 콜레스테롤의 합성을 감소시킴으로써 콜레스테롤 수치를 낮춘다.

심장 수술

일부 심장 질환은 외과적인 수술을 통해 효과적으로 치료할 수 있다. 노화나 심근경색이 발생하면 심장이 제대로 작동하지 못해 신체 조직이 필요로 하는 혈액을 공급받지 못할 수 있다. 심장 기능을 정상적으로 회복할 수 없다면 심장 이식 수술이 필요하다.

핵심 요약

✓ 일부 심장 질환은 외과적인 수술이 필요하다.

✓ 결함이 있는 판막은 생체 혹은 인공 판막으로 교체할 수 있다.

✓ 심장 기능을 회복할 수 없다면 기증자로부터 심장 이식을 받아야 한다.

✓ 인공 심장은 환자가 심장 이식을 기다리는 동안 생명을 유지시켜 준다.

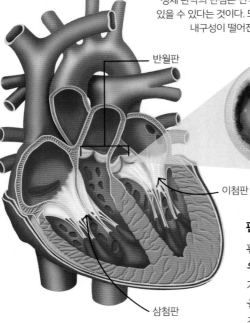

생체 판막
생체 판막의 단점은 면역계의 거부 반응이 있을 수 있다는 것이다. 또한 인공 판막보다 내구성이 떨어진다는 단점도 있다.

반월판

이첨판

삼첨판

인공 판막
인공 판막은 오래 사용할 수 있지만, 이를 이식받은 환자는 혈액 응고를 방지하기 위해 장기적으로 약물을 복용할 필요가 있다.

판막

판막은 혈액이 한 방향으로 흘러가도록 하는 심장의 방 사이에 위치한 덮개 같은 것이다. 심장 판막증을 가지고 있는 환자는 기증자나 동물로부터 판막 이식을 받을 수 있다. 이러한 판막을 생체 판막이라고 한다. 플라스틱과 같은 내구성이 있는 물질로 만들어진 인공 판막도 활용할 수 있다.

🔍 심장 이식

기증자 심장
심장 질환을 가지고 있는 환자에게는 심장 이식이 유일한 장기적인 해결책일 수 있다. 환자는 수술 후에 평생 동안 면역 억제제를 복용해야 한다. 이 약은 이식된 심장에 대한 환자 면역계의 거부 반응을 막아준다

심장 수술(개심술)

인공 심장
환자들은 심장 기증자를 기다리는 동안 일시적으로 인공 심장을 이용한다. 인공 심장은 큰 외과수술 후에 심장이 회복되도록 하거나, 기증된 심장이 환자에게 맞지 않을 때 심장을 완전히 대체하기도 한다.

인공 심장을 보여주는 X선 사진으로, 2개의 플라스틱 관을 통해 혈액이 몸 전체로 뿜어져 나간다.

병원체

일부 질병은 미생물 병원체에 의해서 발생하며, 이들 병원체는 증식하면서 사람에게 퍼져나간다. 병원체를 가지고 있는 사람을 감염자라고 하며, 병원체로 인한 질병을 감염병 또는 전염병이라고 한다.

병원체 유형

세포로 이루어진 가장 단순한 병원체는 세균이다 (39쪽 참조). 좀 더 복잡한 병원체로는 원생생물 (38쪽 참조)과 균류가 있다. 바이러스는 좀 더 작고 세포가 아닌 단순한 입자로 되어 있다. 모든 바이러스는 숙주 세포에 침입해야 번식할 수 있다.

📌 핵심 요약

- ✓ 병원체는 병을 일으키는 생물체로, 숙주 세포 내에서 먹이를 섭취하고 번식한다.
- ✓ 병원체는 보통 현미경적 크기로 아주 작으며 하나의 세포로 되어 있다.
- ✓ 병원체는 여러 종류의 세균, 원생생물, 균류 및 바이러스를 포함한다.
- ✓ 어떤 종류의 병원체는 사람을 포함하는 동물이나 식물에 질병을 일으킨다.
- ✓ 세균과 같은 병원체는 조직에 손상을 입히고 우리를 아프게 하는 독성 물질을 생산한다.

바이러스
바이러스는 숙주 세포에 침입하여 세포의 통제를 장악하고 복사본을 만들어낸다. 숙주 세포는 결국 파열되어 수많은 바이러스를 방출하며 숙주를 병들게 한다.

살모넬라 세균

세균
숙주 안으로 들어간 세균은 번식하여 병을 일으키는 독성 물질을 방출한다. 살모넬라 세균은 몇 시간 만에 수백만 배로 증식하여 식중독을 일으킨다.

감기 바이러스

원생생물
단세포 생물은 생물체 내부에서 기생충으로 살아가며 숙주에 손상을 입힌다. 말라리아 기생충에 의한 감염은 치명적일 수 있다.

혈액 세포 내 말라리아 기생충

장미의 검은 반점 곰팡이

곰팡이
일부 균류는 식물과 동물에서 기생충으로 살아간다. 예를 들어 장미 잎이 검은 반점 곰팡이에 의해 감염되면 잎이 시들어 떨어지고, 이로 인해 광합성이 제한된다.

🔍 질병 모니터링

과학자들은 일정 기간 동안 새로운 질병의 속도를 연구함으로써 한 국가에서의 질병 발생을 모니터링한다. 새로운 사례를 기록함으로써 질병을 억제하는 조치가 얼마나 효과적인지 알 수 있다. 오른쪽 그래프는 미국에서 소아마비 백신의 도입이 1950~2010년 사이에 소아마비 발병과 소아마비 사망에 어떻게 영향을 주었는지 보여준다.

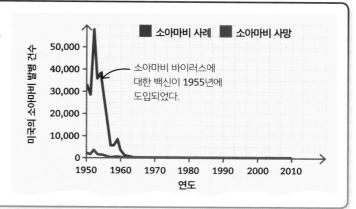

전염병

생물을 통해서 전파된 병원체가 일으킨 질병을 전염병 혹은 감염병이라고 한다. 병원체는 숙주로부터 영양분을 섭취하여 번식한다.

핵심 요약

✓ 전염병은 사람을 통해서 확산된다.

✓ 병원체는 물, 음식, 체액, 공기, 곤충의 매개 또는 직접적인 접촉으로 확산될 수 있다.

✓ 일부 병원체는 성적인 접촉, 재채기 또는 불충분한 위생으로 확산된다.

✓ 일부 병원체는 벡터라고 하는 생물에 의해 전파된다.

인체 병원체에 대한 전염 경로

숙주를 통해서 감염되는 방법은 관련된 병원체의 종류에 따라 다르다. 다음은 병원체가 사람을 통해서 전파되어 질병을 야기시키는 주요 경로를 보여준다.

물
병원체로 오염된 물을 마시거나 목욕을 통해 병원균이 확산될 수 있다. 어떤 병원체는 입을 통해, 또 어떤 병원체는 피부를 통해 몸속으로 들어간다.

음식과 음료
음식과 음료를 적절하게 보관하지 않거나, 날것으로 먹거나, 적절하게 요리하지 않고 먹었을 때 식중독을 야기시키는 병원체가 몸속으로 들어갈 수 있다.

벡터(전파자)
벡터란 병원체를 사람을 포함하여 다른 종으로 옮기는 생물이다. 일부 곤충이 벡터로 작용한다. 예를 들어 학질모기는 사람을 물 때 말라리아 병원체를 전염시킨다.

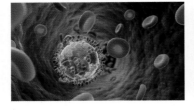

체액
일부 병원체는 혈액이나 정액 같은 체액을 통해서 전파된다. 예를 들어 HIV 바이러스는 보호되지 않은 성관계, 오염된 수혈, 약물 주입을 위해 주사기를 공유함으로써 전파된다.

공기
감기에 걸려 재채기를 하면 감기 바이러스를 포함한 침방울이 공기 중으로 퍼져 다른 사람에게 호흡을 통해 전파된다.

접촉
더러운 주방 표면이나 바닥 또는 다른 사람과의 악수와 같은 접촉을 통해 병원체가 전파된다.

바이러스

바이러스는 세포가 아니며, 단백질 껍질 안에 유전 물질을 감싸고 있는 아주 작은 입자라고 할 수 있다. 바이러스는 자신의 유전자에 저장된 정보를 이용하는 데 필요한 세포 내 기구가 없어 반드시 숙주 세포에 침입해 숙주 세포의 기구를 이용해야 번식할 수 있다.

바이러스는 어떻게 번식하나?

바이러스가 몸속에 들어가면 빠르게 번식하면서 그 과정에서 세포에 손상을 주고 사람을 아프게 한다. 바이러스가 번식하는 두 가지 방법으로 용해성 회로와 용균성 회로가 있다.

핵심 요약

✓ 바이러스는 세포가 아니며, 숙주 세포를 침입하여 번식하며 질병을 일으킨다.

✓ 바이러스는 단백질 껍질 안에 DNA 같은 유전 물질을 포함한 단순한 구조로 되어 있다.

✓ 바이러스는 용해성 혹은 용균성 경로를 통해 번식한다

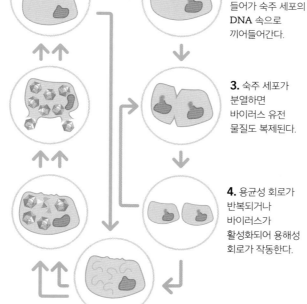

1. 바이러스는 숙주 세포를 공격하여 자신의 유전 물질을 숙주 세포에 주입한다.

2. 바이러스 DNA가 세포핵으로 들어가 숙주 세포의 DNA 속으로 끼어들어간다.

3. 숙주 세포가 분열하면 바이러스 유전 물질도 복제된다.

4. 용균성 회로가 반복되거나 바이러스가 활성화되어 용해성 회로가 작동한다.

5. 바이러스 유전자는 세포에 바이러스 DNA의 복사본과 단백질을 생산하도록 정보를 지시한다.

6. 바이러스 DNA와 단백질이 함께 어우러져 새로운 바이러스 입자를 만들어낸다.

7. 새롭게 번식한 바이러스가 세포를 폭파시키면서 밖으로 빠져나온다.

■ 용해성 회로

많은 바이러스는 자신들이 감염시킨 세포를 파괴시키고 새로운 바이러스를 방출한다. 이러한 과정을 용해성 회로라고 하며, 단 몇 분 만에 한 회로가 완성된다.

■ 용균성 회로

일부 바이러스는 자신의 유전 물질을 숙주 세포의 DNA 속으로 끼어넣어 바이러스 유전 물질이 복제되는 숙주 세포에 전달된다. 이러한 과정을 용균성 회로라고 하며, 감염이 여러 해 동안 지속된다.

🔍 바이러스 구조

단순 바이러스
대부분의 바이러스는 단순한 구조, 즉 유전 물질을 단백질 껍질이 감싸고 있는 형태로 되어 있다. 유전 물질은 DNA나 RNA로 되어 있다.

이 바이러스는 사람의 목을 아프게 한다.

유전 물질

단백질 껍질

에이즈 바이러스
다른 바이러스와 달리 인간 면역결핍 바이러스(HIV)는 사람의 면역 시스템으로부터 회피하는 데 도움이 되는 지질성 막에 의해 둘러싸여 있다. HIV는 또한 자신의 유전 물질을 숙주 세포의 DNA로 끼어들어가게 하기 위해 필요한 효소도 가지고 있다.

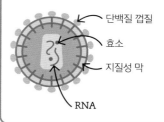

단백질 껍질

효소

지질성 막

RNA

바이러스성 질환

많은 질병은 바이러스에 의해 발병한다. 사람의 바이러스성 질환으로는 에이즈, 홍역, 에볼라가 있으며, 식물에서는 담배 모자이크병이 있다.

에이즈 바이러스

에이즈 바이러스는 보호되지 않은 성관계 시 체액을 통해 또는 약물 주입 시 주사기를 공유함으로써 전파된다. 이 바이러스는 백혈구 세포에 침입하여 면역계를 약화시킨다. 감염 초기에는 감기 정도의 증상을 보이지만, 치료 없이는 후천성 면역 결핍증(AIDS)이라는 생명을 위협하는 상태로 발전할 수 있다. 항바이러스성 약은 바이러스가 복제하는 것을 억제하여 에이즈로 진전되는 것을 늦춰주거나 중단시킨다.

핵심 요약

✓ 사람의 바이러스성 질환으로는 에이즈, 홍역, 에볼라가 있다.

✓ 에이즈 바이러스는 백혈구 세포에 침입하여 인체의 면역계를 약화시키고 바이러스와 싸울 수 있는 능력을 감소시킨다.

✓ 담배 모자이크 바이러스는 식물의 엽록소 생산을 줄여 식물의 성장을 방해한다.

바이러스 유전자가 백혈구 세포의 DNA 속으로 끼어들어 간다.

바이러스 유전자에 의해 합성된 단백질과 유전 물질이 조립되어 새로운 바이러스를 만든다.

바이러스가 백혈구 세포와 융합하여 자신의 유전자를 백혈구 세포로 주입한다.

에이즈 바이러스

새로운 바이러스가 방출되어 좀 더 많은 백혈구 세포를 감염시킨다.

🔍 바이러스 감염의 예

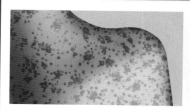

홍역
홍역 바이러스는 감염된 사람이 재채기를 할 때 공기 중으로 방출되는데, 이때 다른 사람이 홍역 바이러스를 흡입할 수 있다. 홍역 증상으로는 발열과 발진이 있다. 홍역은 백신 주사를 통해 예방할 수 있다.

에볼라
치명적인 에볼라 바이러스는 감염된 사람의 체액에 의해 전파된다. 증상으로는 발열과 눈, 코 및 입의 내부 출혈이 있다. 바이러스에 감염된 사람을 격리시킴으로써 바이러스의 확산을 막을 수 있다.

담배 모자이크 바이러스
담배 모자이크 바이러스에 감염된 식물은 잎에 모자이크 반점이 있으며 잎이 구겨진다. 바이러스는 감염된 식물과 접촉하면 전파된다. 이 바이러스는 엽록체 생산을 감소시켜 광합성을 방해함으로써 식물의 성장을 막는다.

세균성 질환

세균은 유용할 수도 있다. 예를 들어 장 세균은 소화를 도우며, 흙 속의 세균은 유기 물질을 분해하여 식물을 자라게 하는 영양분을 방출한다. 하지만 많은 세균은 심각한 질병을 일으킬 수 있다.

핵심 요약

✓ 세균은 공기, 물, 체액 및 접촉을 통해 생물에서 생물로 전파될 수 있다.

✓ 대부분의 세균성 질환은 증상을 완화시켜 주는 약과 함께 항생제를 복용함으로써 치료할 수 있다.

살모넬라

사람 위의 강한 산성액이 음식 속의 대부분의 세균을 죽인다. 하지만 살모넬라와 같은 일부 해로운 세균은 살아남아 장을 감염시킨다. 살모넬라의 독성 물질은 구토, 복부 경련, 설사와 같은 증상을 동반하는 식중독을 일으킨다.

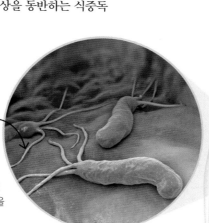

살모넬라 세균은 편모를 이용하여 이동한다.

살모넬라 세균
오른쪽 그림은 식중독을 야기시키는 막대 모양의 살모넬라 세균이다. 완전하게 익히지 않은 닭 요리와 같은 오염된 음식을 먹으면 살모넬라 세균에 감염될 수 있다.

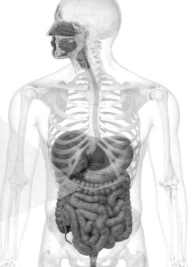

🔍 세균 감염의 예

임질
다른 성병(STI)처럼 임질도 성적 접촉을 통해 전파된다. 증상으로는 소변을 볼 때 타는 듯한 통증이 있다. 임질은 항생제로 치료한다. 콘돔을 이용하면 성병을 예방하는 데 도움이 된다.

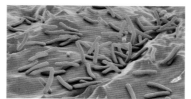

폐결핵
폐결핵(TB) 세균은 폐에 감염되며 기침이나 재채기를 통해 전파된다. 폐결핵은 백신 주사로 예방할 수 있으며, 항생제로 치료한다. 치료하지 않으면 폐가 손상되어 사망할 수 있다.

뿌리혹병
뿌리혹병의 경우는 아그로박테리움 투메파시엔스(*Agrobacterium tumefaciens*)라는 토양 세균이 줄기나 뿌리의 상처 부위를 통해 식물로 들어가 크고 사마귀 같은 종양을 일으켜 식물을 손상시킨다.

원생생물 및 곰팡이병

질병을 야기시키는 대부분의 원생생물과 곰팡이는 단세포 생물이다. 이들은 다른 생물에 침입하여 내부에서 기생하면서 살아간다. 이로 인해 숙주는 아프게 되고, 심하면 죽기도 한다.

핵심 요약

✓ 질병을 야기시키는 대부분의 원생생물과 곰팡이는 단세포 생물이다.

✓ 말라리아 병원체는 모기 벡터에 의해서 전파되는 원생생물이다.

✓ 벡터는 병원체를 다른 종으로 운반하여 전파시키는 생물이다.

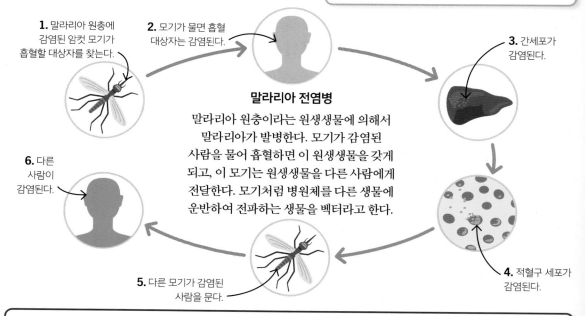

1. 말라리아 원충에 감염된 암컷 모기가 흡혈할 대상자를 찾는다.

2. 모기가 물면 흡혈 대상자는 감염된다.

3. 간세포가 감염된다.

6. 다른 사람이 감염된다.

5. 다른 모기가 감염된 사람을 문다.

4. 적혈구 세포가 감염된다.

말라리아 전염병

말라리아 원충이라는 원생생물에 의해서 말라리아가 발병한다. 모기가 감염된 사람을 물어 흡혈하면 이 원생생물을 갖게 되고, 이 모기는 원생생물을 다른 사람에게 전달한다. 모기처럼 병원체를 다른 생물에 운반하여 전파하는 생물을 벡터라고 한다.

🔍 곰팡이 감염

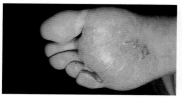

무좀
무좀을 야기시키는 기생성 곰팡이는 따뜻하고 습한 환경에서 자란다. 무좀은 오염된 물체와의 접촉에 의해 확산된다. 발바닥이 갈라지고 각질이 생기며 가렵다. 무좀은 항진균 크림으로 치료할 수 있다.

흰가루병
흰가루병 곰팡이는 많은 종류의 식물을 감염시켜 잎과 줄기에 흰가루 반점을 유발한다. 곰팡이는 광합성을 방해하며 식물의 영양분을 빼앗는다. 살균제로 곰팡이 감염을 치료할 수 있다.

물푸레나무 마름병
물푸레나무는 치명적인 곰팡이인 프라시너스 (Hymenoscyphus fraxineus)에 의해 마름병에 걸린다. 곰팡이 포자가 공기를 통해 전파되며, 싹과 나무껍질을 죽게 한다. 다른 종을 식재하면 질병 확산을 늦출 수 있다.

인체 장벽

인체는 매일 질병의 원인이 되는 수많은 병원체에 노출된다. 우리가 숨쉬는 공기, 접촉하는 물체, 먹는 음식에는 질병을 야기시킬 수 있는 병원체가 있을 수 있다. 하지만 다행히도 인체는 병원균을 물리칠 수 있는 다양한 방법을 가지고 있다.

핵심 요약

✓ 피부는 주된 물리적인 장벽이다.

✓ 화학적 방어 기작으로는 위산과 효소가 있다.

✓ 병원체가 인체에 깊숙이 들어가기 전에 섬모와 점액에 의해 걸러진다.

✓ 혈소판은 혈액 속의 피브리노겐을 피브린으로 변환함으로써 상처 위에 딱지를 만들어 상처 부위를 보호한다.

첫 방어선

인체 방어 시스템 중에는 피부와 코털과 같은 물리적인 장벽에 의한 것이 있고, 또한 위산이나 점액 속 효소에 의한 화학적인 방법이 있다.

눈
눈물은 병원체에 대한 화학적 방어 작용으로, 눈물 속에는 병원체를 파괴하는 효소가 있다. 눈을 깜빡일 때마다 세균과 먼지 입자들이 씻겨나간다.

코
코로 숨을 쉴 때 섬모가 먼지 입자와 병원체를 걸러낸다.

겹쳐진 죽은 피부 세포

기도 속 섬모

피부
피부 외부층은 죽은 세포들이 단단하게 겹겹이 쌓여 형성된다. 상처로 피부가 열려야 병원체가 들어갈 수 있다. 피부에 상처가 나면 딱지가 생겨 병원체가 몸속으로 들어가지 못하게 한다.

기도
폐로 이어지는 기도 내벽의 세포들은 끈끈한 액체인 점액을 분비하여 병원체를 걸러낸다. 섬모가 병원체를 포함하는 점액을 위로 끌어올리면 이 점액은 목구멍에서 소화관으로 삼켜진다.

위산
위에서 분비되는 염산은 강한 산성액으로, 목구멍으로 넘어온 점액 속의 미생물뿐만 아니라 음식 속의 병원체도 죽인다.

⚙ 상처 부위의 딱지는 어떻게 만들어지나?

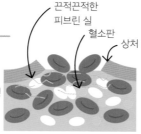

끈적끈적한 피브린 실
혈소판
상처

1. 상처로 인해 피가 나면 혈소판이 혈액에서 활성화된다. 혈소판은 상처에 붙어 화학 물질을 분비하여 용해성 단백질인 피브리노겐을 불용성이며 끈적끈적한 피브린으로 변환시킨다.

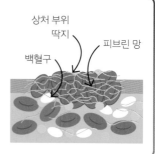

상처 부위 딱지
피브린 망
백혈구

2. 적혈구는 피브린 섬유소의 그물망에 걸려 피떡을 만들며, 백혈구 세포는 상처 부위로 침입한 병원체를 죽인다. 응고된 혈액은 마르고 견고해져 보호성 딱지를 만드는데, 이는 피부의 상처가 아물 시간을 제공해 준다.

식세포

피부와 같은 인체의 자연적인 방어벽의 효과에도 불구하고 일부 병원체는 몸속으로 들어온다. 이런 일이 벌어지면 두 번째 방어선인 면역계가 작동한다. 면역계는 수백만의 백혈구 세포를 생산하여 세균과 같은 병원체를 공격한다.

핵심 요약

✓ 면역계는 감염과 싸우는 백혈구 세포의 활동을 포함한다.

✓ 식세포는 병원체를 둘러싼 후 삼켜서 잡아먹는 백혈구 세포이다.

✓ 병원체를 잡아먹고 소화시키는 과정을 식세포 작용이라고 한다.

✓ 식세포는 다른 백혈구 세포와는 달리 비특이적으로 작용하여 어떤 병원체도 공격한다.

병원체를 잡아먹는 식세포

인체에 병원체가 들어온 지 몇 분 안에 백혈구인 식세포가 증식한다. 식세포는 비특이적이어서 어떤 종류의 세균도 잡아먹는다. 이들은 모세혈관 밖으로 이동하여 감염 부위에 도달하는데, 일단 그곳에 가면 식세포는 모양을 변화시켜 병원체를 둘러싼 후 삼켜 병원체를 파괴한다. 이러한 과정을 식세포 작용이라고 한다.

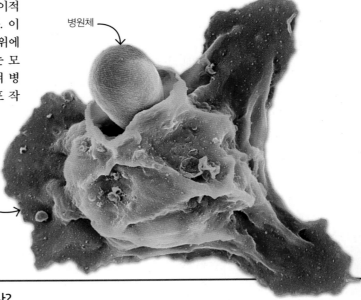

병원체

식세포가 병원체를 잡아먹는다.

⚙ 식세포 작용은 어떻게 이루어지나?

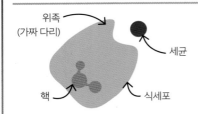

위족 (가짜 다리)

세균

핵

식세포

1. 식세포의 일부가 위족(가짜 다리) 구조로 확장되어 세균을 감싼다.

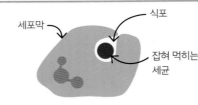

세포막

식포

잡혀 먹히는 세균

2. 식세포의 위족이 세균을 완전히 감싸면 세포막이 결합되어 식포라고 하는 액체로 찬 주머니 안에 병원체를 가둔다. 세균은 식세포의 먹이로 이용된다.

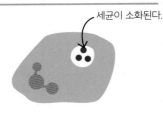

세균이 소화된다.

3. 소화 효소를 식포에 제공하여 세균을 죽인 후 해롭지 않은 아주 작은 조각으로 분해한다. 그 후에 식세포는 새롭게 공격할 준비를 한다.

림프구

식세포와 림프구는 질병에 대항하여 인체를 방어하는 두 가지 중요한 백혈구 형태이다. 식세포는 병원체 감염 후에 병원체를 빠르게 제거하기 시작한다. 하지만 병원체 감염은 또한 림프구를 활성화시킨다. 림프구는 항체라고 하는 방어용 화학 물질을 생산하여 장기간에 걸쳐 인체에 면역을 제공한다.

병원체 제거

림프구는 항체라고 하는 단백질을 생산하여 특정한 병원체를 죽인다. 림프구는 또한 몇 달 혹은 몇 년 후에 같은 병원체가 인체로 다시 들어오는 것을 기억한다. 병원체 세포는 세포 표면에 항원이라고 하는 화학 물질을 가지고 있는데, 항체가 이 항원에 붙어 침입한 세포라는 것을 알려주면 식세포가 병원체를 파괴한다. 우리 몸의 자체 세포도 항원을 가지고 있지만, 면역계가 이들을 자신으로 인식하여 정상적으로는 공격하지 않는다.

핵심 요약

- ✓ 림프구는 백혈구 세포로 항체를 생산한다.
- ✓ 면역계는 병원체를 외부 물질로 인식하여 그들을 파괴시킨다.
- ✓ 인체 면역계는 자기 인식을 통해 정상적으로는 자신의 세포를 공격하지 않는다.
- ✓ 항원은 병원체나 자신의 세포에서 발견되는 세포 표면 단백질이다.
- ✓ 항체는 구조적으로 맞는 항원에 붙는다.

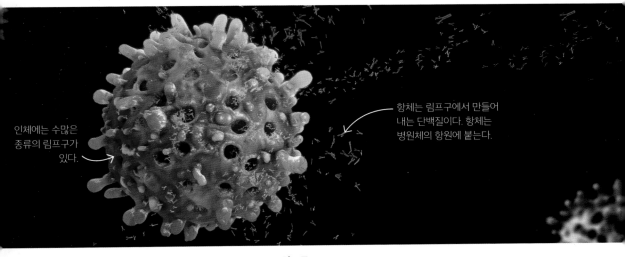

인체에는 수많은 종류의 림프구가 있다.

항체는 림프구에서 만들어 내는 단백질이다. 항체는 병원체의 항원에 붙는다.

림프구

🔍 항체와 항원

각 병원체는 특정한 모양의 항원을 가지고 있다. 림프구는 엄청난 종류의 항체를 만들어 어떤 종류의 병원체라도 구조적으로 붙을 수 있도록 되어 있다. 항체가 병원체에 붙으면 이것이 식세포를 유인하여 침입한 세포를 파괴시킨다.

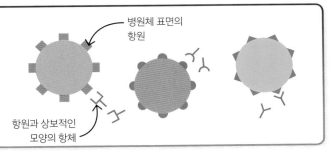

병원체 표면의 항원

항원과 상보적인 모양의 항체

장기 면역

신체가 병원체에 처음 감염되면 감염원과 싸우기 위해 적절한 항체를 만들어 내는 데 시간이 걸린다. 하지만 나중에 같은 병원체가 또 침입하면 면역계가 첫 번째 감염을 기억하고 반응함으로써 전혀 증상을 느끼지 못하게 된다. 우리 몸은 이 질병에 대해 면역력을 갖게 된 것이다.

핵심 요약

✓ 항원에 처음 노출되면 림프구가 항체를 생산한다. 이것을 1차 면역 반응이라고 한다.

✓ 1차 면역 반응 시기에 면역계는 기억 세포를 만든다.

✓ 같은 항원에 두 번째 노출되면 이러한 기억 세포는 좀 더 빠르게 많은 양의 항체를 생산한다. 이것을 2차 면역 반응이라고 한다.

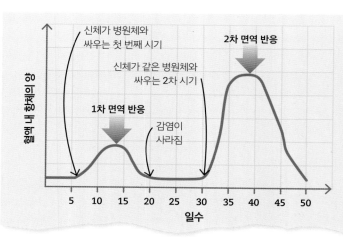

1차 및 2차 면역 반응

림프구는 항체를 생산함으로써 병원체에 대항하여 우리 몸을 방어하는 중요한 역할을 한다. 같은 병원체에 두 번째 노출되면 좀 더 빠른 2차 면역 반응이 발생하는데, 이것은 첫 번째 감염으로 생산된 기억 세포가 혈액 속에 있다가 그 감염원과 즉시 반응하기 때문이다.

⚙ 림프구는 어떻게 작동하나?

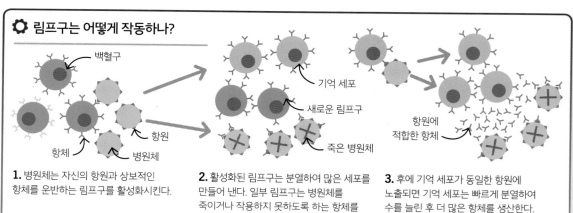

1. 병원체는 자신의 항원과 상보적인 항체를 운반하는 림프구를 활성화시킨다.

2. 활성화된 림프구는 분열하여 많은 세포를 만들어 낸다. 일부 림프구는 병원체를 죽이거나 작용하지 못하도록 하는 항체를 분비하고, 또 일부 림프구는 기억 세포가 된다. 이것을 1차 면역 반응이라고 한다.

3. 후에 기억 세포가 동일한 항원에 노출되면 기억 세포는 빠르게 분열하여 수를 늘린 후 더 많은 항체를 생산한다. 이것을 2차 면역 반응이라고 한다.

백신 접종

인체의 면역 체계가 어떻게 작용하는지에 대한 과학적인 연구 결과 감염병으로부터 사람들을 보호하는 백신을 개발하게 되었다. 약화된 또는 죽은 병원체를 포함하는 백신을 주사하면 신체를 자극하여 기억 세포를 생산함으로써 그 질병에 대해 면역력을 갖게 된다.

감염병 조절

백신은 사람들이 해로운 감염병에 걸리지 않도록 하는 것뿐만 아니라, 이 질병이 집단 내로 확산되는 것을 막는 데도 중요한 역할을 한다. 일부 백신은 평생 면역력을 가지고 있지만, 그 외 백신은 주기적으로 추가 접종을 해야 한다.

핵심 요약

✓ 백신에는 소량의 죽거나 비활성화된 병원체 형태의 항원이 포함되어 있다.

✓ 백신 속의 항원은 항체와 기억 세포의 생산을 유도하며, 이를 1차 면역 반응이라고 한다.

✓ 병원체에 다시 감염되면 이 항원이 기억 세포를 자극하여 좀 더 빠르게 많은 항체 생산하며, 이를 2차 면역 반응이라고 한다.

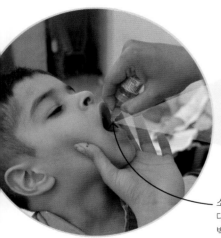

소아마비 백신은 주사 대신에 먹는 형태의 백신이다.

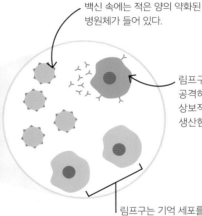

백신 속에는 적은 양의 약화된 병원체가 들어 있다.

림프구는 병원체를 공격하며 항원과 상보적인 항체를 생산한다.

림프구는 기억 세포를 생산하여 미래에 동일한 질병과 싸운다.

🔍 백신 접종에 대한 찬반 논쟁

찬성

● 백신 접종은 위험한 감염병의 확산을 막는 데 도움을 준다.

● 백신 접종으로 감염병에 의한 사망자 수가 줄었다.

● 백신 접종을 통해 질병으로부터 보호하는 것이 질병에 걸려 치료하는 것보다 훨씬 저렴하다.

반대

● 백신에 대한 반응이나 부작용이 있는 사람도 존재한다.

● 백신 주사를 맞으면 통증을 느낄 수 있으며, 주삿바늘에 대한 공포심이 있는 사람도 있다.

● 사람에 따라서는 백신 접종 후에 질병을 피하기 위한 조심성이 부족해지는데, 모든 백신이 100% 효과가 있는 것이 아니다.

단클론 항체

항체는 매우 특이적이며 특정한 분자에만 붙는다. 항체의 이러한 특성 때문에 질병의 진단, 임신 테스트 또는 암세포에 대한 약물 전달에 이용된다. 이러한 방법에 단클론 항체를 이용하며, 이는 인공적으로 항체를 생산하는 세포를 클로닝함으로써 만들어진다.

핵심 요약

✓ 단클론 항체는 실험실에서 항체를 만드는 세포를 클로닝함으로써 인공적으로 만든 항체이다.

✓ 림프구를 빠르게 분열하는 종양 세포와 융합시켜 하이브리도마 세포를 만든 후, 이 세포에서 단클론 항체를 만든다.

✓ 단클론 항체는 특정 목표물인 항원에 붙는다.

✓ 단클론 항체는 질병의 진단, 임신 테스트 또는 암세포에 대한 약물 전달에 이용된다.

1. 생쥐에 항원을 주입한다.

2. 생쥐는 이에 반응하여 항원과 상보적인 항체를 생산한다. 항체를 생산하는 림프구를 추출한다.

종양 세포

3. 림프구를 빠르게 분열하는 종양 세포와 융합시켜 하이브리도마라고 하는 융합 세포를 만든다.

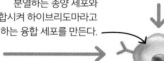

단클론 항체 만들기

항체를 생산하는 림프구 세포는 배양하기가 어렵기 때문에, 림프구를 빠르게 분열하는 암세포와 융합시켜 아주 쉽게 세포를 배양한다. 이 과정을 통해 하이브리도마라는 융합 세포를 만드는데, 이 융합 세포는 두 세포의 특징을 모두 가지고 있어 빠르게 분열하면서 항체를 생산한다.

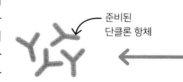

준비된 단클론 항체

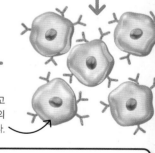

4. 하이브리도마 세포는 빠르고 쉽게 증식하기 때문에 많은 양의 항체를 만드는 데 이상적이다.

🔍 단클론 항체는 어떻게 사용되나?

단클론 항체는 특정 항체에만 붙기 때문에 목표물이 출현했는지 확인하는 과정에 사용될 수 있다. 한 예로 임신 여부를 확인하는 데 사용하는 항체가 있는데, 이 항체는 임신한 여성으로부터 생산되는 사람 융모성 생식선 자극(HCG) 호르몬에 붙는다. 항체가 내재된 임신 테스트기에 소변 한 방울을 떨어뜨려 이 호르몬의 존재 여부를 확인함으로써 임신 여부를 알 수 있다.

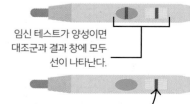

임신 테스트가 양성이면 대조군과 결과 창에 모두 선이 나타난다.

임신 테스트가 음성이면 대조군 창에만 선이 나타난다.

암

우리 몸의 정상적인 세포는 통제된 속도로 성장하고 분열한다. 하지만 이러한 과정에 문제가 발생하면 세포의 분열이 조절되지 못하고 계속해서 일어남으로써 암이 생긴다. 가장 위험한 종양을 악성 종양이라고 하며, 신체의 다른 부위로 이동하여 암을 일으킬 수 있다. 확산되지 않는 종양을 양성 종양이라고 한다.

암의 원인과 치료

암의 위험성을 높이는 요인으로는 유전자, 식단, 그리고 담배 연기 속 물질과 같은 발암 물질에 대한 노출 등이 있다. 암 치료법으로는 방사선 요법과 항암제 치료법이 있다. 이 두 방법은 빠르게 분열하는 세포를 공격하지만, 부작용을 일으킬 수 있다.

핵심 요약

✓ 암은 세포 내부에서 변화가 생겨 세포가 조절되지 않은 상태로 분열할 때 생긴다.

✓ 악성 종양은 신체의 다른 부위로 침입하여 암을 유발하는 종양이다.

✓ 악성 종양의 세포들은 떨어져 나와 다른 곳에서 성장하여 2차 암을 일으킨다.

✓ 양성 종양은 신체의 다른 부위로 침입하지 않는다.

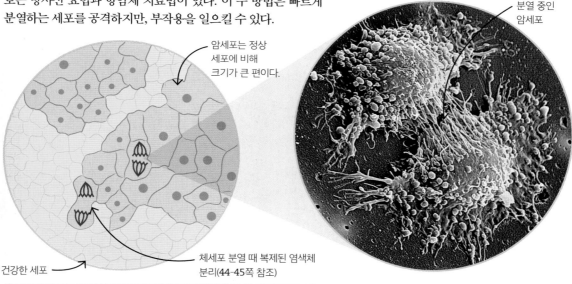

암세포는 정상 세포에 비해 크기가 큰 편이다.

분열 중인 암세포

건강한 세포

체세포 분열 때 복제된 염색체 분리(44-45쪽 참조)

🔍 암세포 제거

현대의 암 치료법은 면역계를 이용하여 암세포를 직접 공격한다. 한 가지 방법은 암세포 표면의 항원에 붙는 단클론 항체(268쪽 참조)를 만드는 것이다. 이 항체는 오른쪽 그림과 같이 암세포와 싸우는 약을 운반하여 암세포를 죽이거나, 암세포를 뭉치게 함으로써 좀 더 쉽게 제거하거나, 또는 면역계의 공격을 유발하여 암세포를 죽인다.

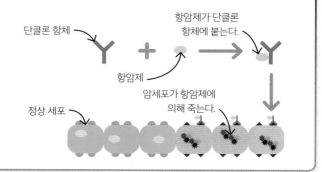

단클론 항체

항암제

항암제가 단클론 항체에 붙는다.

암세포가 항암제에 의해 죽는다.

정상 세포

약물

약물은 신체적 또는 정신적으로 신체의 작용을 변화시키는 화학 물질이다. 알코올, 카페인, 니코틴 같은 약물은 즐기기 위해서 활용한다. 하지만 대부분의 약물은 질병을 치료하거나, 예방하거나, 또는 진단하기 위해서 사용한다.

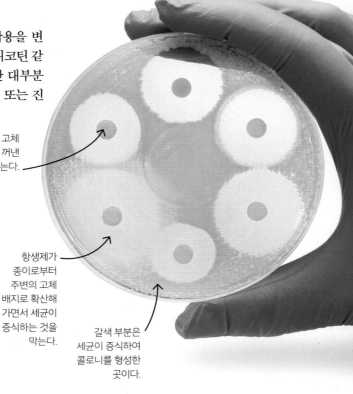

세균이 자라고 있는 페트리 접시의 고체 배지 위에 항생제 용액에 넣었다 꺼낸 작은 종이 원반을 올려놓는다.

항생제가 종이로부터 주변의 고체 배지로 확산해 가면서 세균이 증식하는 것을 막는다.

갈색 부분은 세균이 증식하여 콜로니를 형성한 곳이다.

약물은 어떻게 작용하나?

대부분의 약물은 세포 내부에서 일어나는 화학 반응 과정을 변화시킨다. 예를 들어 세균 감염을 치료하기 위해 사용하는 항생제인 페니실린은 세균에서 세포벽을 만드는 데 관여하는 효소의 작용을 방해하며, 이로 인해 세균이 증식하지 못해 감염으로부터 벗어날 수 있게 한다. 항생제의 효능은 페트리 접시에서 항생제가 세균의 성장에 영향을 주는지 확인함으로써 알 수 있다.

📌 핵심 요약

✓ 약물은 신체적 또는 정신적으로 신체의 작용을 변화시키는 화학 물질이다.

✓ 항생제는 체내에서 세균을 죽이거나 증식을 늦춰주는 약물이다.

✓ 세균에 따라 작용하는 항생제가 다르다.

✓ 항생제는 바이러스를 죽이지 못하며, 대신에 항바이러스 약물이 바이러스가 체내에서 복제하는 것을 막는다.

✓ 일부 병원체는 약물 내성을 갖는 것으로 진화하였다. 항생제 내성 세균은 인류 사회에 점점 큰 문제가 되고 있다.

🔎 약물 내성

감염병은 병원체가 내성을 가질 경우 약물로 치료하기가 어려울 수 있다. 일부 병원체는 DNA 염기 서열의 변화로 돌연변이가 일어나면 항생제에 대한 내성을 가질 수 있다(186쪽 참조). 감염 치료를 위해 같은 항생제를 사용하면 항생제에 민감한 세균만 죽고 저항성이 있는 세균은 살아남아 증식을 한다.

3. 항생제 처리 시 내성 세균만이 생존하여 반복해서 분열함으로써 내성균이 빠르게 확산된다.

1. 비내성 세균

2. 세균의 DNA에 돌연변이가 생기면 항생제에 내성을 갖는 유전자가 출현한다.

약물 시험

질병 치료를 개선하기 위해 새로운 약물이 끊임없이 개발되고 있다. 각 약물이 효과적이고 안전하게 사용될 수 있도록 하기 위해서는 신중하게 테스트해야 하므로 개발 과정은 몇 년이 걸릴 수도 있다.

핵심 요약

✓ 전통적으로 약물은 식물이나 미생물로부터 추출된다.

✓ 약물을 개발하는 과정에서 약물의 효능, 독성 (안정성), 그리고 용량을 확인해야 한다.

✓ 살아 있는 세포, 조직 또는 실험 동물을 이용하여 약물에 대한 전임상 시험을 수행한다.

✓ 전임상 시험 후에 건강한 지원자나 치료 중인 환자를 대상으로 임상 시험을 수행한다.

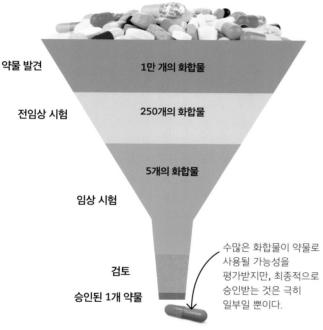

약물 발견 — 1만 개의 화합물

전임상 시험 — 250개의 화합물

5개의 화합물

임상 시험

검토 — 승인된 1개 약물

수많은 화합물이 약물로 사용될 가능성을 평가받지만, 최종적으로 승인받는 것은 극히 일부일 뿐이다.

약물 개발

기존의 약물을 변화시켜 더 나은 약물을 만들거나, 화학적으로 새로운 약물을 합성하거나, 또는 식물이나 미생물로부터 추출된 자연 화합물을 스크린하여 약물을 개발한다. 예를 들어 심장병 약물인 디기탈리스는 디기탈리스 식물로부터 발견되었으며, 항생제인 페니실린은 페니실린 곰팡이로부터 발견되었다. 새로운 약물은 부작용이 있을 수 있기 때문에 약물로 승인받기 위해 10~15년간의 긴 테스트 기간을 거친다.

🔍 임상 시험

약물 시험은 보통 두 지원자 그룹으로 수행된다. 한 그룹은 실험군으로 약물을 복용한 사람들이며, 다른 그룹은 대조군으로 플라시보(가짜 약)를 복용한 사람들이다. 연구자들은 두 그룹에서의 차이를 조사하여 이 약물이 작용하는지를 파악한다.

	시험 형태		
	눈가림 시험	**이중 눈가림 시험**	**개방 시험**
지원자들은 자신이 약물 혹은 플라시보를 복용하고 있는지를 안다.	아니요 지원자가 어떤 사전 지식에 의해 영향을 받지 않도록 한다.	아니요 지원자가 어떠한 사전 지식에 의해 영향을 받지 않도록 한다.	예 눈가림 혹은 이중 눈가림 시험이 가능하지 않을 때 마지막 수단으로 활용한다.
연구자들은 지원자가 약물 혹은 플라시보를 복용하고 있는지를 안다.	예	아니요 연구자가 치료 내용에 대하여 어떠한 신호도 전달하지 않도록 한다.	예

해충과 식물

식물은 곰팡이와 바이러스부터 수액을 빨아먹는 곤충과 잎을 먹는 애벌레까지 다양한 질병과 해충으로 인해 시달린다. 일부 해충은 벡터로 작용하여 모기가 질병을 사람에게 옮기는 것처럼 질병을 다른 식물에게 옮긴다.

질병의 확산

진드기는 느리게 움직이는 곤충이지만 빠르게 번식한다. 이들은 당을 포함한 수액을 먹으면서 식물에 상당한 손상을 초래하며, 또한 치명적인 바이러스를 식물 조직에 감염시켜 식물을 약화시킨다. 화학적인 살충제나 자연적인 진드기 포식자를 이용하여 진드기를 퇴치함으로써 상업 작물의 수확량을 높일 수 있다.

핵심 요약

✓ 해충은 잎과 수액을 먹어 식물을 약화시키거나 죽인다.

✓ 일부 해충은 병원체의 벡터로 작용하여 감염병을 식물에서 식물로 확산시킨다.

✓ 식물의 질병은 성장 저하와 같은 증상, 잎의 반점, 해충의 출현을 조사함으로써 또는 실험실에서 확인해 봄으로써 알 수 있다.

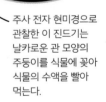

주사 전자 현미경으로 관찰한 이 진드기는 날카로운 관 모양의 주둥이를 식물에 꽂아 식물의 수액을 빨아 먹는다.

진드기는 매일 자신의 몸무게보다 여러 배나 많은 수액을 빨아 먹는다.

진드기

🔍 식물 질병에 대한 진단

식물의 질병은 종종 성장 저하, 잎의 반점, 색소 탈색, 해충의 출현과 같은 증상을 살펴봄으로써 식별할 수 있다. 현미경으로 조직을 관찰하고, 미생물을 배양하며, 단클론 항체(268쪽 참조)를 포함하는 테스트 키트를 이용하여 식물 병원체를 식별할 수 있다. 오른쪽 그림은 막대 모양의 담배 모자이크 바이러스로, 토마토와 고추, 담배를 포함하여 많은 식물을 손상시킨다.

담배 모자이크 바이러스

식물의 방어

식물에는 동물에서 발견되는 면역계 형태가 없으며, 대신에 해로운 생물과 싸우기 위한 자신만의 방법이 있다. 이러한 방어 기작 중 많은 부분은 보호성 나무껍질처럼 물리적인 장벽을 이용하는 것이다. 식물은 또한 화학 물질을 이용하여 먹지 못하게 하고 해충을 죽이는 화학적 방어 기작도 가지고 있다.

핵심 요약

- ✓ 나무껍질은 효과적인 방어벽이다.
- ✓ 셀룰로오스 세포벽은 동물이 소화하기 어려운 질긴 섬유소로 만들어진다.
- ✓ 나뭇잎 표면의 왁스층 큐티클은 식물을 병원체로부터 보호한다.
- ✓ 일부 식물은 쓰거나 독성 화학 물질을 생산하여 동물이 먹지 못하도록 한다.

작은 잎

접촉하면 작은 잎이 접히기 시작한다.

잎이 처지고 시들해 보인다.

민감 식물

어떤 식물은 동물의 공격을 피하기 위한 방법으로 진화하였다. 미모사는 민감 식물로 알려져 있는데, 다른 것에 접촉하면 잎을 접는다. 미모사는 잎 전체를 접는 데 몇 초밖에 걸리지 않을 정도로 빠르게 반응한다. 이는 식물을 먹는 곤충을 퇴치하는 데 도움이 되며, 식물이 덜 맛있어 보이게 한다.

🔍 자연의 방어

나무껍질
두꺼운 나무껍질을 가지고 있는 식물은 병원체에 대항하기 위한 효과적인 방어 시스템을 가지고 있다. 인간의 피부와 같이 나무껍질은 해로운 병원체에 물리적인 장벽으로 작용한다.

세포벽
식물의 세포벽은 셀룰로오스라는 강한 탄수화물로 구성되어 있으며, 동물은 이 셀룰로오스를 소화하지 못한다. 초식 동물은 위나 장에 셀룰로오스를 분해할 수 있는 특이한 미생물이 필요하다.

큐티클과 가시
식물의 가장 외부층은 큐티클의 왁스성 방수층을 가지고 있다. 이 왁스층은 식물의 병원체 감염을 어렵게 한다. 많은 사막 식물은 가시를 가지고 있어 동물의 접근을 막는다.

맛없는 잎
어떤 식물은 맛이 쓰거나 독성 화학 물질을 가지고 있으며, 동물은 이러한 식물을 먹지 않도록 빨리 배운다. 예를 들어 일부 토끼풀은 미량의 청산가리를 방출해 동물이 먹지 못하도록 한다.

용어 풀이

가뭄(drought) 긴 시간 동안 강우량이 낮아져 물 부족과 건조한 환경을 초래하는 것

가설(hypothesis) 실험에 의해 검증되어야 할 과학적인 아이디어

가슴(thorax) 곤충의 중앙 부분, 혹은 척추동물의 목 아래 부분

각막(cornea) 눈 앞부분에 위치한 곡선의 투명한 구조. 눈으로 들어오는 빛의 초점을 맞추는 데 도움을 줌

감각 뉴런(감각 신경)(sensory neuron) 환경으로부터 오는 자극을 탐지하여 전기 자극의 형태로 중추신경계에 정보를 전달하는 신경 세포

감각 수용체(sensory receptor) 자극을 탐지하여 신경 자극을 만들어 반응하는 신체 구조

감수 분열(meiosis) 성세포를 생산하는 세포 분열의 형태. 염색체 수가 반이 됨

갑각류(crustacean) 딱딱한 외골격, 아가미와 보통 5쌍의 다리를 가지고 있는 무척추동물. 대부분 물에 살며, 예로 새우, 가재 등이 있음

갑상샘(thyroid gland) 사람의 목에서 호르몬을 분비하는 분비샘

개체군(population) 같은 지역에서 살고 있으며 보통 집단 내 교배가 이루어지는 같은 종들의 개체 그룹

건강(health) 생물의 신체적 상태를 나타내며, 건강하다는 것은 질병이 없는 상태를 의미함

경쟁(competition) 같은 자원을 필요로 하는 생물 또는 종 간의 상호 작용으로 충돌이나 손상을 초래하는 것

골격(skeleton) 동물의 몸을 지지하는 유연한 틀

공동 우성(codominance) 한 유전자에 대한 두 대립 유전자 모두 생물에 영향을 주는 유전 현상으로, 우성·열성의 구별이 없음

공변세포(guard cells) 기공을 열고 닫기 위해 모양을 변화시킬 수 있는 잎 표면에 있는 쌍으로 된 세포

공생(symbiosis) 두 다른 종이 함께 살아가는 밀접한 관계

공식(formula) 화학식은 화학 복합체에서 원자의 비를 보여주며, 수학식은 수학 기호로 쓰여진 규칙 혹은 관계를 나타냄

과학적 모델(scientific model) 물체나 시스템이 현실 세계에서 어떻게 작동하는지 이해하는 데 도움을 주는 실물, 혹은 시스템에 대한 단순화된 표현

광합성(photosynthesis) 식물이 태양 에너지를 이용하여 물과 이산화탄소로부터 영양분을 만들고 부산물로 산소를 방출하는 과정

광합성의 제한 요소(limiting factor in photosynthesis) 빛의 세기, 이산화탄소의 양, 온도는 모두 제한 요소로, 이들 중 어떤 것도 수준이 떨어지면 식물의 광합성 속도를 감소시킬 수 있음

교미(mating) 동물의 성세포가 만나 배아를 형성하도록 허용해 주는 암수 동물 사이의 밀접합 물리적인 접촉

교환 표면(exchange surface) 필수적인 물질을 흡수하거나 노폐물을 제거하기 위해 특화된 생물 부위. 교환 표면은 넓은 표면적을 가지고 있음

국제 표준 단위(SI units) 과학적 측정치에 대한 표준 단위 세트. 미터, 킬로그램, 초 등이 있음

군집(community) 한 환경 내의 모든 생물. 생태계는 생물의 군집과 이들에 의해 공유되는 물리적인 환경으로 구성되어 있음

굴광성(phototropism) 식물이 빛에 반응하여 성장하는 현상. 양성 굴광성은 식물이 빛을 향해서 자라는 것을 의미함

굴지성(gravitropism) 식물이 중력에 반응하여 성장하는 것. 예를 들어 뿌리는 보통 양성 굴지성으로 뿌리가 아래를 향해 자라도록 함

균류(fungus) 주변의 살아 있거나 죽은 물질로부터 양분을 흡수하는 생물. 버섯과 독버섯 등이 있음

균사(mycelium) 균류의 주요 몸체. 보통 지하나 나무에 숨겨진 실과 같은 덩어리로 되어 있음

근시(shortsightedness) 멀리 떨어진 물체가 희미하게 보이는 시력 결함

근친 교배(inbreeding) 밀접하게 관련된 생물들 간의 교배. 동형의 유전자형이 나올 빈도를 증가시켜 열성 유전자에 의해 야기되는 유전 결함이 더 자주 발생하게 함

글루카곤(glucagon) 간에서 축적된 글리코겐을 포도당으로 전환시키는 호르몬. 혈당을 증가시킴

글리코겐(glycogen) 간에서 포도당으로부터 만들어져 간에 저장되는 탄수화물

기공(pore) 생물의 외부로 열려져 있는 작은 구멍으로, 가스나 액체 같은 물질이 통과함

기공(stoma) 잎 안팎으로 가스의 이동을 조절하기 위해 열고 닫을 수 있는 잎의 표면에 있는 구멍

기관(organ) 기능을 수행하기 위해 함께 작용하는 조직의 그룹. 사람의 신체에서 위, 뇌, 심장 등이 해당함

기생충(parasite) 다른 생물(숙주)의 외부 혹은 내부에서 살면서 먹이를 섭취하는 생물

기억 세포(memory cell) 과거에 침입하였던 병원체를 어떻게 인식하였는지 기억함으로써 질병에 대해 면역력을 길러주는 백혈구 세포의 한 형태

기후(climate) 한 지역이 보통의 해에 겪는 날씨와 계절의 패턴

기후 변화(climate change) 지구 날씨 패턴에서의 장기적인 변화

꽃가루(pollen) 식물의 꽃에서 수컷 성세포를 포함하고 있는 가루 형태의 물질. 곤충이 꽃가루를 식물 간에 운반하여 식물이 생식을 하도록 해줌

꿀(nectar) 수분 매개자를 유인하기 위해 꽃에 의해 생산된 설탕액. 꿀벌은 설탕액을 이용하여 꿀을 만듦

난소(동물)/씨방(식물)(ovary) 알세포(난자)를 생산하는 암컷 동물의 기관, 또는 발달 중인 씨앗을 포함하는 꽃의 부분

난치(달걀 치아)(egg tooth) 병아리나 어린 파충류의 부리 혹은 턱에 있는 딱딱한 덩어리로, 껍질을 깨고 나올 때 사용됨

난황(yolk) 알 내부의 노란 부분. 단백질과 지방

이 풍부하며, 발생 중인 배아에 영양을 제공함

내분비샘(endocrine gland) 사람의 몸에서 호르몬을 생산하여 분비하는 분비샘

네프론(nephron) 신장 내 아주 작은 크기의 여과 단위. 혈액으로부터 노폐물을 여과하여 소변으로 배출함

녹말(starch) 포도당 분자가 결합하여 체인 형태로 된 탄수화물. 식물은 녹말 형태로 에너지를 저장함

농도(concentration) 용액 속에 녹아 있는 용질의 양에 대한 측정치

농도 구배(concentration gradient) 한 지역의 물질의 농도와 다른 지역에서의 같은 물질의 농도의 차이. 농도 구배가 크게 나면 확산 속도가 빨라짐

뇌졸중(stroke) 뇌로 혈액이 흐르는 것이 중단된 위험한 상태로 뇌세포의 죽음을 야기함. 몸의 한쪽이 마비되는 증상이 있을 수 있음

뇌하수체(pituitary gland) 뇌의 밑부분에 위치한 호르몬을 분비하는 내분비샘. 마스터 분비샘(master gland)으로 알려져 있으며, 많은 호르몬을 생산하여 다른 내분비샘을 조절함

눈가림 시험(blind trial) 약물 테스트를 위해 환자가 진짜 약을 받았는지, 아니면 가짜 약(플라시보)을 받았는지 모르는 상태의 임상 시험

뉴런(neuron) 신경 세포

능동 수송(active transport) 세포막을 가로질러 낮은 농도에서 높은 농도로 물질이 이동하는 것. 능동 수송은 호흡으로부터 에너지를 얻음

단공류(monotreme) 알을 낳는 포유류. 오리너구리와 가시두더지가 이에 속함

단백질(protein) 질소를 포함하고 있는 육류, 물고기, 치즈, 콩 같은 식품에서 발견되는 유기 물질. 생물은 성장과 회복을 위해 단백질을 필요로 함

단백질 분해 효소(protease) 단백질을 분해하는 효소

단열(insulation) 털, 지방층, 깃털과 같은 몸의 특수한 층으로 열 손실을 감소시키는 것

단일 재배(monoculture) 넓은 지역에 한 작물만 재배하는 농법

단클론 항체(monoclonal antibodies) 백혈구 세포의 클론을 통해 실험실에서 생산되는 항체. 이들 항체는 특정한 항원을 표적으로 하며, 특정한 질병을 진단하거나 치료하는 데 이용됨

당뇨병(diabetes) 혈액의 포도당 농도를 적절하게 조절하지 못하는 질병

대뇌(cerebrum) 수의적인 활동, 감각, 신체의 운동, 개성, 언어 및 그 외 기능을 수행하는 사람 뇌의 주요 부위

대뇌 피질(cerebral cortex) 사람 뇌의 외부층

대립 유전자(allele) 여러 다른 변이의 형태로 존재하는 한 유전자에 대한 다른 형태

대정맥(vena cava) 조직으로부터 심장으로 산소가 부족한 혈액을 운반하는 2개의 주요 정맥 중 하나

더듬이(antennae) 곤충이나 다른 무척추동물의 머리에 있는 민감한 감각기

데이터(data) 사실과 통계와 같은 정보의 집합

독립 변인(independent variable) 실험 과정에서 의도적으로 변화시키는 변인

동공(pupil) 빛이 들어가는 눈의 중앙에 원형으로 열린 부위

동맥(artery) 심장 밖으로 혈액을 운반하는 크고 두꺼운 벽으로 된 혈관

동토층(permafrost) 흙의 표면 아래 영원히 얼어 있는 땅

동형(homozygous) 한 유전자에 대해 같은 대립 유전자를 갖는 개체

렌즈(lens) 눈, 카메라, 현미경, 망원경 내부에서 뚜렷한 상을 만들어 내도록 광선을 굴절시키는 곡면의 투명한 물체

리보솜(ribosome) 세포 안에서 단백질 합성 장소인 아주 작은 구조

리파아제(lipase) 지질 분자를 소화하는 효소

림프구(lymphocyte) 항체를 만들 수 있는 백혈구 세포의 한 형태

마비(paralyse) 움직이지 못하는 상태

망막(retina) 눈의 안쪽을 덮는 빛에 민감한 세포층

먹이 그물(food web) 생태계에서 먹이 사슬이 그물처럼 연결된 시스템

먹이 사슬(food chain) 일련의 생물을 포식자와 피식자의 관계로 일차원적으로 나타낸 것

면역계(immune system) 감염병으로부터 신체를 보호하는 기관, 조직 및 세포의 집합체

면역력(immunity) 생물이 감염병에 저항할 수 있는 능력

면역화(immunize) 백신을 통해 질병에 대한 사람의 면역을 강화시키는 것

멸종(extinct) 생물이 영원히 사라지는 것. 멸종된 종은 지구상에 살아 있는 개체가 없음

모세 혈관(capillary) 사람 몸에서 가장 작은 혈관의 형태

목(질)부(xylem) 뿌리로부터 잎과 다른 구조로 물과 미네랄을 운반하는, 관으로 되어 있는 식물 조직의 형태

무게(weight) 질량이 지구를 향해서 끌려오는 힘

무균 기술(aseptic technique) 미생물 시료가 원치 않는 다른 미생물로 오염되는 것을 방지하는 기술

무산소 호흡(anaerobic respiration) 산소가 없을 때 영양소 분자로부터 살아 있는 생물로의 에너지의 전달

무성 생식(asexual reproduction) 부모 중 한쪽에 의한 생식으로, 부모의 한쪽과 동일한 자손이 태어남

무척추동물(invertebrate) 곤충 또는 선충류와 같이 등뼈가 없는 동물

물질(matter) 질량을 가지고 공간을 차지하고 있는 것

물질대사 속도(metabolic rate) 사람의 몸이 에너지를 이용하는 속도

미네랄(mineral) 바위나 물속에 녹아 있는 소금과 같이 자연적으로 발생하는 무기 화합물. 일부 미네랄은 생명체에 필수적임

미토콘드리아(mitochondria) 호흡 과정에서 설

당 분자로부터 세포로 에너지를 전달하는 중요한 역할을 하는 세포 내 소기관

바이러스(virus) 아주 작은 기생체. 세포를 감염시켜 자신을 복제함으로써 자손을 늘림

반사(reflex) 의식적인 생각 없이도 자극에 대하여 신경과 근육이 자동적으로 반응하는 것

반사궁(reflex arc) 반사 작용 중 신경을 통해서 작동되는 회로

반수체(haploid) 염색체의 한 세트(정상 세포에서 발견되는 염색체 수의 반). 성세포(생식 세포)는 반수체임

반응물(reagent) 화학적 반응을 일으켜 다른 화학 물질의 존재를 확인하는 데 사용되는 물질

반투과성(partially permeable) 일부 물질은 통과하지만 다른 물질은 통과하지 못하는 성질. 세포막은 반투과성임

발아(germination) 씨앗에서 작은 식물로 성장하는 것

발열 반응(exothermic reaction) 열의 형태로 에너지를 주변으로 전달하는 화학 반응

방부제(antiseptic) 세균과 같은 병원체를 죽이지만 사람에게는 해가 되지 않는 화학 물질

방사능(방사선)(radiation) 전자기파 또는 방사능 원천에서 나온 입자들의 흐름

방형구(quadrat) 자연 서식지에서 종을 세거나 시료를 채집하기 위해 사용한 사각형 틀

배란(ovulation) 암컷 동물의 난소에서 미수정란(난자)이 방출되는 것. 이 알은 정자와 수정할 준비가 되어 있는 성숙한 난자임

배아(embryo) 동물이나 식물의 초기 발생 단계

배율(magnification) 물체를 현미경으로 볼 때 확대된 정도

백신(vaccine) 병원체에 대한 면역력을 키우기 위해 인체에서 항체 생산을 자극하는 약화되거나 죽은 병원체를 포함하는 물질

백혈구(white blood cell) 질병과 싸우는 여러 종류의 혈구 세포

번데기(pupa) 변태 과정을 거치는 곤충의 생활사에서 휴면기에 해당하는 발생 단계

번역(translation) RNA 분자를 이용하여 아미노산을 순서대로 불러와 단백질을 합성하는 과정

벡터(vector) 질병을 전파하는 생물. 말라리아 원충을 사람에게 옮기는 모기는 벡터의 한 예

변성(denature) 단백질 모양의 변화. 효소가 열이나 산성에 의해 변성되면 단백질은 더 이상 기능을 하지 않음

변이(variation) 한 종에서 개체들 간의 차이. 변이는 유전자, 환경 혹은 두 요인 모두에 의해 일어날 수 있음

변태(metamorphosis) 동물이 성장할 때 몸의 형태에서 극적인 변화. 애벌레는 변태를 통해 나비로 바뀜

병원체(pathogen) 질병을 야기시키는 아주 작은 생물체

보인자(carrier) 증상은 없지만 유전 질환에 대한 대립 유전자를 가지고 있는 사람

보존(conservation) 야생 생물 혹은 서식지의 보호

부신(adrenal gland) 신장에 위치한 호르몬을 분비하는 분비샘. 2개의 부신이 아드레날린을 분비하며, 이 호르몬은 자극에 대하여 신체가 행동에 돌입하도록 준비시킴

부영양화(eutrophication) 영양이 풍부한 물에서 조류가 과도하게 자란 현상으로, 물속의 산소량을 떨어뜨림. 종종 오염에 의해 야기됨

부피(volume) 어떤 것이 차지하고 있는 공간의 양에 대한 측정치

부화(배양)(incubate) 따뜻한 곳에 두거나 데우는 것. 예를 들어 새들은 그 위에 앉아 있으면서 알을 부화시킴

분비물(secretion) 세포에 의해서 만들어져 방출되는 물질

분비샘(gland) 특정한 물질을 생산하여 분비하는 동물의 기관. 예를 들어 사람의 땀샘은 피부 밖으로 땀을 방출함

분자(molecule) 강한 화학적 결합에 의해 연결된 2개 혹은 그 이상의 원자 그룹

분해(decompose) 좀 더 작은 화학 물질로 부수는 것. 더 작은 생물이 죽은 생물의 잔해를 먹어 조

직을 소화하기 때문에 죽은 생물은 분해됨

불연속적 데이터(이산 데이터)(discrete data) 정수와 같은 특정 값만 가질 수 있는 수치 데이터. 불연속 데이터의 한 예로 둥지 안의 닭의 수가 있음

비감염성 질환(non-communicable disease) 사람을 통해 확산될 수 없는 질병. 비전염성 질환이라고도 함

비료(fertilizer) 식물의 성장을 촉진하기 위해 흙에 뿌리는 영양이 풍부한 물질

비만(obesity) 과도한 몸의 지방으로 건강에 해로운 영향을 줄 수 있을 정도의 상태

비생물적 요인(abiotic factors) 온도, 빛의 세기, 물의 이용 여부 등 생태계에 영향을 주는 환경적인 조건

뿌리(root) 땅에 식물을 고정시켜 흙으로부터 물과 영양소를 흡수하는 식물의 부분

사구체(glomerulus) 신장의 미세 여과 단위의 시작점에 있는 혈관 뭉치

산소(oxygen) 공기의 21%를 차지하는 기체. 대부분의 생물은 공기로부터 산소를 흡입하여 호흡 과정에서 산소를 이용하여 먹이로부터 에너지를 전달함

산소가 부족한 혈액(deoxygenated blood) 산소 농도가 낮은 혈액

산소가 풍부한 혈액(oxygenated blood) 산소 농도가 높은 혈액

산소 결핍(oxygen debt) 근육 세포가 무산소 호흡을 할 때 생산되는 젖산을 제거하기 위해 요구되는 산소의 양

산소 호흡(aerobic respiration) 산소가 있을 때 영양소 분자로부터 살아 있는 세포로의 에너지 전달

산호(coral) 침 같은 촉수로 먹이를 마비시켜 잡아먹는 작은 해양 동물. 산호초는 집단을 이뤄 살아가는 산호의 뼈대에서 형성됨

살충제(pesticide) 곤충과 같은 해충을 죽이는 물질

삼투(osmosis) 세포막(혹은 반투과성 막)을 통해 낮은 농도에서 높은 농도로 물이 이동하는 것

상리 공생(mutualism) 두 종 모두 혜택을 누리

는 관계

색맹(colour blindness) 색깔의 차이를 구별하지 못하는 시각 장애

생물(organism) 살아 있는 존재

생물 군계(biome) 열대우림, 사막 혹은 온대 초원과 같은 생물 세계의 주요 구분 지역. 각 생물 군계는 자신의 독특한 기후, 식생과 동물을 가지고 있음

생물 다양성(biodiversity) 특정한 지역에서의 유전적, 종, 생태계 다양성을 모두 고려한 개념

생물량(biomass) 특정한 지역에서의 살아 있는 생물 혹은 연료로 이용되는 생물 물질의 총량

생물적 요인(biotic factor) 생태계에 대한 생물학적인 영향. 생물적 요인으로는 질병, 먹이의 이용 여부, 포식자와 기생충의 출현, 경쟁과 상리 공생 관계 등이 있음

생산량(yield) 작물의 생산된 양

생산자(producer) 살아 있는 것을 섭취하는 것이 아닌, 광합성을 통해 자신의 영양분을 만드는 녹색 식물 같은 생물

생식(reproduction) 새로운 자손의 생산

생식 세포(gamete) 정자와 난자 세포와 같은 성세포

생장점(meristem) 식물의 성장 부위에 있는 조직. 많은 종류의 식물 조직을 생장하게 하고 생산할 수 있는 능력을 갖춘 줄기세포를 포함함

생태학(ecology) 생물 간 그리고 생물과 환경 간의 상호 작용에 대하여 연구하는 학문 분야

서식지(habitat) 생물이 살아가는 장소

선택적 번식(selective breeding) 개체군 내에서 사람들에게 유용한 특징을 가지고 있는 개체를 선택하여 교배함으로써 후손을 개선시키고자 하는 번식 방법

설탕(sugar) 단맛이 나는 작은 분자의 탄수화물

섭씨온도(celsius) 녹는점을 0℃, 끓는점을 100℃로 산정한 후 둘 사이를 100으로 등분한 온도 척도

성 연관 질병(sex-linked disorder) 성염색체에 의해 운반되는 유전자 때문에 개인의 성과 연관되어 나타나는 장애나 질병

성세포(sex cell) 정자나 난자와 같은 생식 세포

성염색체(sex chromosomes) 사람을 포함해 많은 동물의 성을 결정하는 한 쌍의 염색체

세균(bacteria) 사람의 몸 내외부를 포함하여 지구의 거의 모든 서식지에서 발견되는 현미경 크기의 작은 단세포 생물. 많은 세균은 유익하지만 일부는 질병을 야기시킴

세포(cell) 모든 생명체의 기본 구성 단위

세포 내 소기관(organelle) 단백질을 합성하거나 설탕으로부터 에너지를 방출하는 특수한 기능을 수행하는 세포 내 구조

세포 분열(cell division) 세포가 딸세포라고 하는 2개의 세포로 나누어지는 과정

세포 수액(cell sap) 식물 세포 내 액포를 채우고 있는 액체. 물뿐만 아니라 설탕과 같은 여러 용해된 물질들로 구성되어 있음

세포막(cell membrane) 세포질을 가두고 있는 외부 장벽을 형성하는 매우 얇은 층. 물질의 출입을 조절함

세포막(membrane) 세포의 얇은 장벽. 세포는 세포막으로 둘러싸여 있어 어떤 물질은 통과시키고 또 어떤 물질은 통과시키지 않음

세포벽(cell wall) 식물 세포를 둘러싸서 지지하는 두꺼운 외부 벽. 미생물과 균류는 세포벽을 가지고 있지만, 동물은 세포벽이 없음

세포질(cytoplasm) 세포의 젤리 같은 내부

셀룰로오스(cellulose) 식물 세포벽을 형성하는 섬유성 탄수화물

소화(digestion) 세포에 의해 흡수될 수 있도록 음식을 작은 분자로 쪼개는 것

수경 재배(hydroponics) 식물을 흙 대신에 영양소가 풍부한 물에서 키우는 방법

수분(pollination) 수술머리의 꽃가루를 암술머리로 운반하는 것. 현화식물의 유성 생식에 필수적임

수생 식물(aquatic organism) 물속에서 사는 생물

수용체(receptor) 자극을 감지하는 분자, 세포 또는 기관. 예를 들어 동물의 눈에 있는 빛 수용체 세포는 빛을 탐지하여 시각 감각을 만들어 냄

수정(fertilization) 남성과 여성의 성세포가 새로운 개체를 만들기 위해 융합하는 것. 토양에 비료를 추가하여 식물의 성장을 돕는 것을 의미하기도 함

숙주(host) 기생충이 침입하여 먹이로 삼는 생명체

순환계(circulatory system) 동물의 심장과 혈관을 합쳐 순환계라고 하며, 두 구조가 함께 작용하여 온몸으로 향하는 운송 시스템을 형성함

스타틴(statins) 혈액에서 해로운 콜레스테롤의 양을 낮추는 약물

시냅스(synapse) 신호가 한 신경 세포에서 다음 세포로 전달되는 두 신경 사이의 틈

시상 하부(hypothalamus) 체온, 물의 균형, 배고픔과 잠을 조절하는 데 도움을 주는 뇌의 작은 부분

식량 안보(food security) 사람들을 건강하게 유지하기 위해 충분히 영양가 있는 식량을 안정적으로 공급하는 것

식세포(phagocyte) 세균과 부서진 세포 조각을 삼켜서 분해하는 세포

신경(nerve) 동물의 몸에서 전기적인 자극을 운반하는 신경 세포의 다발

신경전달 물질(neurotransmitter) 신경 세포에 의해 시냅스로 방출되어 다음 신경 세포로 신호를 전달하는 화학 물질

심박출량(cardiac output) 심장 좌심실에서 분당 밖으로 뿜어내는 혈액의 총량

심방(atrium) 심장 위쪽에 위치한 2개의 방 중의 하나

심장 박동수(심박수)(heart rate) 분당 심장 박동수의 측정치

심장의 심실/뇌의 뇌실(ventricle) 심장의 두 주요 펌프질 방 중의 하나. 우심실은 혈액을 폐로 펌프질하고, 좌심실은 혈액을 온몸으로 펌프질함. 뇌에서 액체로 가득 찬 구조를 뇌실이라고 함

심혈관계 질병(cardiovascular disease) 심장 혹은 혈관에 영향을 주는 질병

씨앗(종자)(seed) 식물 배아와 영양분을 가지고

있는 생식 기관

아가미(gill) 물속에서 호흡할 때 이용하는 기관

아드레날린(adrenaline) 위험 상황이나 흥분하였을 때 신체가 행동에 돌입하도록 준비시키는 호르몬

아미노산(amino acids) 단백질 분자의 합성에 대한 기본 단위

아밀라아제(amylase) 탄수화물인 녹말을 분해하는 효소

알부민(albumen) 발생 중인 배아에 영양이 되는 물과 단백질로 구성된 달걀의 흰자

알세포(egg cell) 암컷 성세포 난자라고도 함

암(cancer) 몸의 세포가 비정상적으로 분열하고 증식하는 질병. 악성 종양을 만듦

약물(drug) 체내로 섭취되어 몸의 작용 방식을 변화시키는 화학 물질. 대부분의 약물은 질병 치료나 예방을 위해서 사용됨

양서류(amphibian) 개구리나 도롱뇽처럼 물과 땅 양쪽에서 살아가는 변온 동물

어는점(freezing point) 액체가 고체로 전환되는 온도

에스트로겐(oestrogen) 암컷 동물의 난소에서 생산되는 호르몬. 성적 발달과 생식 능력을 조절하는 데 도움을 줌

에틸렌(ethene) 식물에서 기체 형태로 생산되어 과일의 숙성을 유도하는 호르몬

여포 자극 호르몬(follicle-stimulating hormone (FSH)) 암컷 포유류의 난소에서 난자의 성숙을 촉진하는 호르몬

연계 신경(relay neuron) 감각 신경으로부터 자극을 받아 운동 신경으로 전달하는 신경

연골(cartilage) 동물의 뼈에서 발견되는 견고하지만 유연한 조직. 연골 어류는 거의 연골로 된 골격을 가지고 있음

연속적인 데이터(continuous data) 한 범위 내에서는 어떤 값도 포함할 수 있는 수치 데이터. 예로 사람의 키나 몸무게가 있음

연체동물(mollusc) 딱딱한 패각에 의해 보호되는 부드러운 몸을 가진 무척추동물. 달팽이, 조개,

문어 등이 이에 속함

열매(fruit) 하나 혹은 그 이상의 씨앗을 가지고 있는 성숙한 씨방. 일부 열매는 달고 과즙이 풍부해 동물을 유인함

열성(recessive) 이형 개체에서 표현형으로 드러나지 않는 형질을 결정하는 대립 유전자

염색체(chromosome) 생물의 유전자를 포함한 핵산과 단백질로 이루어진 핵 내의 구조체

엽록소(chlorophyll) 식물이 태양 빛으로부터 에너지를 흡수하여 광합성에 의해 영양분을 만들 수 있게 해주는 녹색 물질

엽록체(chloroplasts) 식물 세포에서 녹색 색소인 엽록체를 포함하는 아주 작은 구조. 이곳에서 광합성이 일어남

엽육 세포(palisade cell) 잎 표면 가까이에 한 층으로 존재하는 식물 세포의 유형. 광합성을 위해 특화되어 있으며, 엽록체를 포함하고 있음

영양 단계(trophic level) 먹이 사슬에서의 한 생물의 위치. 생산자와 2차 소비자는 영양 단계의 한 예

영양소(nutrients) 동물과 식물이 흡수하며 생명 활동과 성장에 필수적인 물질

옥신(auxin) 새싹과 뿌리가 빛이나 중력에 반응하여 자라는 방식을 조절하는 식물 호르몬

온도(temperature) 덥거나 추운 정도에 대한 측정

온혈 동물(warm-blooded) 조류나 포유류처럼 일정한 체온을 유지하는 동물

외골격(exoskeleton) 곤충에서 관찰되는 딱딱한 외부의 골격

요소(urea) 소변으로 배출되는 질소를 포함하고 있는 노폐물

용균성 회로(lysogenic pathway) 바이러스가 생식하는 두 가지 방법 중의 하나. 용균성 회로에서는 바이러스가 숙주 DNA로 끼어들어가 숙주 세포가 분열할 때마다 바이러스의 유전체가 복제됨

용매(solvent) 용액을 만들 때 용질을 녹이는 물질. 보통 액체임

용질(solute) 용액을 만들 때 용매에 녹는 물질

용해성 회로(lytic pathway) 바이러스가 생식하는 두 가지 방법 중 하나. 바이러스가 숙주 세포의 효소와 단백질을 이용하여 바이러스 자신의 복사본을 만든 후, 숙주 세포를 파괴하고 밖으로 나옴

우성(dominant) 이형 개체에서 표현형을 결정하는 대립 유전자

운동 뉴런(운동 신경)(motor neuron) 중추신경계로부터 근육 혹은 분비샘으로 신호를 운반하는 신경 세포

원생생물(protoctists) 진핵 세포이며 보통 아주 작은 하나의 세포로 된 단순한 생물. 조류나 아메바처럼 많은 질병을 야기시키는 생물을 포함함

원시(longsightedness) 가까이 있는 물체가 희미하게 보이는 시각 결함

원핵생물(prokaryote) 핵이 없는 아주 작은 세포로 되어 있는 세균과 같은 생물

월경(menstruation) 월경 주기의 일환으로 자궁 내벽이 떨어져 나오면서 일어나는 월별 출혈

월경 주기(menstrual cycle) 여성의 신체에서 일어나는 월별 변화 주기로, 임신을 준비하도록 해줌

유기농(organic farming) 인공 비료나 살충제를 가급적 사용하지 않으면서 자연 환경에 대한 피해를 최소화하는 농업

유기물(organic) 생명체나 탄소와 수소 원자에 기반한 화학 물질로부터 유도된 물질

유대류(marsupial) 매우 어린 새끼를 낳아 주머니에 담아 키우는 포유류

유성 생식(sexual reproduction) 부모 양쪽으로부터 생산된 성세포의 결합에 의해 일어나는 생식 방법

유전공학(genetic engineering) 세포 또는 생물에서 유전자를 변화시키는 기술. 예를 들어 유전자를 한 종에서 다른 종으로 전달하는 것이 있음

유전자(gene) 살아 있는 세포 내에 저장되어 있는 DNA 분자에 암호화되어 있는 정보. 부모로부터 자식에게 전달되며, 각 생물에 의해 유전되는 특징을 결정함

유전자 변형 생물(genetically modified organism (GMO)) 유전공학 기술에 의해 유전체가 변화된 생물. 많은 GMO는 다른 종으로부터 유전자를

전달받음

유전자 풀(gene pool) 집단 내 유전자의 완전한 한 세트. 모든 다른 대립 유전자를 포함함

유전자형(genotype) 생물의 특정한 형질, 즉 표현형을 결정짓는 대립 유전자의 결합

유전체(genome) 한 생물의 유전자의 완전한 한 세트

유충(larva) 동물이 성체로 발달할 때 변태 과정을 겪는 동물 생활사에서의 초기 단계

유행병(epidemic) 감염병이 보통 몇 주 만에 집단을 통해서 매우 빠르게 확산되는 것

유화액(emulsion) 한 종류의 액체가 다른 종류의 액체 속에 미세한 방울로 퍼져 있는 혼합액

육식 동물(carnivore) 고기를 찢는 데 용이한 이빨을 가지고 있으며 고기를 먹이로 섭취하는 동물

음성 되먹임(negative feedback) 체내에서 어떤 것의 양이 증가하거나 감소할 때 이를 반대로 조절함으로써 역전시키는 제어 시스템. 이를 통해 몸은 이상적인 상태를 유지함

응축(액화)(condensation) 기체가 액체로 변하는 것

이동(migration) 동물이 새로운 서식지를 찾기 위해 긴 여행을 하는 것. 많은 철새들은 매년 여름철과 겨울철에 둥지를 찾아 이동함

이론(theory) 실제 세계의 특징을 설명해 주고 실험을 통해 검증된 잘 다듬어진 과학적인 아이디어

이배체(diploid) 염색체 두 세트. 대부분의 인체 세포는 어머니로부터 한 세트, 아버지로부터 한 세트를 물려받았기 때문에 이배체라고 함

이산화탄소(carbon dioxide) 공기에서 발견되는 기체의 한 형태. 동물과 식물은 노폐물로 이산화탄소를 방출하며, 식물은 이산화탄소를 광합성에 이용함

이자(pancreas) 위 가까이에 있으면서 소화액과 인슐린 같은 호르몬을 분비하는 기관

이중 눈가림 시험(double-blind trial) 환자나 연구자 모두 진짜 약물을 받았는지, 가짜 약물(플라시보)을 받았는지 알지 못한 상태에서 이루어지는 임상 시험

이형(잡종)(heterozygous) 한 유전자 좌위에 대해 2개의 다른 대립 유전자를 갖는 개체

인슐린(insulin) 혈당을 낮춰주는 호르몬

임상 시험(clinical trial) 신약에 대한 의학적인 처방이 인간에게 효과적인지 확인하기 위해서 수행하는 과학적인 실험

입자(particle) 원자, 분자 혹은 이온과 같은 아주 작은 물질

자궁(uterus) 포유류 암컷의 몸속에서 발달 중인 태아가 머무르면서 영양을 섭취하는 기관

자극(stimulus) 생물로부터 반응을 만들어 내는 환경에서의 변화

자연 선택(natural selection) 한 종 내의 특정 개체가 생존하는 데 도움을 주는 유전자가 다음 세대에 더 잘 전달되게 하는 과정으로, 종의 진화를 일으킴

잡식성 동물(omnivore) 식물과 동물 모두를 먹는 동물

장(intestine) 음식이 소화되는 동안 통과하는 관으로 된 구조

재생 에너지(renewable energy) 태양이나 풍력처럼 사라지지 않는 에너지 원천

적응(adaptation) 삶의 방식에 더 적합하게 해주는 생물의 특징. 예를 들어 돌고래의 유선형 형태는 물속에서 살기 위한 적응임

적혈구(red blood cell) 산소를 운반하는 혈구 세포

전사(transcription) 세포 내의 DNA로부터 RNA가 만들어지는 과정. 전사는 단백질 합성의 첫 단계임

전염병(transmissible disease) 사람에서 사람으로 확산해 갈 수 있는 질병

전염성 질환(communicable disease) 사람을 통해서 확산될 수 있는 질병

전임상 시험(preclinical trial) 사람에게 임상 시험 전에 동물 혹은 배양된 세포를 이용하여 수행하는 약물 테스트

절지동물(arthropod) 외골격과 관절이 있는 다리를 가지고 있는 동물. 곤충, 거미, 전갈, 노래기 등이 있음

점액(mucus) 여러 목적을 위해 동물에 의해서 생산되는 두껍고 미끄러운 액체. 예를 들어 점액이 장세포 내면에 분비되면 음식이 장을 통과하는 데 도움을 줌

접합자(zygote) 두 생식 세포의 융합으로 형성된 하나의 세포로, 이 세포로부터 새로운 개체가 자람

정맥(vein) 몸의 조직에서 심장으로 혈액을 운반하는 혈관

정소(testis) 정자와 호르몬을 생산하는 남성의 기관

정자 세포(sperm cell) 남성의 생식 세포

젖산(lactic acid) 강한 운동 중에 무기 호흡이 일어나 근육에서 노폐물로 생산되는 화학 물질

제1형 당뇨병(type 1 diabetes) 이자가 인슐린 합성을 중단한 당뇨병의 형태. 보통 어린 시기에 시작됨

제2형 당뇨병(type 2 diabetes) 신체 세포가 인슐린에 대해 정상적으로 반응하지 않는 당뇨병 형태. 보통 성인 시기에 시작됨

조류(algae) 물속에서 살면서 광합성을 통해 영양분을 합성하는 단순한 식물과 같은 생물체

조직(tissue) 동물이나 식물의 부분을 구성하는 유사한 세포들의 그룹. 근육과 지방은 조직의 형태임

종(species) 서로 교미하여 번식력이 있는 자손을 생산할 수 있는 유사한 특징을 갖는 생물 그룹

종 간 상호 의존(interdependence) 생태계에서 다른 종 간에 서로 의존하는 것

종속 변수(dependent variable) 실험 결과를 얻기 위해 측정되는 실험 변수

종양(tumour) 신체에서 지속적인 세포 분열로 조직이 비정상적으로 성장한 것. 때로 암이 되기도 함

주형류(arachnid) 거미나 전갈처럼 8개의 다리를 가지고 있는 절지동물

줄기세포(stem cell) 계속 분열할 수 있고 특별한 형태로 분화할 수 있는 아직 분화되지 않은 세포

중앙값(median (average)) 일련의 값을 크기 순으로 배열한 후 중앙의 값을 선택하는 평균의 척도

중추신경계(central nervous system(CNS)) 뇌와 척수로 구성된 신경계의 조절 센터

중합체(polymer) 기본 단위가 반복적으로 구성된 긴 체인처럼 생긴 탄소 화합물

증발(기화)(evaporation) 액체가 기체로 변화하는 것

증산 작용(transpiration) 주로 식물의 잎으로부터 증발 때문에 일어나는 수분의 손실. 뿌리로부터 물을 빨아들여 보충함

증산 흐름(transpiration stream) 식물의 뿌리로부터 모든 부분을 향해 위쪽으로 이동하는 물의 움직임

지구 온난화(global warming) 지구 대기의 평균 온도의 상승을 말하며, 부분적으로는 화석 연료를 태움으로써 이산화탄소의 양이 증가하여 온도가 올라감

지베렐린(gibberellins) 씨앗과 꽃봉오리에서 휴면 상태를 벗어나게 하는 식물 호르몬

지질(lipids) 지방과 기름에 대한 과학적인 이름. 지질 분자는 3분자의 지방산과 한 분자의 글리세롤로 구성되어 있음

진동(vibration) 빠른 왕복 운동

진핵생물(eukaryote) 세포 내에 핵과 막으로 둘러싸인 소기관을 가지고 있는 생물. 동물, 식물, 균류가 이에 속함

진화(evolution) 자연 선택 과정에 의해 환경에 적응하며 개체군 혹은 종이 점진적으로 변화하는 것

질량(mass) 물체에 있는 물질의 양

질산(nitrate) 질소와 산소 원소를 포함하고 있는 화학 물질. 질산염은 작물에 대한 비료로 사용됨

질산 고정 세균(nitrogen-fixing bacteria) 공기로부터 질소를 흡수하여 그것을 식물이 이용할 수 있는 화학 물질로 전환시키는 세균

질산화 세균(nitrifying bacteria) 흙에서 암모니아를 질산염으로 전환시키는 세균

집단 면역(herd immunity) 대다수의 사람이 면역이 되면 감염이 확산되는 것을 방지할 수 있어 개인이 질병으로부터 보호되는 것

집약 농업(intensive farming) 식량 생산과 이윤을 극대화하기 위한 농업의 형태. 예를 들어 기계를 이용하거나 화학 비료와 살충제를 뿌리는 것 등이 있음

착생 식물(epiphyte) 다른 식물에 붙어 자라는 식물

척추(vertebra) 척추동물의 등뼈를 형성하는 많은 작은 뼈들 중의 하나

척추동물(vertebrate) 등뼈를 가지고 있는 동물

첨체(acrosome) 정자의 머리에 분해 효소를 담고 있는 아주 작은 소낭

청소부 동물(scavenger) 죽은 동물이나 식물의 잔해를 먹는 동물. 독수리가 이에 해당함

체관(phloem) 잎에서 만들어진 양양분을 다른 부분으로 운반하는, 관으로 구성된 식물 조직의 한 형태

체세포 분열(mitosis) 유전적으로 동일한 2개의 세포를 생산하는 세포 분열의 형태

초식 동물(herbivore) 식물을 먹는 동물

촉매(catalyst) 자신은 변하지 않으면서 화학 반응을 촉진하는 화학 물질

최빈수(mode (average)) 숫자 중 가장 많이 나오는 값

최적선(line of best fit) 그래프 위의 흩어진 점들의 절반은 위에, 절반은 아래에 배치하여 그려진 선

축(axis) 그래프에 표시된 측정치를 보여주는 두 수직선 중의 하나

축삭(axon) 뉴런(신경 세포)에서 신경 자극을 운반하는 길고 얇은 섬유소

케라틴(keratin) 털, 깃털, 손톱, 뿔, 발굽을 구성하는 강인한 단백질. 동물 피부의 외부층은 케라틴으로 단단해짐

클론(clone) 부모와 정확하게 똑같은 유전자를 갖는 동물

탄수화물(carbohydrate) 식량에서 발견되는 에너지가 풍부한 물질. 설탕과 녹말 등이 이에 속함

탈피(moult) 피부, 털 또는 깃털을 벗는 것. 외골격을 가지고 있는 동물은 좀 더 크게 자라기 위해 탈피해야 함

태반(placenta) 태어나지 않은 아기의 혈액과 어머니의 혈액 사이에 물질 교환이 일어나도록 해주는 포유류의 기관

태아(fetus) 아직 태어나지 않은 엄마 뱃속의 어린 새끼

탯줄(umbilical cord) 태아와 산모 사이에서 영양분, 산소 및 다른 물질을 운반하는 혈관 구조

테스토스테론(testosterone) 남성의 주요 성호르몬. 남성의 특징과 행동의 발달을 야기시킴

통제 변인(control variable) 실험에서 일정하게 유지되는 변인

투석(dialysis) 신장이 작동하지 않은 사람의 혈액을 인위적으로 깨끗하게 하는 방법

티록신(thyroxine) 신체의 대사 속도를 조절하는 데 도움을 주는 호르몬

파충류(reptile) 변온 동물이면서 비늘을 가지고 있는 척추동물. 뱀과 도마뱀이 이에 해당함

판막(valve) 심장이나 정맥에서 혈액이 역류하지 않도록 하는 구조

편모(flagellum) 세포가 이동하기 위해 회전하거나 앞뒤로 움직이는 세포 밖으로 자란 채찍 모양의 구조

평균(mean (average)) 일련의 값의 총합을 값의 개수로 나눈 평균의 척도

폐동맥(pulmonary artery) 산소를 얻기 위하여 심장으로부터 폐로 혈액을 운반하는 동맥

폐정맥(pulmonary vein) 폐로부터 심장으로 새롭게 산소를 얻은 혈액을 운반하는 정맥

폐포(alveoli) 공기와 혈액 사이에서 가스 교환이 일어나는 폐의 아주 작은 공기주머니

포식(predation) 다른 동물을 잡아 먹는 것

포식자(predator) 다른 동물을 먹이로 섭취하는 동물

포유류(mammal) 어린 새끼를 젖을 먹여 키우며 보통 몸이 털로 덮여 있는 온혈 척추동물

포자(spore) 균류나 식물에 의해 생산되는 아주 작은 세포 뭉치로, 새로운 개체로 성장할 수 있음

표현형(phenotype) 동물의 털 색깔과 같이 유전자에 의해 조절되는 생물의 특징

프로게스테론(progesterone) 암컷 포유류의 생식소에서 분비되는 호르몬. 자궁 내벽을 두껍게 하여 임신을 유지시켜 줌

플라스미드(plasmid) 세균에서 발견되는 원형의 DNA.세균의 염색체와 분리되어 있음

플라시보(placebo) 환자에게 의학적 효과가 없는 것을 약물처럼 제공하는 물질. 약물 시험에서 진짜 약물과 그 효과를 비교하는 데 이용됨

플랑크톤(plankton) 대양이나 호수 표면에서 살아가는 아주 작은 생물

피식자(prey) 다른 동물에 의해 먹히는 동물

피임(contraceptive) 약이나 기구 등을 이용해 임신을 피하는 것

하이브리도마(hybridoma) 항체를 만드는 세포를 종양 세포와 융합시켜 만들어진 세포. 빠르게 증식하여 많은 양의 항체를 생산할 수 있음

항상성(homeostasis) 생물체의 몸을 일정한 환경 상태로 유지하는 것

항생제(antibiotic) 세균을 죽이는 약물

항원(antigen) 항체가 붙는 세포 표면의 분자

항이뇨 호르몬(antidiuretic hormone(ADH)) 신장이 소변을 형성하는 액체로부터 물을 재흡수하여 신체가 물을 보존하도록 해주는 호르몬

항체(antibodies) 신체의 면역계에서 생산되는 화학 물질로, 세균이나 다른 외부 세포의 특정 분자(항원)에 붙어 신체가 이들을 제거하는 데 도움을 줌

해수 담수화(desalination) 바닷물에서 염분을 제거하는 것

핵(nucleus) 세포의 컨트롤 센터로, 핵 속에 세포의 유전자가 DNA 분자에 저장되어 있음. 원자의 중심 부분을 의미하기도 함

헤모글로빈(haemoglobin) 동물의 몸에서 산소를 운반하는 적혈구 세포 내 화합물

현미경(microscope) 작은 물체를 크게 보기 위한 렌즈를 이용한 과학 도구

혈소판(platelets) 혈액 속에서 순환하면서 상처 후에 혈액 응고에 도움을 주는 세포 조각

혈액(blood) 동물의 신체를 돌면서 세포에 필수적인 물질을 운반하고 노폐물을 제거하는 액체

혈장(plasma) 혈구 세포가 혈액으로부터 제거되고 남은 액체

호르몬(hormone) 신체의 분비샘에 생산되어 혈액을 따라 이동하면서 강력한 효과를 발휘하며 표적 기관이 작동하는 방식을 변화시키는 화학 물질

호흡(respiration) 살아 있는 세포가 음식 분자로부터 에너지를 생산하는 과정

홍채(iris) 눈 동공 주변의 색소성 원형 근육. 동공의 크기를 조절함으로써 얼마나 많은 빛이 눈으로 들어갈지를 조절함

화석(fossil) 바위 속에 보존된 선사 시대의 식물이나 동물의 잔해 또는 형상물

화석 연료(fossil fuel) 생명체의 화석화된 잔해물로부터 유래한 연료. 석탄, 원유와 천연가스가 이에 해당함

화학 물질(chemical) 순수한 원소 또는 화합물. 물, 철, 소금, 산소 등을 들 수 있음

화합물(compound) 2개 이상의 원소의 원자가 결합하여 만들어진 화학 물질로, 그 원자들이 결합한 것을 의미함

확산(diffusion) 농도에서 저농도로 또는 고밀도에서 저밀도로 에너지를 소비하지 않고 스스로 퍼져 나가는 현상

활성 부위(active site) 기질이 결합하는 효소 부위

황체 형성 호르몬(luteinizing hormone(LH)) 여성의 난소에서 난자의 방출을 유도하는 호르몬

횡단선(transect) 서식지를 가로질러 종의 출현을 조사하고자 할 때 도움을 주는 직선. 줄자 등이 있음

효과기(effector) 신경 자극에 반응하는 근육 혹은 분비샘. 자극이 있으면 동물은 효과기를 통해 반응함

효소(enzyme) 살아 있는 세포에서 만들어져 화학 반응을 촉매하는 단백질

흡열 반응(endothermic reaction) 보통 열의 형태로 에너지를 흡수하는 화학 반응

1차 소비자(primary consumer) 다른 동물은 먹지 않고 식물과 같은 생산자 생물만 먹는 동물

2차 소비자(secondary consumer) 1차 소비자를 먹는 포식자 동물

DNA 생물체 내에 유전 정보를 저장하고 있는 화학 물질

pH 용액이 산성인지 또는 염기성인지 측정하기 위한 척도

RNA DNA와 유사한 분자로 리보핵산이라고 함. RNA 분자는 DNA의 유전 정보를 복사하여 단백질을 만드는 데 이용됨

X선(X-ray) 뼈나 이빨의 모습을 촬영하는 데 이용하는 전자기 방사선의 한 종류

x축(x-axis) 그래프의 수평축

y축(y-axis) 그래프의 수직축

찾아보기

감사의 말

The publisher would like to thank the following people for their assistance in the preparation of this book: Shatarupa Chaudhuri, Virien Chopra, Derek Harvey, Cecile Landau, Sai Prasanna, and Shambhavi Thatte for editorial assistance; Victoria Pyke for proofreading; Helen Peters for the index; Gary Ombler for photography; Neetika Malik (Lbk Incorporation), Baibhav Parida, and Arun Pottirayil for illustrations; Mrinmoy Mazumdar and Vikram Singh for CTS assistance; Aditya Katyal for picture research assistance; and Priyanka Bansal, Rakesh Kumar, Priyanka Sharma, and Saloni Singh for the jacket.

Smithsonian Enterprises:
Kealy E. Gordon, Product Development Manager; Ellen Nanney, Senior Manager Licensed Publishing; Jill Corcoran, Director, Licensed Publishing Sales; Brigid Ferraro, Vice President, Education and Consumer Products; Carol LeBlanc, President

The publisher would like to thank the following for their kind permission to reproduce their photographs: (Key: a-above; b-below/bottom; c-centre; f-far; l-left; r-right; t-top)

4 Science Photo Library: Steve Gschmeissner (br). **10 Alamy Stock Photo:** Alan Novelli (cra). **Dreamstime.com:** Kazakovmaksim (br); Standret (cr). **11 Dorling Kindersley:** Andy Crawford / Royal Tyrrell Museum of Palaeontology, Alberta, Canada (br). **Dreamstime.com:** Kazakovmaksim (br). **Shutterstock:** PolyPloiid (crb). **12 123RF.com:** destinacigdem (fcl). **Dreamstime.com:** Mohammed Anwarul Kabir Choudhury (c). **Shutterstock:** Boxyray (cl). **13 123RF.com:** destinacigdem (cr). **14 NASA:** (crb). **15 Alamy Stock Photo:** Stockr (cr). **16 Science Photo Library:** Francesco Zerilli / Zerillimedia (c). **17 Dreamstime.com:** Tatiana Neelova (plants). **20 Alamy Stock Photo:** Ann Ronan Picture Library / Heritage-Images / The Print Collector (ca); Photo Researchers / Science History Images (cl). **Dorling Kindersley:** Dave King / The Science Museum, London (bl); Dave King / Science Museum, London (bc); Gary Ombler / Whipple Museum of History of Science, Cambridge (cl). **Wellcome Collection** http://creativecommons.org/licenses/by/4.0/: (c). **21 Alamy Stock Photo:** Scott Camazine (bl); Interfoto / Personalities (cr); Steve Gschmeissner & Keith Chambers / Science Photo Library (tr); Science Photo Library / Steve Gschmeissner (c). **Science Photo Library:** CDC (br). **Wellcome Collection** http://creativecommons.org/licenses/by/4.0/: Wellcome Collection (cl). **23 Alamy Stock Photo:** Dorling Kindersley ltd (bl); sciencephotos (br). **Dorling Kindersley:** Dave King / Science Museum, London (cl). **Dreamstime.com:** Ggw1962 (cra). **25 Alamy Stock Photo:** Wong Hock weng (c). **Science Photo Library:** Kateryna Kon (br). **26 Alamy Stock Photo:** Science Photo Library (cra); Tom Viggars (fcla). **Dreamstime.com:** Andamanse (cla); Rhamm1 (fcrb); Vasyl Helevachuk (crb); Xunbin Pan / Defun (c); Dragoneye (cb/ Antelope). **iStockphoto.com:** micro_photo (ca); PrinPrince (clb). **27 Alamy Stock Photo:** Niall Benvie (cr); Steve Gschmeissner / Science Photo Library (crb/ Bacteria yeast). **iStockphoto.com:** micro_photo (cr/Amoeba). **28 Alamy Stock Photo:** Pixologicstudio / Science Photo Library (crb). **30 Alamy Stock Photo:** Larry Geddis (br/background); Martin Harvey (crb); Chris Mattison (clb). **Dreamstime.com:** Nejron (ca); Carlos Romero Oreja (cr). **31 123RF.com:** Tim Hester / timhester (cl). **Alamy Stock Photo:** blickwinkel / B. Trapp (c); Don Mammoser (cr). **Dreamstime.com:** Olga Demchishina / Olgysha (cr). **32 Alamy Stock Photo:** William Brooks (bl); Wildlife

Gmbh (clb). **Dreamstime.com:** Alisali (bc). **Getty Images:** Paul Starosta / Corbis (cr). **123RF.com:** Thawat Tanhai (br). **Alamy Stock Photo:** Wildlife Gmbh (bc). **Dorling Kindersley:** Richard Leeney / Whipsnade Zoo (c). **Dreamstime.com:** Adogslifephoto (crb). **iStockphoto.com:** marrio31 (bc). **38 iStockphoto.com:** micro_photo (c). **40 Alamy Stock Photo:** Inga Spence (cr). **Dreamstime.com:** Elena Schweitzer / Egal (c). **Science Photo Library:** Wim Van Egmond (br). **41 Science Photo Library:** Michael Abbey (crb). **42 Alamy Stock Photo:** Kateryna Kon / Science Photo Library. **43 iStockphoto.com:** ELyrae (br). **44 Science Photo Library:** Steve Gschmeissner (c). **46 Science Photo Library:** Tim Vernon (r). **47 Science Photo Library:** CNRI (c). **48 Dreamstime.com:** Ggw1962 (br). **49 Science Photo Library:** CNRI (c). **52 Science Photo Library.** **53 Alamy Stock Photo:** Nigel Cattlin (l/plant). **56 Science Photo Library:** (c); Microfield Scientific Ltd (br). **58 Science Photo Library:** Eye Of Science (c). **60 Alamy Stock Photo:** blickwinkel (b). **Dreamstime.com:** Twildlife (clb). **61 naturepl.com:** Stefan Christmann (clb). **61 Dreamstime.com:** foxterrier2005 (br). **Dreamstime.com:** Scooperdigital (cr); Darius Strazdas (cl). **SuperStock:** Eye Ubiquitous (tc). **63 Science Photo Library:** National Institute On Aging / NIH (c). **71 Dreamstime.com:** Horiyan (c). **76 iStockphoto.com:** E+ / Andy445 (l). **Science Photo Library:** John Durham (cr). **78 Dreamstime.com:** Threeart (clb). **Science Photo Library:** AMI Images (c). **79 Dreamstime.com:** Ksushsh (cb). **80 Alamy Stock Photo:** Nigel Cattlin (fcra, fcr, fbr). **Dreamstime.com:** Alexan24 (br); Lantapix (cra); Le Thuy Do (cr); Pranee Tiangkate (crb). **Science Photo Library:** Nigel Cattlin (fcrb). **81 Alamy Stock Photo:** Arterra Picture Library / van der Meer Marica (c). **Dreamstime.com:** Aleksandr Frolov (br). **89 Dreamstime.com:** Dutchscenery (c). **91 123RF.com:** belchonock (crb). **Alamy Stock Photo:** D. Hurst (ca). **Dreamstime.com:** Ivan Kovbasniuk (clb); Pogonici (c/yoghurt); Splosh (clb/cereal). **iStockphoto.com:** Coprid (c). **92 Dreamstime.com:** Yulia Davidovich (c). **94 Science Photo Library:** Maximilian Stock Ltd. **105 Science Photo Library:** (b). **106 Alamy Stock Photo:** Scenics & Science (bl). **Getty Images:** DR Jeremy Burgess / Science Photo Library (cl). **Science Photo Library:** Eye Of Science (cr); Steve Gschmeissner (br). **117 Dreamstime.com:** Chernetskaya (br). **120 Science Photo Library:** CNRI (cl). **123 Gross, L., Beals, M., Harrell, S. (2019).: Lung Capacity and Rhythms in Breathing. Quantitative Biology at Community Colleges, QUBES Educational Resources. doi:10.25334 / Q4DX6N (c). **125 Alamy Stock Photo:** John Gooday (c). **126 Science Photo Library:** Pixologicstudio (r). **132 Science Photo Library:** ZEPHYR (c). **145 Dreamstime.com:** Dml5050 (cl). **153 Science Photo Library:** Maurizio De Angelis (c). **154 Alamy Stock Photo:** Image Source / Herbert Spichtinger (br). **157 Depositphotos Inc:** exopixel (c). **160 Science Photo Library:** Eye Of Science (c). **161 Science Photo Library:** London School Of Hygiene & Tropical Medicine (c). **165 123RF.com:** olegdudko (c). **168 123RF.com:** Noppharat Manakul (cr). **Science Photo Library:** Power And Syred (c). **170 Dreamstime.com:** Rudmer Zwerver / Creativenature1 (clb); Isselee (crb). **171 Dreamstime.com:** Wkruck (clb). **172 Dreamstime.com:** Michael Elliott (br); Евгений Харитонов (cb); Jan Pokorný / Pokec (bc). **178 Science Photo Library:** Eddie Lawrence (br). **182 Alamy Stock Photo:** Cultura Creative (RF) / Rafe Swan (fbl); Kateryna Kon / Science Photo Library (c). **iStockphoto.com:** E+ / alanphillips (bc). **Science Photo Library:** David Parker (bl). **185 Alamy Stock Photo:** Science Photo Library / Laguna Design (crb, cr). **Science**

Photo Library: Kallista Images / Custom Medical Stock Photo (crb/Collagen). **186 Alamy Stock Photo:** imageBROKER / Erich Schmidt (c). **187 Ardea:** Agenzia Giornalistica Fotografic (br). **Dreamstime.com:** Eris Isselee / Isselee (bl); Lauren Pretorius (fcrb). **188-189 Dorling Kindersley:** Wildlife Heritage Foundation, Kent, UK (Leopard). **190-191 Dreamstime.com:** Alfio Scisetti (Four o'clock flower). **191 Alamy Stock Photo:** Peter Cavanagh (bc); Wayne Hutchinson (br). **192-193 Dreamstime.com:** Santia2 (peas). **193 Alamy Stock Photo:** FLHC 52 (br). **194 Getty Images:** Nicholas Eveleigh / Photodisc (blood bag). **196 Alamy Stock Photo:** Juan Gartner / Science Photo Library (c). **197 Alamy Stock Photo:** Sergii Iaremenko / Science Photo Library (c). **198 iStockphoto.com:** Gal_Istvan (c). **199 Dreamstime.com:** Isselee (c). **202 Science Photo Library:** Rosenfeld Images Ltd (c). **205 Alamy Stock Photo:** Michael Tucker (br). **206 Dreamstime.com:** Judith Dzierzawa (c). **207 Alamy Stock Photo:** FineArt (bl); GL Archive (bc). **Science Photo Library:** (c). **210 Alamy Stock Photo:** Martin Shields (r). **212 Dreamstime.com:** Denira777 (bc). **Science Photo Library:** Geoff Kidd (cr). **213 Alamy Stock Photo:** Karin Duthie (clb); Sue Anderson (clb/Grass); Avalon / Photoshot License / Oceans Image (cr/grass); Minden Pictures / Tui De Roy (cr/Tortoise). **Dorling Kindersley:** Thomas Marent (br). **214 Alamy Stock Photo:** Natural History Museum, London (c). **216 Dreamstime.com:** Luckyphotographer (br); Pniesen (bc). **iStockphoto.com:** bogdanhoria (fbr). **217 Alamy Stock Photo:** blickwinkel / McPHOTO / NBT (c). **Dreamstime.com:** Matthew Irwin (br); Liligraphie (cl). **218 Alamy Stock Photo:** blickwinkel / Fieber (br); David Osborn (bc); Design Pics Inc / Ken Baehr (cr). **iStockphoto.com:** BrianEKushner (cra); E+ / Antagain (clb); superjoseph (cr/Panda); Anup Shah / Stockbyte (c). **219 Dreamstime.com:** Verastuchelova (clb). **Getty Images:** Natthakan Jommanee / EyeEm (bc). **iStockphoto.com:** Antagain (c). **220 Alamy Stock Photo:** Citizen of the Planet / Peter Bennett (bc). **Dreamstime.com:** Empire331 (cl). **221 Alamy Stock Photo:** John Eccles (bl); Zoonar GmbH / Erwin Wodicka (clb). **Dreamstime.com:** Ronnachai Limpakdee (cr). **Getty Images:** VCG (c). **222 Alamy Stock Photo:** A & J Visage (clb); Ulrich Doering (cr); Nature Picture Library / Anup Shah (cr); Arterra Picture Library / Clement Philippe (crb). **SuperStock:** Biosphoto (br). **224 Alamy Stock Photo:** Avalon / Photoshot License (clb); Liia Galimzianova (br). **Getty Images:** Paul Starosta (c). **naturepl.com:** Jim Brandenburg (cr); Stefan Christmann (crb). **225 123RF.com:** Michael Lane (cl). **Dreamstime.com:** Stanislav Duben (cr). **226 123RF.com:** Maggie Molloy / agathabrown (cb/used 25 times). **Dorling Kindersley:** Alan Murphy (ca/Chickadee). **Dreamstime.com:** Henkbogaard (ca/Northern goshawk); Isselee (c/used 10 times). **227 Dreamstime.com:** Thawats (c); Yodke67 (cra). **228 Dorling Kindersley:** Stephen Oliver (c). **229 123RF.com:** kajornyot (cb). **Dreamstime.com:** Nadezhda Bolotina (c). **231 Alamy Stock Photo:** F1online digitale Bildagentur GmbH / M. Schaef (bc). **Dreamstime.com:** Shao Weiwei / Shaoweiwei (br). **232 123RF.com:** Olexander Usik (cb). **235 ourworldindata.org:** Max Roser. **236 Alamy Stock Photo:** Paulo Oliveira (br). **Getty Images:** Diptendu Dutta / Stringer / AFP (bc). **Shutterstock:** Dogora Sun (c). **237 Alamy Stock Photo:** Francois Gohier / VWPics (clb); Robert Harding / Last Refuge (br); Suzanne Long (ca). **Getty Images:** Oxford Scientific (cr). **238 NASA:** GISS (b/ Temperature). **NOAA:** (b/Carbon dioxide). **239 2019 Münchener Rückversicherungs-Gesellschaft, NatCatSERVICE:** (data taken from Munich Re, NatCatSERVICE (2019))

(c). **Alamy Stock Photo:** Galaxiid (br). **iStockphoto.com:** piyaset (bc). **240 123RF.com:** Juan Gil Raga (bc). **Alamy Stock Photo:** Cultura Creative (RF) / Stephen Frink (c); Hemis / LEMAIRE Stéphane / hemis.fr (br). **241 Alamy Stock Photo:** Kit Day (c). **Dreamstime.com:** Mr.smith Chetanachan / Smuaya (br); Cowboy54 (cr). **naturepl.com:** Sylvain Cordier (bc). **242 Alamy Stock Photo:** National Geographic Image Collection / Jim Richardson (bl); RDW Aerial Imaging (c). **Getty Images:** Ulet Ifansasti (br). **243 Alamy Stock Photo:** blickwinkel / Teigler (cr); Pat Canova (br); Paulo Oliveira (c). **Dreamstime.com:** Jezbennett (bl). **ZSL (Zoological Society of London):** (cl). **244 Dreamstime.com:** Ymgerman (br). **245 Dreamstime.com:** Vchalup (b). **246 Alamy Stock Photo:** Tom Stack (crb). **Science Photo Library:** Gary Hincks (c). **Shutterstock:** Nady Ginzburg (br). **247 Alamy Stock Photo:** Dominique Braud / Dembinsky Photo Associates / Alamy (c). **Getty Images:** Shivang Mehta / Moment Open (c). **248 Alamy Stock Photo:** imageBROKER / Florian Kopp (cb); inga spence (cr); robertharding / Yadid Levy (c). **Getty Images:** Corbis Unreleased / Frans Lemmens (crb). **249 Alamy Stock Photo:** Arterra Picture Library / Voorspoels Kurt (cl/ Trawler); Paulo Oliveira (cr); Mario Formichi photographer (cr); RGB Ventures / SuperStock / Scubazoo (cr). **Dreamstime.com:** Christian Delbert (cb). **250 Alamy Stock Photo:** Rick Dalton - Ag (cr). **Getty Images:** Universal Images Group (cl). **251 Alamy Stock Photo:** Science Photo Library / Molekuul (cl). **Dreamstime.com:** Stockr (ca); Ken Wolter (crb); Sorachar Tangjitjaroen (cr/ Machine). **iStockphoto.com:** DarthArt (clb). **253 Alamy Stock Photo:** Nokuro (c). **Dorling Kindersley:** Arran Lewis (Morula 3D) / gagui (Turbosquid) (br). **254 Alamy Stock Photo:** PCN Photography (cr). **Dreamstime.com:** Wavebreakmedia Ltd (cr). **255 Dreamstime.com:** Giolyla (cl). **256 Rex by Shutterstock:** Jeremy Young (br). **Science Photo Library:** AJ Photo (bc); David Leah (cr). **257 Alamy Stock Photo:** Sebastian Kaulitzki (c). **Dreamstime.com:** Igor Zakharevich (c); Katerynakon (cb). **Forestry Images:** Bruce Watt, University of Maine, Bugwood.org (cr). **258 123RF.com:** Sebastian Kaulitzki (bl). **Alamy Stock Photo:** Custom Medical Stock Photo (bc); Werli Francois (cl). **Dreamstime.com:** Andor Bujdoso (br); Lightfieldstudiosprod (c); Mr.smith Chetanachan / Smuaya (c). **260 123RF.com:** gl0ck33 (bc); lightwise (bl). **Shutterstock:** Plant Pathology (br). **261 Alamy Stock Photo:** Alexey Kotelnikov (c). **Science Photo Library:** Geoff Kidd (cr); Kateryna Kon (bc). **262 Alamy Stock Photo:** Nigel Cattlin (bc); Yon Marsh Natural History (br). **Science Photo Library:** Dr P. Marazzi (cl). **263 Getty Images:** Science Photo Library / NIBSC (c). **264 Science Photo Library:** Nano Creative / Science Source (cl). **265 Alamy Stock Photo:** Science Photo Library / Christoph Burgstedt (c). **267 Getty Images:** AFP / Narinder Nanu (c). **269 Science Photo Library:** Steve Gschmeissner (cr). **270 Science Photo Library:** Aberration Films Ltd (tr). **271 Dreamstime.com:** Ahmad Firdaus Ismai (clb); Jenifoto40 (cl). **272 Alamy Stock Photo:** Science History Image (br). **naturepl.com:** Stephen Dalto (cl). **Science Photo Library:** Clouds Hill Imaging Lt (cr). **273 Alamy Stock Photo:** Nigel Cattlin (fbr); GKSFlorapics (fbl); Steve Tulley (br). **naturepl.com:** Adrian Davies (cl). **Science Photo Library:** Dennis Kunkel Microscopy (bl)

Cover images:

All other images © Dorling Kindersley
For further information see: www.dkimages.com